无纸化考试专用

全国计算机等级考试教程

一级计算机基础及 WPS Office 应用

策未来◎编著

NATIONAL COMPUTER RANK EXAMINATION

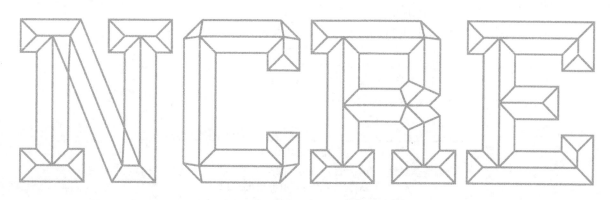

人民邮电出版社
北京

图书在版编目（CIP）数据

全国计算机等级考试教程．一级计算机基础及WPS Office应用 / 策未来编著．-- 北京：人民邮电出版社，2023.7
ISBN 978-7-115-61619-7

Ⅰ．①全… Ⅱ．①策… Ⅲ．①电子计算机－水平考试－教材②办公自动化－应用软件－水平考试－教材 Ⅳ．①TP3

中国国家版本馆CIP数据核字(2023)第063064号

内 容 提 要

本书严格依据教育部考试中心新发布的全国计算机等级考试一级WPS Office考试大纲进行编写，旨在帮助考生（尤其是非计算机专业的初学者）学习相关内容，顺利通过考试。

本书共 6 章，主要内容包括计算机基础知识、计算机系统、WPS 文字的使用、WPS 表格的使用、WPS 演示的使用，以及因特网基础与简单应用。书中提供的例题、习题均源自无纸化考试题库。此外，本书还提供PPT 课件、习题素材文件、课后习题答案及解析、两套真考试题等资源，供考生学习与练习使用。

本书可作为全国计算机等级考试的培训教材，也可作为学习计算机基础知识和WPS Office 应用的参考书。

◆ 编　　著　策未来
责任编辑　牟桂玲
责任印制　胡　南

◆ 人民邮电出版社出版发行　北京市丰台区成寿寺路 11 号
邮编 100164　电子邮件 315@ptpress.com.cn
网址 https://www.ptpress.com.cn
固安县铭成印刷有限公司印刷

◆ 开本：787×1092　1/16
印张：17　　　　　　2023 年 7 月第 1 版
字数：413 千字　　　2024 年 8 月河北第 5 次印刷

定价：59.00 元

读者服务热线：(010)81055410　印装质量热线：(010)81055316
反盗版热线：(010)81055315
广告经营许可证：京东市监广登字 20170147 号

本书编委会

主　编：朱爱彬

副主编：龚　敏

编委组（排名不分先后）：

刘志强	尚金妮	张明涛	朱爱彬
范二朋	张璐璐	钱　凯	方廷香
段中存	丁会想	龚　敏	李玫廷
蔡广玉	尹　海	王　超	荣学全
裴　健	赵宁宁	曹秀义	奚丹丹
刘　兵	王　勇	韩雪冰	王晓丽
何海平	刘伟伟	王　翔	詹可军

前 言

全国计算机等级考试由教育部考试中心主办,是国内影响较大、参加人数较多的计算机水平考试。该考试的根本目的在于以考促学,相对于其他考试,其报考门槛较低,考生不受年龄、职业、学历等的限制,任何人均可根据自己学习和使用计算机的实际情况,选考不同级别的考试。本书面向所有选考一级计算机基础及 WPS Office 应用科目的考生。

一、为什么编写本书

全国计算机等级考试一般从开放报名到举行考试时间间隔不到 4 个月,留给考生的复习时间有限,并且大多数考生是非计算机专业的学生或社会人员,他们的基础比较薄弱,学习起来比较吃力。通过对考题的研究和对众多考生的调查分析,我们逐渐摸索出一些能够帮助考生提高学习效率和获得更好学习效果的方法。因此,我们编写了本书,将我们多年研究出的学习方法贯穿全书,帮助考生巩固所学知识并顺利通过考试。

二、本书特色

1. 全新升级的教程

我们在深入研究教育部考试中心新发布的全国计算机等级考试一级 WPS Office 考试大纲的基础上,组织一批名师编写了本书。书中的例题、习题均源自无纸化考试题库,适用于 Windows 7、Windows 8、Windows 10 系统环境,考生可以通过本书全面掌握考试大纲中要求的考查内容。

2. 一学就会的教程

本书的知识体系经过精心设计,力求将复杂问题简单化,将理论难点通俗化,让考生一看就懂,一学就会。
- 针对初学者的学习特点及认知规律,精选内容,分散难点,降低学习难度。
- 例题丰富,深入浅出地讲解、分析基本概念和复杂理论,力求做到概念清晰、通俗易懂。
- 采用大量插图,并使用生活化的实例,将复杂的理论知识讲解得生动、易懂。
- 精心为考生设计学习方案,设置各种特色栏目来引导和帮助考生学习。

3. 衔接考试的教程

在深入分析和研究历年考试真题的基础上,我们结合历年考试的命题规律选择内容、安排章节,坚持"多考多讲、少考少讲、不考不讲"的原则,在讲解各章的内容之前详细介绍考试的重点和难点,从而帮助考生合理安排学习计划,做到有的放矢。

三、如何学习本书

1. 如何学习各章

本书的每章都安排了章前导读、本章评估、学习点拨、本章学习流程图、知识点详解、课后总复习及学习效果自评等固定板块。下面详细介绍如何合理地利用这些板块进行高效学习。

前 言

章前导读	列出每章知识点，让考生明确学习内容，做到心中有数。	

章前导读
通过本章，你可以学习到：
○ 计算机的发展、特点、应用及分类
○ 计算机中信息的表示及存储
○ 数制的概念、换算以及西文字符的编码、汉字的编码
○ 多媒体技术
○ 计算机病毒与预防

本章评估	分析历年考试的真题，总结出每章内容在考试中的重要度、考核类型、所占分值以及建议学习时间等重要参数，以便考生合理地制订学习计划。	

本章评估	
重要度	★★
知识类型	理论
考核类型	选择题
所占分值	约13分
学习时间	2课时

学习点拨	提示每章内容的重点和难点，为考生介绍学习方法，以便考生更有针对性地学习。	

学习点拨
作为一级计算机基础及WPS Office应用课程的起始章，本章既是接触计算机知识的开始，又是学习计算机技术的起点。
本章以理论内容为主，知识面较广，考点较多。但这些考点难度不大，所占分值较少，建议考生在学习时注意把握全局，不必为某个知识点花费太多时间。

本章学习流程图	提炼重要知识点，详细说明各知识点之间的关系，同时指出每一个知识点应掌握的程度。	

知识点详解	根据考试的需要，合理取舍知识点，精选内容，结合巧妙设计的知识板块，使考生迅速把握重点，顺利通过考试。	

课后总复习及学习效果自评	学完每章的知识后，考生可通过"课后总复习"对所学知识进行检验，还可以对照"学习效果自评"对自己的学习情况进行检查。	

2. 如何使用书中的栏目

本书设计了两个特色小栏目,分别为"学习提示"和"请注意"。

(1)"学习提示"栏目。

"学习提示"栏目是从对应模块中提炼出的重点内容,考生可以通过它明确本模块内容的学习重点和需要掌握的程度。

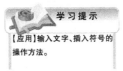

(2)"请注意"栏目。

"请注意"栏目主要用于提示考生在学习过程中容易忽视的问题,以引起考生的重视。

四、声明

本书例题和课后总复习中涉及的电子邮箱、网址链接、地名、人名、联系方式等信息均为虚构,如有雷同,纯属巧合。

五、本书配套资源获取方法

本书配有PPT课件、习题素材文件、课后习题答案及解析、两套真考试题等资源。扫描图书封底的二维码,关注"异步图书"微信公众号,回复"61619",即可获取下载链接。

希望本书能够在备考的过程中助考生一臂之力,帮助考生顺利通过该科目考试,成为一名合格的计算机应用人才。

由于编者水平有限,书中难免存在疏漏,欢迎广大读者批评指正。本书责任编辑的电子邮箱为muguiling@ptpress.com.cn。

编 者

目 录

第1章 计算机基础知识 …… 1
1.1 计算机概述 …… 3
- 1.1.1 计算机发展简史 …… 3
- 1.1.2 计算机的特点 …… 4
- 1.1.3 计算机的应用 …… 5
- 1.1.4 计算机的分类 …… 6
- 1.1.5 计算机科学研究与应用 …… 7
- 1.1.6 计算机的发展趋势与新一代计算机 …… 8
- 1.1.7 信息技术简介 …… 10

1.2 信息的表示与存储 …… 10
- 1.2.1 数制的基本概念 …… 10
- 1.2.2 进制数间的转换 …… 11
- 1.2.3 计算机中的数据 …… 13
- 1.2.4 字符的编码 …… 14

1.3 多媒体技术简介 …… 17
- 1.3.1 多媒体的特点 …… 17
- 1.3.2 多媒体个人计算机 …… 18
- 1.3.3 媒体的数字化 …… 18
- 1.3.4 多媒体的数据压缩 …… 19

1.4 计算机病毒与预防 …… 20
课后总复习 …… 22

第2章 计算机系统 …… 24
2.1 计算机硬件系统 …… 26
- 2.1.1 计算机的硬件组成 …… 26
- 2.1.2 计算机的结构 …… 31
- 2.1.3 计算机的主要性能指标 …… 32

2.2 计算机软件系统 …… 32
- 2.2.1 程序设计语言 …… 32
- 2.2.2 软件系统的组成 …… 33

2.3 操作系统简介 …… 35
- 2.3.1 操作系统的相关概念 …… 35
- 2.3.2 操作系统的功能 …… 36
- 2.3.3 操作系统的发展 …… 36
- 2.3.4 常用的操作系统 …… 37
- 2.3.5 文件系统 …… 38

2.4 Windows 7 操作系统 …… 42
- 2.4.1 初识 Windows 7 …… 43
- 2.4.2 Windows 7 操作系统版本介绍 …… 44
- 2.4.3 Windows 7 的基础操作与基本术语 …… 44
- 2.4.4 Windows 7 的基本要素 …… 46
- 2.4.5 文件与文件夹 …… 60
- 2.4.6 Windows 7 系统环境设置 …… 72
- 2.4.7 Windows 7 兼容性设置 …… 78
- 2.4.8 Windows 7 网络配置与应用 …… 82
- 2.4.9 系统维护与优化 …… 83

课后总复习 …… 85

第3章 WPS 文字的使用 …… 87
3.1 WPS 文字的基本操作 …… 89
- 3.1.1 文档的新建和保存 …… 89
- 3.1.2 WPS 文字的窗口组成 …… 90
- 3.1.3 文档视图介绍 …… 91

3.2 WPS 文字编辑技术 …… 92
- 3.2.1 文档的编辑 …… 92
- 3.2.2 复制、粘贴和移动 …… 94
- 3.2.3 查找与替换 …… 96

3.3 WPS 文字排版技术 …… 99
- 3.3.1 设置字体格式 …… 99
- 3.3.2 设置段落格式 …… 102
- 3.3.3 设置特殊格式 …… 105

3.4 WPS 文字中的页面排版 …………… 111
　3.4.1 页面设置 …………………… 111
　3.4.2 页眉页脚和页码设置 ……… 113
　3.4.3 打印与打印预览 …………… 114
3.5 WPS 文字中的图形设置 …………… 115
　3.5.1 图形的插入 ………………… 115
　3.5.2 图片和形状的格式设置 …… 116
　3.5.3 文本框的使用 ……………… 118
3.6 WPS 文字中的表格设置 …………… 119
　3.6.1 表格的创建 ………………… 119
　3.6.2 表格的基本操作 …………… 121
　3.6.3 修改表格结构 ……………… 122
　3.6.4 设置表格样式 ……………… 126
　3.6.5 设置表格格式 ……………… 127
　3.6.6 表格内的数据操作 ………… 130
课后总复习 ……………………………… 132

第 4 章　WPS 表格的使用 …………… 134
4.1 WPS 表格的基本操作 ……………… 136
　4.1.1 WPS 表格的窗口组成 ……… 136
　4.1.2 WPS 表格的基本操作 ……… 137
　4.1.3 工作表的基本操作 ………… 138
　4.1.4 单元格的基本操作 ………… 141
　4.1.5 数据输入 …………………… 146
4.2 WPS 表格的格式设置 ……………… 150
　4.2.1 设置数字格式 ……………… 150
　4.2.2 设置单元格格式 …………… 152
　4.2.3 设置条件格式 ……………… 156
　4.2.4 套用表格样式 ……………… 157
4.3 WPS 表格中的图表设置 …………… 158
　4.3.1 图表的基本概念 …………… 158
　4.3.2 创建图表 …………………… 159
　4.3.3 图表设置 …………………… 161
4.4 公式和函数的使用 ………………… 164
　4.4.1 公式的使用 ………………… 164

　4.4.2 复制公式 …………………… 166
　4.4.3 函数的使用 ………………… 168
4.5 数据分析和处理 …………………… 170
　4.5.1 排序 ………………………… 170
　4.5.2 数据筛选 …………………… 172
　4.5.3 数据合并 …………………… 176
　4.5.4 分类汇总 …………………… 177
　4.5.5 数据透视表 ………………… 178
4.6 WPS 表格的数据安全 ……………… 180
　4.6.1 保护工作簿、工作表和单元格
　　　 ……………………………… 180
　4.6.2 隐藏工作簿或工作表 ……… 182
4.7 打印工作表 ………………………… 184
　4.7.1 页面设置 …………………… 184
　4.7.2 打印预览 …………………… 185
　4.7.3 打印设置 …………………… 185
课后总复习 ……………………………… 186

第 5 章　WPS 演示的使用 …………… 189
5.1 WPS 演示的基本操作 ……………… 191
　5.1.1 演示文稿的创建、保存和关闭
　　　 ……………………………… 191
　5.1.2 WPS 演示的窗口组成 ……… 192
　5.1.3 WPS 演示的视图模式 ……… 194
5.2 幻灯片的基本操作 ………………… 195
　5.2.1 选择幻灯片 ………………… 195
　5.2.2 幻灯片的插入、删除和保存
　　　 ……………………………… 196
　5.2.3 调整幻灯片版式 …………… 197
　5.2.4 调整幻灯片的顺序和复制
　　　 幻灯片 ……………………… 197
5.3 演示文稿的外观修饰 ……………… 198
　5.3.1 使用母版统一设置幻灯片 … 198
　5.3.2 应用设计模板 ……………… 200
　5.3.3 背景设置 …………………… 201
　5.3.4 图形、表格、艺术字设置 … 204

	5.3.5 音频和视频设置 …………… 207	6.2.1	因特网简介 ………………… 227

    5.3.5 音频和视频设置 …………… 207
  5.4 幻灯片的交互操作 …………………… 209
    5.4.1 设置动画效果 …………………… 209
    5.4.2 设置切换效果 …………………… 213
  5.5 输出演示文稿 ………………………… 214
    5.5.1 放映设置 ………………………… 214
    5.5.2 打包演示文稿 …………………… 217
    5.5.3 打印演示文稿 …………………… 217
  课后总复习 ……………………………… 218

第 6 章 因特网基础与简单应用 …………… 221
  6.1 计算机网络的基础知识 …………… 223
    6.1.1 计算机网络简介 ……………… 223
    6.1.2 计算机网络中的数据通信 …… 223
    6.1.3 计算机网络的形成与分类 …… 224
    6.1.4 网络拓扑结构 ………………… 225
    6.1.5 网络硬件设备 ………………… 226
    6.1.6 网络软件 ……………………… 226
    6.1.7 无线局域网 …………………… 227
  6.2 因特网的基础知识 ………………… 227

    6.2.1 因特网简介 …………………… 227
    6.2.2 因特网的基本概念 …………… 228
    6.2.3 接入因特网 …………………… 230
  6.3 Internet Explorer 的应用 ………… 231
    6.3.1 浏览网页的相关概念 ………… 231
    6.3.2 初识 IE ………………………… 232
    6.3.3 浏览页面 ……………………… 234
    6.3.4 信息的搜索 …………………… 239
    6.3.5 使用 FTP 传输文件 …………… 240
  6.4 电子邮件 …………………………… 242
    6.4.1 电子邮件简介 ………………… 242
    6.4.2 Outlook 2016 的基本设置 …… 243
  6.5 流媒体 ……………………………… 252
  课后总复习 ……………………………… 254

附录 ……………………………………… 256
  附录 A 无纸化上机指导 ………………… 256
  附录 B 全国计算机等级考试一级
          WPS Office 考试大纲解读 ……… 259
  附录 C 课后总复习参考答案 …………… 262

第1章
计算机基础知识

章前导读

通过本章，你可以学习到：

◎ 计算机的发展、特点、应用及分类
◎ 计算机中信息的表示及存储
◎ 数制的概念、换算以及西文字符的编码、汉字的编码
◎ 多媒体技术
◎ 计算机病毒与预防

本章评估		学习点拨
重要度	★★	作为一级计算机基础及WPS Office应用课程的起始章，本章既是接触计算机知识的开始，又是学习计算机技术的起点。 　　本章以理论内容为主，知识面较广，考点较多。但这些考点难度不大，所占分值较少，建议考生在学习时注意把握全局，不必为某个知识点花费太多时间。 　　数制和编码的概念是本章最重要的部分。建议考生重点学习数制转换的内容，尤其是各种进制数转换为十进制数和十进制数转换为二进制数这两个重要考点。
知识类型	理论	
考核类型	选择题	
所占分值	约13分	
学习时间	2课时	

本章学习流程图

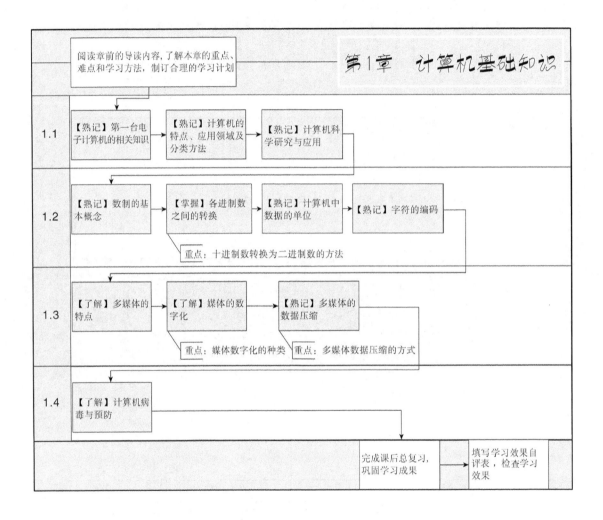

1.1 计算机概述

计算机俗称电脑,英文是 Computer。它是一种能高速运算、具有内部存储能力、由程序控制其操作过程及能自动进行信息处理的电子设备。目前,计算机已成为我们学习、工作和生活中使用最广泛的工具之一。

1.1.1 计算机发展简史

1946 年,世界上第一台电子数字积分计算机(Electronic Numerical Integrator And Computer,ENIAC)在美国宾夕法尼亚大学研制成功。这台计算机结构复杂、体积庞大,但功能远不及现代的一台普通微型计算机。

学习提示

【熟记】第一台电子计算机的名称、诞生时间和地点;各代计算机的主要元器件和代表机型;我国大型计算机的代表。

ENIAC 的诞生宣告了电子计算机时代的到来,奠定了计算机发展的基础,开辟了计算机科学技术的新纪元。从第一台电子计算机诞生到现在,计算机经历了大型计算机阶段和微型计算机阶段。

在 ENIAC 的研制过程中,美籍匈牙利数学家冯·诺依曼归纳并总结了以下 3 点。

- 采用二进制。在计算机内部,程序和数据采用二进制代码表示。
- 存储程序控制。程序和数据存放在存储器中,即采用程序存储的概念。计算机执行程序时无须人工干预,它能自动、连续地执行程序,并得到预期的结果。
- 具有 5 个基本功能部件。计算机具有运算器、控制器、存储器、输入设备和输出设备这 5 个基本功能部件。

1 计算机发展历程

人们通常根据计算机所采用电子元器件的不同将计算机的发展过程划分为电子管、晶体管、小规模/中规模集成电路及大规模/超大规模集成电路 4 个阶段,将各阶段的计算机分别称为第一代至第四代计算机。在发展过程中,计算机的体积越来越小,功能越来越强,价格越来越低,应用越来越广泛。

(1)第一代计算机(1946—1959 年)。
- 主要元器件是电子管。
- 运算速度为每秒几千次到几万次,内存容量仅为 1000 ~ 4000B。
- 主要用于军事和科学研究。
- 体积庞大、造价昂贵、运算速度慢、存储容量小、可靠性差、维护困难。
- 最具代表性的机型为 UNIVAC-1。

(2)第二代计算机(1959—1964 年)。
- 主要元器件是晶体管。
- 运算速度提高到每秒几十万次,内存容量扩大到几十万字节。
- 应用领域已扩展到数据处理和事务处理。
- 体积小、质量轻、耗电量少、运算速度快、可靠性高、工作稳定。
- 最具代表性的机型为 IBM-7000 系列机。

(3) 第三代计算机(1964—1972 年)。
- 主要元器件是小规模集成电路(SSI)和中规模集成电路(MSI)。
- 主要用于科学计算、数据处理以及过程控制。
- 功耗、价格等进一步降低,体积减小,而运算速度及可靠性提高。
- 最具代表性的机型为 IBM-360 系列机。

(4) 第四代计算机(1972 年至今)。
- 主要元器件是大规模集成电路(LSI)和超大规模集成电路(VLSI)。
- 运算速度为每秒几百万次至上亿次。
- 应用于社会中的各个领域。
- 体积、质量进一步减小,功耗进一步降低。
- 最具代表性的机型为 IBM 4300/3080/3090/9000 系列机。

2. 我国计算机技术的发展历程

我国计算机技术研究起步晚、起点低,但随着改革开放的深入和国家对高新技术的扶持、对创新能力的提倡,计算机技术的水平正在逐步地提高。我国计算机技术的发展历程如下。

- 1956 年,开始研制计算机。
- 1958 年,第一台电子管计算机——103 型计算机研制成功。1959 年,104 型计算机研制成功,这是我国第一台大型通用电子数字计算机。1964 年,第二代晶体管计算机研制成功。1973 年,中国第一台百万次集成电路电子计算机研制成功。
- 1983 年,我国第一台亿次巨型计算机——"银河"诞生。1992 年,10 亿次巨型计算机——"银河Ⅱ"诞生。1997 年,每秒 130 亿次浮点运算、全系统内存容量为 9.15GB 的巨型机——"银河Ⅲ"研制成功。
- 1995 年,第一套大规模并行机系统——"曙光"研制成功。1998 年,"曙光 2000-Ⅰ"诞生,其峰值运算速度为每秒 200 亿次。2000 年,"曙光 2000-Ⅱ"超级服务器问世,峰值速度达每秒 1117 亿次,内存高达 50GB。
- 1999 年,"神威"并行计算机研制成功,其技术指标位居世界第 48 位。
- 2001 年,中国科学院计算所成功研制我国第一款通用 CPU——"龙芯"芯片。
- 2004 年,"曙光4000A"高性能计算机研制成功。
- 2005 年,联想集团并购 IBM 的个人计算机(Personal Computer,PC)业务,一跃成为全球第三大个人计算机制造商。
- 2008 年,我国成功自主研制出百万亿次超级计算机"曙光5000"。
- 2009 年,我国首台百万亿次超级计算机"魔方"(产品系列名称为"曙光5000A")在上海正式对外运行。同年,我国第一台千万亿次超级计算机——"天河一号"亮相,其峰值运算速度达到千万亿次/秒。
- 2013 年 5 月,国防科技大学研制出"天河二号",其峰值运算速度达亿亿次/秒。
- 2016 年 6 月,由国家并行计算机工程技术研究中心研制的"神威·太湖之光"成为世界上第一台运算速度突破 10 亿亿次/秒的超级计算机。

1.1.2 计算机的特点

作为辅助人类智力劳动的工具,计算机具有以下特点。

(1) 处理速度快。

现在运算速度高达 10 亿次/秒的计算机使过去人工计算需要几年或几十年才能完成的科学计算能在几小时或更短时间内完成。

【熟记】计算机的特点。

(2) 计算精度高。

随着字长的增加和先进计算技术的出现,具备高精度计算能力的计算机能解决其他计算工具无法解决的问题。

(3) 存储容量大。

内部存储器的容量越来越大;外部存储器随着大容量的磁盘、光盘、U 盘等外部存储器的发展,存储容量也越来越大。

(4) 可靠性高。

计算机发展到今天,其可靠性很高,一般很少发生错误。人们通常所说的"计算机错误",其实大多是计算机的外设错误和人为造成的错误。

(5) 全自动工作。

全自动工作指人们根据应用的需要,事先编制好程序,使计算机能在编制好的程序的控制下自动工作,不需要人工干预,工作完全自动化。

(6) 适用范围广,通用性强。

计算机预先将数据编制成计算机可识别的编码,将问题分解成基本的算术运算和逻辑运算,再通过编制和运行不同的软件来解决大部分复杂的问题。

1.1.3 计算机的应用

【熟记】计算机的应用领域。

计算机的应用主要分为数值计算和非数值计算两大类。信息处理、计算机辅助设计、计算机辅助教学、过程控制等均属于非数值计算。非数值计算的应用领域远远大于数值计算的应用领域。

据统计,目前计算机的用途有 5000 多种,并且以每年 300~500 种的速度增加。计算机的应用领域主要可以分为以下几类。

1 科学计算

科学计算也称数值计算,主要解决科学研究和工程技术中产生的大量数值计算问题。这是计算机最初的也是最重要的应用领域。

计算机"计算"能力的增强推动了许多科学研究的发展,如人类基因序列分析计划、人造卫星的轨道测算等。

2 信息处理

信息处理是指对大量数据进行加工处理,如收集、存储、传输、分类、检测、排序、统计、输出等,再筛选出有用信息。信息处理是非数值计算,其处理的数据虽然量大,但计算方法简单。

3 过程控制

过程控制又称实时控制,是指用计算机实时采集控制对象的数据,对数据进行分析处理后,按系统要求对控制对象进行控制。工业生产领域的过程控制是实现工业生产自动化的重要手段。利用计算机对生产过程进行监视和控制可以大大提高生产效率。

4. 计算机辅助设计和辅助制造

在计算机辅助设计(Computer Aided Design,CAD)系统的帮助下,设计人员能够实现最佳的设计模拟,提前做出设计判断,并能很快制作图纸。

计算机辅助制造(Computer Aided Manufacturing,CAM)系统利用CAD输出的信息控制、指挥作业。

将CAD、CAM和数据库技术集成在一起形成计算机集成制造系统(Computer Integrated Manufacturing System,CIMS)技术,可实现设计、制造和管理的自动化。

5. 网络通信

网络通信是指通过电话交换网等方式将计算机连接起来,实现资源共享和信息交流。应用到计算机通信的技术主要有以下几个。

①网络互联技术。
②路由技术。
③数据通信技术。
④信息浏览技术。
⑤网络技术。

6. 人工智能

人工智能(Artificial Intelligence,AI)是指用计算机模拟人类的学习过程和探索过程。人工智能的应用主要有以下几个方面。

①自然语言理解。
②专家系统。
③机器人。
④定理自动证明。

7. 多媒体

多媒体是指以文本、图形、图像、音频、视频、动画等形式来表示和传输信息的载体。多媒体技术是指应用计算机对上述多种媒体信息进行综合处理和管理,使多种媒体信息建立逻辑连接,集成一个具有交互性的系统的技术。多媒体技术不仅拓宽了计算机的应用领域,其与人工智能技术的结合还促进了虚拟现实、虚拟制造等技术的发展,使人们可以在虚拟的环境中感受真实的场景,体验产品的功能与性能。

8. 嵌入式系统

把处理器芯片嵌入计算机设备中以使计算机完成特定处理任务的系统称为嵌入式系统。嵌入式系统的应用主要有以下两个方面。

①消费类电子产品。
②工业制造系统。

1.1.4 计算机的分类

【熟记】计算机的常见分类方法。

依照不同的标准,计算机有多种分类方法,常见的分类方法有以下几种。

1. 按主要性能分类

按计算机的主要性能,如字长、存储容量、运算速度、外设以及允许同时使用同一台计算机的用户数量等,计算机可分为超级计算机、大型计算机、小型计算机、微型计算机、工作站和服务器6类。这是最常用的分类方法之一。

（1）超级计算机(也称巨型机)主要用于气象、太空、能源和医药等领域以及战略武器研制的复杂计算中,如我国的"银河""曙光""神威"以及美国的 Cray-1、Cray-2、Cray-3 等计算机。

（2）大型计算机主要应用于大型软件企业、商业管理和大型数据库,也可用作大型计算机网络的主机,如 IBM 4300、IBM 9000 系列。

（3）小型计算机的价格低,适合中小型单位使用,如 DEC 公司的 VAX 系列、IBM 公司的 AS/4000 系列。

（4）微型计算机(也称个人计算机)小巧、灵活,一次只允许一个用户使用,如台式机、笔记本电脑、便携机、掌上计算机、PDA(掌上电脑)等。

（5）工作站主要应用于图像处理、计算机辅助设计以及计算机网络等领域。

（6）服务器通过网络对外提供服务。相对于普通计算机来说,服务器在稳定性、安全性及其他性能等方面的要求更高。

2　按处理数据的类型分类

按处理数据的类型,可将计算机分为数字计算机、模拟计算机和混合计算机。

（1）数字计算机处理以"0""1"表示的二进制数字。数字计算机的计算精度高,存储量大,通用性好。

（2）模拟计算机处理的数据是连续的,它的运算速度快,但计算精度低、通用性差。

（3）混合计算机集以上二者的特点于一身,它的运算速度快、计算精度高、仿真能力强。

3　按使用范围分类

按使用范围,计算机可以分为专用计算机和通用计算机。

（1）专用计算机专门为某种需求而研制,不能用于其他领域。

（2）通用计算机即我们常说的"计算机",适用于一般应用领域。

1.1.5　计算机科学研究与应用

目前,计算机在各个领域都得到了广泛应用,在工业、农业、军事、商业以及日常生活中随处可见。随着科学技术的飞速发展和全球范围内新技术革命的不断兴起,计算机科学研究逐渐涉及人工智能、网格计算、中间件技术、云计算等方面。

1　人工智能

人工智能主要研究、开发能以与人类智能相似的方式做出反应的智能机器,主要技术包括机器人开发、指纹识别、人脸识别、自然语言处理等。人工智能让计算机的行为更接近人类,以实现人机交互。

2　网格计算

随着科学技术的进步,世界上每时每刻都在产生海量的数据信息。面对巨大的数据量,即使是高性能计算机也无能为力。于是,人们把目光投向了数亿台在大部分时间里都处于闲置状态的计算机。假如发明一种技术,它能自动搜索到这些计算机,并将它们连接起来,它们形成的计算能力肯定会超过许多高性能计算机。网格计算就来源于这种设想。

网格计算是针对复杂科学计算的新型计算模式。这种模式利用互联网,把分散在不同地理位置的计算机组织成一个"虚拟的超级计算机",其中每一台参与计算的计算机就是一个"节点",而整个计算模式是由成千上万个"节点"组成的一张"网格"。

网格计算的特点如下。
- 能够使资源共享,实现应用程序的互相连接。
- 能让多台计算机协同工作,共同处理一个项目。
- 基于国际的开放技术标准。
- 可以提供动态的服务,能够适应变化。

3 中间件技术

中间件是介于应用软件和操作系统之间的系统软件。中间件抽象了典型的应用模式,使应用软件制造商可以基于标准的中间件进行再开发。中间件有多种类型,如交易中间件、消息中间件、专有系统中间件、面向对象中间件、数据访问中间件、远程过程调用中间件、Web 服务器中间件、安全中间件等。

中间件的特点如下。
- 能满足大量应用的需要。
- 运行于多种硬件和操作系统平台。
- 支持分布式计算,提供跨网络、硬件和操作系统的透明性应用或服务的交互。
- 支持标准的协议。
- 支持标准的接口。

4 云计算

云计算(Cloud Computing)是基于互联网的相关服务的增加、使用和交付模式,通常涉及通过互联网来提供动态易扩展且经常是虚拟化的资源。美国国家标准与技术研究院(National Institute of Standards and Technology,NIST)将云计算定义为能够对基于网络的、可配置的共享计算资源池进行方便的按需访问的一种模式。这些共享计算资源池包括网络、服务器、存储、应用和服务等资源,这些资源可以通过最小化的管理和交互开销被快速提供与释放。

云计算的特点是超大规模、虚拟化、高可靠性、强通用性、高可扩展性、按需服务、价格低。

1.1.6 计算机的发展趋势与新一代计算机

21 世纪是人类走向信息社会的世纪,是网络的世纪,是超高速信息公路建设取得实质性进展并进入应用的世纪。那么,计算机的发展趋势是什么? 新一代计算机有哪些类型? 下面进行介绍。

1 计算机的发展趋势

(1)巨型化。

巨型化是指计算机向高速运算、大存储容量和强大功能的方向发展。巨型计算机的运算能力一般在每秒百亿次以上,内存容量在几百吉字节以上。巨型计算机的发展集中体现了计算机科学技术的发展水平,推动了计算机系统结构、硬件和软件的理论与技术、计算数学以及计算机应用等多个科学分支的发展。巨型计算机主要用于尖端科学技术和军事、国防系统等的研究与开发。

(2)微型化。

因大规模、超大规模集成电路的出现,计算机迅速向微型化方向发展。微型化是指计算机的体积更小、功能更强、可靠性更高、携带更方便、价格更低、适用范围更广。因为微型计算机可以渗透到仪表、家电、导弹弹头等小型计算机无法进入的领域,所以从20世纪80年代开始,它的发展变得异常迅速。

(3)网络化。

计算机网络是计算机技术发展的又一重要分支,是现代通信技术与计算机技术相结合的产物。网络化就是利用现代通信技术和计算机技术,将分布在不同地点的计算机连接起来,让计算机按照网络协议互相通信,共享软件、硬件和数据资源。

(4)智能化。

第五代计算机要实现的目标是"智能",让计算机能模拟人的感觉、行为、思维过程,使计算机具有视觉、听觉、语言、推理、思维、学习等能力,成为智能化计算机。

2 新一代计算机

(1)模糊计算机。

在实际生活中,人们会大量使用模糊信息,如"走快一些""再来一点""休息片刻"中的"一些""一点""片刻"等都是不精确的说法,这些模糊信息都需要处理。目前,一般计算机只能进行精确运算,不能处理模糊信息,而模糊计算机除具有一般计算机的功能外,还具有学习、思考、判断和对话的能力,可以快速辨识外界物体的形状和特征,甚至还可以帮助人们从事复杂的脑力劳动。

早在1990年,日本松下公司就把模糊计算机安装在洗衣机上,它可以根据衣服的脏污程度以及布料类型调节洗衣过程。我国有些品牌的洗衣机也装上了模糊计算机。后来,人们又把模糊计算机安装在吸尘器里,它可以根据灰尘量以及地毯厚度调整吸尘器的功率。此外,模糊计算机还用于地震灾情判断、疾病医疗诊断、发酵工程控制、海空导航巡视、地铁管理等多个方面。

(2)生物计算机。

微电子和生物工程这两项高科技技术的互相渗透为研制生物计算机提供了可能。利用DNA和酶的相互作用,可以使一种基因代码转变为另一种基因代码,转变前的基因代码可以作为输入数据,转变后的基因代码可以作为运算结果。利用这一转变过程可以研制一种新型生物计算机。科学家认为生物计算机的发展可能要经历一个较长的过程。

(3)光子计算机。

光子计算机是一种用光信号进行数值运算、信息存储和处理的新型计算机,是运用集成电路技术,把光开关、光存储器等集成在一块芯片上,再用光导纤维连成的计算机。1990年1月底,贝尔实验室研制出世界上第一台光子计算机。光子计算机的关键技术为光存储技术、光互联技术、光集成元器件技术。除贝尔实验室外,日本和德国的一些公司也投入巨资来研制光子计算机,预计未来将出现更先进的光子计算机。

(4)超导计算机。

超导技术的发展使科学家想到用超导材料来代替半导体材料制造计算机。超导计算机具有超导逻辑电路和超导存储器,其运算速度是传统计算机无法比拟的。美国科学家已经成功地将5000个超导单元及其装置集成在一个小于$10cm^3$的主机内,制成了一个简单的超导计算机,它每秒能执行2.5亿条指令。研制超导计算机的关键是有一套能维持超低温的设备。

(5)量子计算机。

量子计算机中的数据用量子位存储。由于量子有叠加效应,一个量子位可以是0或1,也可以既是0又是1,因此一个量子位可以存储2个数据。同样数量的存储位,量子计算机的存储量比传统计算机大许多。传统计算机与量子计算机之间的区别是,传统计算机遵循众所周知的经典物理规律,而量子计算机遵循量子动力学规律。量子计算机是一种信息处理的新模式,能够实现量子并行计算。2020年12月4日,中国科学技术大学的潘建伟等人成功构建出了76个光子的量子计算原型机"九章",其求解高斯玻色取样只需200秒。

1.1.7 信息技术简介

信息同物质、能源一样重要,是人类生存和社会发展的基本资源。数据被处理之后产生信息,信息具有针对性、实时性,是有意义的数据。信息技术的定义是:应用在信息加工和处理中的科学、技术与工程的训练方法与管理技巧;上述方法和技巧的应用;计算机及其与人、机的交互作用;与之相应的社会、经济和文化等多种事物。目前,信息技术主要指一系列与计算机相关的技术。

一般来说,信息技术包括信息基础技术、信息系统技术和信息应用技术。

(1)信息基础技术。

信息基础技术是信息技术的基础,包括新材料、新能源、新元器件的开发和制造技术。

(2)信息系统技术。

信息系统技术是指有关获取、传输、处理、控制信息的设备和系统的技术,感测技术、通信技术、计算机与智能技术和控制技术是它的核心与支撑技术。

(3)信息应用技术。

信息应用技术是可达到各种实用目的的技术,如信息管理、信息控制、信息决策等技术。

信息技术在社会各个领域得到了广泛的应用,显示出强大的生命力。展望未来,现代信息技术将向数字化、多媒体化、高速度、网络化、宽频带化、智能化等方向发展。

1.2 信息的表示与存储

计算机科学中的信息通常被认为是能够用计算机处理的有意义的内容或消息,如数值、文字、语言、图形、图像等,它们以数据的形式出现。信息不仅维系着人类的生存,而且在不断地推动着经济和社会的发展。

1.2.1 数制的基本概念

> **学习提示**
>
> 【熟记】数制的基本概念。

人们在生产实践和日常生活中创造了许多表示数的方法,常用的表示方法有十进制、钟表计时中使用的六十进制等。这些数的表示规则称为数制。

使用 R 个基本符号(如$0,1,2,3,4,\cdots,R-1$)来表示数值,按 R 进位的方法进行计数,称为 R 进位计数制,简称 R 进制。数值中固定的基本符号称为数码。对于任意具有 n 位整数、m 位小数的 R 进制数,有同样的基数 R、位权 R^i(其中 $i=-m\sim n-1$)和按权展开的表示式。

每个数码的实际值=数码的值×位权。而"按权展开"的意义就是求整个数的实际值,即整个数的实际值=每个数码的实际值之和,即每个数码的值×位权,然后相加。

了解了计数制的规律后,下面具体介绍二进制数、八进制数、十进制数和十六进制数的特点,如表1-1所示。

表 1-1　　　　　　二进制数、八进制数、十进制数和十六进制数的特点

类别	特点	类别	特点
二进制数	● 基数为 2, 位权为 2^i ● 两个数码: 0 ~ 1 ● 逢二进一 ● 表示形式: 10B、$(10)_2$	十进制数	● 基数为 10, 位权为 10^i ● 10 个数码: 0 ~ 9 ● 逢十进一 ● 表示形式: 9D、$(9)_{10}$
八进制数	● 基数为 8, 位权为 8^i ● 8 个数码: 0 ~ 7 ● 逢八进一 ● 表示形式: 77O、$(77)_8$	十六进制数	● 基数为 16, 位权为 16^i ● 16 个数码: 0 ~ 9 和 A ~ F ● 逢十六进一 ● 表示形式: FFH、$(FF)_{16}$

注: $i = -m \sim n-1$, m, n 为自然数, m 和 n 分别代表数的小数部分、整数部分的位数。

二进制、十进制、十六进制是"数制"最基本的内容,要求考生能做到在一定数值范围内直接写出二进制、十进制和十六进制的对应关系。表 1-2 列出了十进制数 0 ~ 15 对应的二进制数和十六进制数。

表 1-2　　　　　　十进制数 0 ~ 15 对应的二进制数和十六进制数

十进制数	二进制数	十六进制数	十进制数	二进制数	十六进制数
0	0000	0	8	1000	8
1	0001	1	9	1001	9
2	0010	2	10	1010	A
3	0011	3	11	1011	B
4	0100	4	12	1100	C
5	0101	5	13	1101	D
6	0110	6	14	1110	E
7	0111	7	15	1111	F

1.2.2　进制数间的转换

学习提示

【掌握】各进制数之间的转换。

1　非十进制数转换为十进制数

非十进制数转换为十进制数的方法是按权展开。

【例 1-1】二进制数 110.01 的基数为 2, 位权为 2^i(其中 $i = -2 \sim 2$),转换为十进制数时,按权展开:

$(110.01)_2 = 1 \times 2^2 + 1 \times 2^1 + 0 \times 2^0 + 0 \times 2^{-1} + 1 \times 2^{-2} = (6.25)_{10}$

十六进制数 B7E 的基数为 16, 位权为 16^i(其中 $i = 0 \sim 2$),转换为十进制数时,按权展开:

$(B7E)_{16} = 11 \times 16^2 + 7 \times 16^1 + 14 \times 16^0 = (2942)_{10}$

2　十进制数转换为 R 进制数

将十进制数转换为 R 进制数时,可将此数的整数与小数两部分分别进行转换,然后拼接起来。

十进制整数转换为二进制整数的方法是"除二取余法",按以下操作步骤进行转换。

步骤1 把十进制数除以 2 得一个商和余数,商再除以 2 又一个商和余数,依次除下去,直到商为 0。

步骤2 以最先除得的余数为最低位,最后除得的余数为最高位,从最高位到最低位依次排列,便可得到这个十进制整数的等值二进制整数。

十进制小数转换为二进制小数采用"乘二取整法",按以下操作步骤进行转换。

步骤1 把十进制数乘以2得一个新数;若整数部分为1,则二进制小数相应位为1;若整数部分为0,则相应位为0。

步骤2 从高位向低位逐个进行转换,直到满足精度要求或乘2后小数部分为0。

【例1-2】将十进制数$(125.8125)_{10}$转换为二进制数。

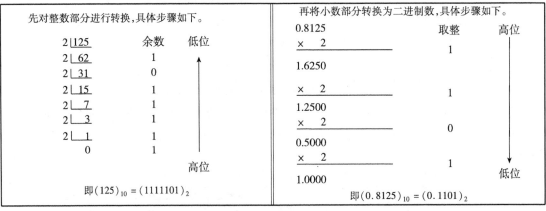

因此,十进制数$(125.8125)_{10}$转换为二进制数的结果为$(1111101.1101)_2$。

同理,十进制数转换为八进制数时,整数部分采用"除八取余法",小数部分采用"乘八取整法";十进制数转换为十六进制数时,整数部分采用"除十六取余法",小数部分采用"乘十六取整法"。

【例1-3】将十进制数$(2606)_{10}$转换为十六进制数。

```
16 | 2606        余数      低位
16 |  162        14        E       ↑
16 |   10         2
         0       10        A
                                  高位
```

即$(2606)_{10} = (A2E)_{16}$。

3 二进制数与十六进制数之间的转换

由于16是2的4次幂,所以可以用4位二进制数来表示1位十六进制数。常见二进制数对应的十六进制数如表1-2所示。

(1)十六进制数转换为二进制数。

对每1位十六进制数,用与其等值的4位二进制数代替。

【例1-4】将十六进制数$(1AC0.6D)_{16}$转换为二进制数。

1	A	C	0	.	6	D
0001	1010	1100	0000	.	0110	1101

即$(1AC0.6D)_{16} = (1\ 1010\ 1100\ 0000.\ 0110\ 1101)_2$。

 请注意　在二进制数中,整数部分最左边的零、小数部分最右边的零都是没有实际意义的,书写时可以省略。

(2)二进制数转换为十六进制数。

二进制数转换为十六进制数的方法是从小数点开始,整数部分向左、小数部分向右每 4 位分成 1 节,整数部分最高位不足 4 位或小数部分最低位不足 4 位时补"0",然后将每节依次转换为十六进制数,再把这些十六进制数连接起来,得到二进制数的等值十六进制数。

【例 1-5】将二进制数(10111100101. 00011001101)$_2$ 转换为十六进制数。

0101	1110	0101	.	0001	1001	1010
5	E	5	.	1	9	A

即(101 1110 0101. 0001 1001 101)$_2$ = (5E5. 19A)$_{16}$。

同理,由于 8 是 2 的 3 次幂,所以可以用 3 位二进制数来表示 1 位八进制数。

【例 1-6】将八进制数(2731. 62)$_8$ 转换为二进制数。

2	7	3	1	.	6	2
010	111	011	001	.	110	010

即(2731. 62)$_8$ = (010 111 011 001. 110 010)$_2$。

请注意 不同进制数转换的技巧:考生可以利用 Windows 自带的"计算器"(单击"开始"→"所有程序"→"附件"→"计算器")进行转换。

1.2.3 计算机中的数据

1 计算机中数据的常用单位

在计算机内部,指令和数据都是用二进制数 0 和 1 表示的,因此计算机系统中的信息存储、处理也都是以二进制数为基础的。下面介绍计算机中二进制数的单位。

学习提示

【熟记】数据在计算机内的常用单位及它们之间的换算方法。

位(bit)	一个二进制位称为一位(bit),位是计算机中数据的最小单位,表示为 bit
字节(B)	8 位二进制数称为一个字节(Byte)。字节是数据处理的基本单位,表示为 B
字(Word,W)	字是由若干字节组成的(通常取字节的整数倍),用于反映计算机的计算能力和计算精度

现代计算机中存储的数据是以字节为处理单位的,如一个 ASCII(西文字符、数字)用一个字节表示,而一个汉字和一个国标图形符号用两个字节表示。在实际使用中,由于字节表示的量太小,所以常用 KB、MB、GB 和 TB 作为数据的存储单位。常见的存储单位如表 1-3 所示。

表 1-3 常见的存储单位

单位	名称	含义	说明
bit	位	1 个 0 或 1 称为 1bit	最小的数据单位
B	字节	1B = 8bit	数据处理的基本单位
KB	千字节	1KB = 1024B = 2^{10}B	适用于文件大小的计量
MB	兆字节	1MB = 1024KB = 2^{20}B	适用于内存、软盘、光盘容量的计量
GB	吉字节	1GB = 1024MB = 2^{30}B	适用于硬盘容量的计量
TB	太字节	1TB = 1024GB = 2^{40}B	适用于硬盘容量的计量

2 计算机中的数据类型

计算机使用的数据可分为两类:数值数据和字符数据(非数值数据)。

在计算机中,不仅数值数据是用二进制数来表示的,字符数据(如各种字符和汉字)也都用二进制数进行编码。

1.2.4 字符的编码

字符包括西文字符(字母、数字、各种符号)和中文字符,指所有不可做算术运算的数据。由于计算机是以二进制数的形式存储和处理数据的,因此字符也必须按特定的规则进行编码才能被计算机识别。

【了解】不同字符的 ASCII 的大小。
【应用】比较常用的 ASCII。

所谓"编码",就是用二进制数来表示数据。

1 西文字符的编码

计算机中常用的字符(西文字符)编码标准有两种:EBCDIC 和 ASCII。IBM 系列的大型计算机采用 EBCDIC,微型计算机采用 ASCII。下面主要介绍 ASCII。

ASCII 是美国信息交换标准代码(American Standard Code for Information Interchange)的英文缩写。该编码标准被国际标准化组织(International Organization for Standardization,ISO)采纳为国际通用的信息交换标准代码,是目前在微型计算机中普遍使用的字符编码。

ASCII 有 7 位码和 8 位码两个版本。

7位码	● 国际通用码,称 ISO—646 标准 ● 占用一个字节,最高位为 0 ● 编码范围为 00000000B ~ 01111111B ● 表示 $2^7 = 128$ 个不同的字符	8位码	● 占用一个字节,最高位为1,是在 7 位码的基础上扩展了的 ASCII,通常各个国家或地区都将扩展的部分作为自己国家或地区语言文字的代码 ● 编码范围为 00000000B ~ 11111111B ● 表示 $2^8 = 256$ 个不同的字符

大小写英文字母、阿拉伯数字、标点符号、控制符等字符都有对应的编码,表 1-4 中的每个字符都对应一个数值,这个数值称为该字符的 ASCII 值,排列次序为 $b_6b_5b_4b_3b_2b_1b_0$,其中 b_6 为最高位,b_0 为最低位。

表 1-4　　　　　　　　　128 个字符对应的 7 位 ASCII 值

$b_3b_2b_1b_0$	$b_6b_5b_4$							
	000	001	010	011	100	101	110	111
0000	NUL	DLE	SP	0	@	P	`	p
0001	SOH	DC1	!	1	A	Q	a	q
0010	STX	DC2	"	2	B	R	b	r
0011	ETX	DC3	#	3	C	S	c	s
0100	EOT	DC4	$	4	D	T	d	t
0101	ENQ	NAK	%	5	E	U	e	u
0110	ACK	SYN	&	6	F	V	f	v
0111	BEL	ETB	'	7	G	W	g	w
1000	BS	CAN	(	8	H	X	h	x
1001	HT	EM	)	9	I	Y	i	y
1010	LF	SUB	*	:	J	Z	j	z
1011	VT	ESC	+	;	K	[	k	{
1100	FF	FS	,	<	L	\	l		
1101	CR	GS	-	=	M	]	m	}
1110	SO	RS	.	>	N	^	n	~
1111	SI	US	/	?	O	_	o	DEL

ASCII 表中共有 34 个非图形字符(又称为控制字符)。例如,回车的符号是 CR (Carriage Return),编码是 0001101。其余 94 个可打印字符也称图形字符,将这些字符按 ASCII 值从小到大排列为 0～9、A～Z、a～z,其中小写字母比大写字母的 ASCII 值大 32,即位 b_5 为 0 或 1,这有利于大、小写字母之间的编码转换。有些特殊的字符编码是容易记忆的,例如,"A"字符的编码为 1000001,对应的十进制数是 65;"B"字符的编码为 1000010,对应的十进制数是 66。

计算机内部用一个字节(8 位二进制数)存放一个 7 位 ASCII,其最高位为 0。

2 汉字的编码

为使计算机可以处理汉字,需要对汉字进行编码。GB/T 2312—1980 《信息交换用汉字编码字符集—基本集》(简称 GB 码或者国标码)是我国于 1980 年发布的汉字编码标准。国标码中的汉字分为 94 行、94 列,代码表分为 94 个区(行)和 94 个位(列)。区位码由其中的区号(行号)和位号(列号)构成。4 位十进制数字组成区位码,前面 2 位是区号,后面 2 位是位号。计算机进行汉字处理的过程实际上是各种汉字编码之间的转换过程。汉字编码有汉字输入码、汉字内码、汉字字形码、汉字地址码等。下面分别介绍各种汉字编码。

【了解】国标码与汉字内码的转换。

(1)汉字输入码。

汉字输入码是为使用户能够使用西文键盘输入汉字而编制的编码,也叫外码。

汉字输入码有许多不同的编码方案,它们大致分为以下几类。

- 音码:以汉语拼音字母和数字为汉字编码,例如全拼输入法和双拼输入法。
- 形码:根据汉字的字形结构对汉字进行编码,例如五笔字型输入法。
- 音形码:以拼音为主,字形、字义为辅,对汉字进行编码,例如自然码输入法。
- 数字码:直接用固定位数的数字给汉字编码,例如区位输入法。

同一个汉字在不同编码方案中的编码一般也不同,例如输入"嵌"字时,使用全拼输入法要输入编码"qian"(然后选字),而用五笔字型输入法要输入编码"mafw"。

(2)汉字内码。

汉字内码是为在计算机内部对汉字进行处理、存储和传输而编制的编码。不论采用何种输入码,输入的汉字都要先在计算机内部转换为统一的汉字内码,然后才能在计算机内进行传输、处理等。

目前,对应国标码,一个汉字内码也用两个字节存储。因为 ASCII 是西文的内码,为不使汉字内码与 ASCII 发生混淆,就把国标码每个字节的最高位 1 作为汉字内码。

国标码与内码之间的关系	内码 = 汉字的国标码 + $(8080)_{16}$

【例 1-7】汉字"大"的国标码是 $(3473)_{16}$,将国标码加上 $(8080)_{16}$,即可得到它的内码。

$$
\begin{array}{r}
3473 \quad _{16} \quad \text{国标码} \\
+ 8080 \quad _{16} \\
\hline
B4F3 \quad _{16} \quad \text{内码}
\end{array}
$$

(3)汉字字形码。

汉字字形码是存放汉字字形信息的编码,它与汉字内码一一对应。每个汉字的字形码是预先存放在计算机内的,存放的位置常称为汉字库。计算机根据汉字内码在汉字库中查到其字形码,得知字形信息,然后实现汉字的显示或打印输出。

表示汉字字形的方法主要有点阵字形法和轮廓字形法两种。

 点阵字形法用一系列排列成方阵的黑白交错的点来表示汉字。点阵字形法的优点是方法简单,缺点是放大后会出现锯齿

 轮廓字形法采用数学方法描述汉字的轮廓曲线,如 Windows 系统中的 TrueType 字库。轮廓字形法的优点是字形精度高,缺点是输出前要经过复杂的数学运算处理

下面具体介绍点阵字形法。

由于汉字是由笔画组成的方块字,所以无论多少笔画的汉字都可以写在相同大小的方框里。如果用 m 行 n 列小圆点组成这个方框(称为点阵),那么每一个汉字都可以用点阵中的某些点组成。图 1-1 所示为汉字"工"的 16×16 点阵字形。

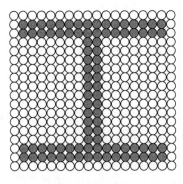

计算机用一组二进制数表示一个点阵。当某一点的二进制数是 1 时,该点为黑点,是 0 时为白点。一个 16×16 的点阵有 256 个点,需要 $16 \times 16 \div 8 = 32$ 字节的存储空间。同理,24×24 点阵的汉字字形码需要

图 1-1　汉字"工"的 16×16 点阵字形

$24 \times 24 \div 8 = 72$ 字节的存储空间,32×32 点阵的汉字字形码需要 $32 \times 32 \div 8 = 128$ 字节的存储空间。

显然,点阵中行、列数越多,锯齿越小,字形的质量越好,但存储汉字字形码需要的存储空间也越大。汉字字形通常分为通用型和精密型两类。

● 通用型汉字字形点阵分为简易型 16×16 点阵、普通型 24×24 点阵、提高型 32×32 点阵 3 种。

● 精密型汉字字形用于常规的印刷排版,字形点阵一般在 96×96 点阵以上,占用的字节量较大,因此精密型汉字字形通常采用信息压缩存储技术来存储。

(4) 汉字地址码。

汉字地址码是指汉字库(这里主要指汉字字形的点阵式字库)中存储汉字字形信息的逻辑地址码。在汉字库中,字形信息都是按一定顺序(大多数按照标准汉字国标码中汉字的排列顺序)连续存放在存储介质中的,所以汉字地址码通常是连续、有序的,而且与汉字内码有着简单的对应关系,从而简化了汉字内码与汉字地址码的转换。

(5) 各种汉字编码之间的关系。

汉字的输入、输出和处理的过程,实际上是汉字的各种编码之间的转换过程。

汉字通过汉字输入码输入计算机,然后通过输入字典转换为内码,以内码的形式进行存储和处理。在汉字通信过程中,处理机将汉字内码转换为适用于通信的交换码(汉字信息交换码,也叫国标码),以实现通信。

在汉字的显示和打印输出过程中,处理机根据汉字内码计算出汉字地址码,按汉字地址码从汉字库中取出汉字字形码,最终实现汉字的显示或打印输出。图 1-2 所示为这些编码在汉

字信息处理系统中的地位及它们之间的关系。

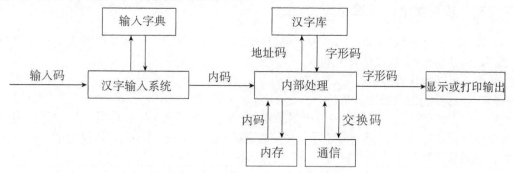

图1-2　各种汉字编码在汉字信息处理系统中的地位及它们之间的关系

1.3　多媒体技术简介

多媒体技术的实质是将以各种形式存在的媒体信息数字化，用计算机对它们进行组织与加工，并以友好的交互形式提供给用户使用。随着网络技术的发展，多媒体技术被广泛应用在商业、教育、文化娱乐等领域。本节将简单介绍多媒体技术的相关知识。

1.3.1　多媒体的特点

【了解】多媒体的特点。

与传统媒体相比，多媒体具有交互性、集成性、多样性、实时性等特点。

（1）交互性。

交互性是指多媒体系统向用户提供交互式使用、加工和控制信息的手段，从而使多媒体技术可应用于更加广阔的领域，为用户提供更加自然的信息存取手段。在多媒体系统中，用户可以主动地编辑、处理各种信息，实现人机交互。交互可以增强人们对信息的注意力和理解力，延长信息的保存时间。

（2）集成性。

多媒体技术集成了许多单一的技术，如图像处理技术、声音处理技术等。多媒体系统能够同时表示和处理多种信息，但对用户而言，这些信息是集成为一体的。这种集成表现在信息的统一获取、存储、组织、合成等方面。

（3）多样性。

多媒体技术的多样性不仅指图像、声音等信息表现形式的多样性，也指输入、传播、再现和展示信息的手段的多样性。多媒体技术使人们的思维不再局限于顺序、单调和狭小的范围，它扩大了计算机能处理的信息空间，使计算机不仅能处理数值、文本等，还能"得心应手"地处理更多种类的信息。

（4）实时性。

实时性是指多媒体系统中的声音、视频、图像都是实时的，这是多媒体系统的关键技术之一。多媒体系统能够综合处理具有时间关系的媒体，如音频、视频和动画，甚至实况信息媒体，这就意味着多媒体系统在处理信息时能够满足严格的时序要求和很高的速度要求。

1.3.2 多媒体个人计算机

多媒体个人计算机（Multimedia Personal Computer，MPC）是一种可以对多媒体信息进行获取、编辑、存储、处理和输出的计算机。

配置一台多媒体计算机需要以下部件。
- 一台高性能的微型计算机。
- 一些多媒体硬件，包括 CD-ROM 驱动器、声卡、视频卡、音箱（或耳机）等。另外，可以根据需要安装视频捕获卡、语音卡等插件，或安装数码相机、数字摄像机、扫描仪与触摸屏等采集与播放视频和音频的专用外部设备。
- 相应软件，包括支持多媒体的操作系统（如 Windows XP、Windows Vista、Windows 7 等）、多媒体开发工具和压缩/解压缩软件等。

1.3.3 媒体的数字化

在计算机和通信领域，最基本的媒体有声音和图像。

1. 声音的数字化

计算机系统通过输入设备输入声音信号，通过采样、量化操作将其转换为数字信号，然后通过输出设备输出。采样是指每隔一段时间对连续的模拟信号进行采集，每秒的采样次数即采样频率。采样频率越高，声音的还原性就越好。量化是指将采样后得到的信号转换为相应的二进制数值。量化位数一般为 8 位或 16 位。量化位数越大，采集到的样本精度越高，所需的存储空间也就越大。

采样和量化过程中使用的主要硬件是模拟/数字转换器（A/D 转换器，它能实现模拟信号到数字信号的转换）和数字/模拟转换器（D/A 转换器，它能实现数字信号到模拟信号的转换）。

经过采样、量化后，还需要对数值进行编码，即将量化后的数值转换为二进制数。有时也将量化和编码过程统称为量化。

最终产生的音频数据量按照以下公式计算。

音频数据量(B) = 采样时间(s) × 采样频率(Hz) × 量化位数(b) × 声道数 ÷ 8

存储声音信息的文件格式有很多种，如 WAV、MIDI、VOC、AU 及 AIF 等。

2. 图像的数字化

图像是多媒体中最基本、最重要的数据，图像有黑白图像、灰度图像、彩色图像、摄影图像等。在自然界中，景和物有两种形态，即动态和静态。静态图像根据其在计算机中生成的原理不同，可分为矢量图像和位图两种类型。动态图像根据获取方式的不同可分为视频和动画两种类型。

（1）静态图像的数字化。

一幅图像可以近似地看成是由许多点组成的，因此它的数字化通过采样和量化就可以完成。图像的采样是指采集组成一幅图像的点。量化是指将采集到的信息转换为相应的数值。组成一幅图像的每个点都称为一个像素，像素的值表示其颜色等属性信息。存储图像颜色的二进制数的位数称为颜色深度。

（2）动态图像的数字化。

人眼看到的一幅图像消失后，该图像还会在视网膜上滞留几毫秒，动态图像依据这样的原理，将静态图像以每秒 n 幅的速度播放，当 $n \geqslant 25$ 时，显示在人眼中的就是连续的画面。

（3）点位图和矢量图。

表达或生成图像时通常有点位图和矢量图两种方法。点位图是指将一幅图像分成很多个像素，每个像素用若干二进制数表示其颜色等属性信息。矢量图是指用一些指令来表示一幅图像，如画一条 200 像素长的红色直线、画一个半径为 100 像素的圆等。

（4）文件格式。

图像文件的格式包括 BMP、GIF、TIF、PNG、WMF、DXF 等。

视频文件的格式包括 AVI、MOV 等。

1.3.4 多媒体的数据压缩

多媒体信息数字化后的数据量非常大，需要经过压缩才能满足实际需求。数据压缩分为无损压缩和有损压缩两种类型。

> **学习提示**
> 【熟记】多媒体数据压缩的方式。

1 无损压缩

无损压缩是利用数据的统计冗余进行压缩的方式，又称可逆编码，其原理是统计被压缩数据中重复数据的出现次数并对该重复数据进行编码。无损压缩能够确保解压后的数据不失真，能实现对原始对象的完整复制。它的主要特点是压缩比较小，广泛应用于文本数据、程序以及重要图形和图像的压缩。常用的无损压缩编码方法如下。

（1）行程编码。

行程编码(Run Length Encoding，RLE)简单直观，编码和解码的速度快；其压缩比与压缩数据本身有关，行程长度大，压缩比就大。它适用于用计算机绘制的图像，如 BMP、AVI 格式的文件。由于彩色照片的色彩丰富，采用行程编码时压缩比会较小。

（2）熵编码。

根据信源符号出现概率的分布特性进行码率压缩的编码方式称为熵编码，也称统计编码。其目的是在信源符号和码字之间建立一一对应关系，以便在恢复时能准确地再现原信号，同时使平均码长或码率尽量小。熵编码包括霍夫曼编码和算术编码。

霍夫曼编码依据字符出现的概率来构造异字头的平均长度最短的码字，又称最佳编码。它将文件中出现频率较高的符号用较短的位序列代替，而将那些很少出现的符号用较长的位序列代替。这种方式一般用来压缩文本和程序文件。

算术编码与其他编码方法的不同之处在于，其直接将整个输入的信息编码为一个小数 n ($0 \leqslant n < 1.0$)。算术编码的优点是每个传输符号都不需要被编码成整数"比特"。虽然算术编码的实现方法比较复杂，但它的性能通常优于霍夫曼编码。

在人们从互联网接收的信息中，图像和视频占据了大部分，JPEG 和 MPEG 作为常见的图像、视频格式，具有占用存储空间小、清晰度高等优点，被广泛应用于互联网信息传播中。JPEG 标准是为静态图像建立的第一个国际数字图像压缩标准，也是现在应用最广的图像压缩标准。JPEG 标准可以提供有损压缩，其压缩比是其他传统压缩算法无法比拟的。MPEG 标准是一种高效的压缩标准，它规定了声音数据和电视图像数据的编码与解码过程、声音和数据之间的同步等问题的解决方案等。MPEG-1 和 MPEG-2 标准为数字电视标准，MPEG-4 是基于内容的压缩编码标准，MPEG-7 是"多媒体内容描述接口标准"，MPEG-21 是有关多媒体框架的协议。

2 有损压缩

有损压缩又称不可逆编码，是指压缩后的数据不能完全还原成压缩前的数据，解压后的数据与原始数据不同但是非常接近的压缩方法。有损压缩也称破坏性压缩，以损失文件中的某些信息为代价来换取较大的压缩比，其损失的信息多是对视觉和听觉感知不重要的信息。有损压缩的压缩比通常较大，常用于音频、图像和视频的压缩。典型的有损压缩编码方法如下。

（1）预测编码。

预测编码根据离散信号之间存在一定相关的特点，利用前面一个或多个信号对下一个信号进行预测，然后对实际值和预测值之差进行编码和传输，再在接收端把差值与实际值相加，恢复原始值。在同等精度下，预测编码能用比较少的"比特"进行编码，以达到压缩数据的目的。预测编码中典型的压缩方法有脉冲编码调制（PCM）、差分脉冲编码调制（DPCM）、自适应差分脉冲编码调制（ADPCM）等。

（2）变换编码。

变换编码先对信号进行某种函数变换，从一种信号空间变换到另一种信号空间，然后再对信号进行编码。变换编码包括变换、变换域采样、量化和编码4个步骤。典型的变换有离散余弦变换（DCT）、离散傅里叶变换（DFT）、沃尔什-哈达玛变换（WHT）、小波变换等。量化将处于取值范围 X 的信号映射到一个较小的取值范围 Y 中，压缩后的信号比原信号所需的比特数少。

（3）基于模型的编码。

如果把预测编码和变换编码等基于波形的编码称为第一代编码技术，则基于模型的编码就是第二代编码技术。其基本思想是在发送端利用图像分析模块对输入图像提取紧凑和必要的描述信息，得到一些数据量不大的模型参数；然后在接收端利用图像综合模块重建原图像，对图像进行合成。

（4）分形编码。

分形编码是利用分形几何中的自相似原理实现的。它先对图像进行分块，然后寻找各块之间的相似形（由仿射变换确定，一旦找到了每块的仿射变换，就保存这个仿射变换的系数）。由于每块的数据量远大于仿射变换的系数，所以图像得以大幅压缩。

（5）矢量量化编码。

矢量量化编码是在图像、语音信号编码技术中研究较多的新型量化编码方法之一。矢量量化是一种限失真编码方法，其原理仍可用信息论中的信息率失真函数理论来分析。

1.4　计算机病毒与预防

计算机病毒是一种人为制造的、能对计算机信息或系统起破坏作用的程序。这种程序轻则影响计算机运行速度，使计算机不能正常运行；重则使计算机瘫痪，给用户带来不可估量的损失。

《中华人民共和国计算机信息系统安全保护条例》对计算机病毒的明确定义如下。

【学习提示】

【了解】计算机病毒的概念、特点、分类、清除及预防。

计算机病毒	编制或者在计算机程序中插入的破坏计算机功能或者毁坏数据,影响计算机使用,并能自我复制的一组计算机指令或者程序代码

1 计算机病毒的特点

- 破坏性:计算机病毒可以破坏系统、删除或修改数据,甚至能格式化整个磁盘、占用系统资源、降低计算机运行效率。
- 寄生性:计算机病毒寄生在其他程序中,当用户执行这个程序时,病毒就起破坏作用,而在用户执行这个程序之前,病毒是不易被人发觉的。
- 传染性:计算机病毒不但具有破坏性,而且具有传染性,一旦病毒被复制或发生变异,就会以令人难以置信的速度传播。
- 潜伏性:有些病毒像定时炸弹,"爆炸"时间是预先设计好的。例如"黑色星期五"病毒,不到预定时间人们根本觉察不到它的存在,一旦到预定时间,病毒一下子就"爆炸"开来,对系统进行破坏。
- 隐蔽性:计算机病毒具有很强的隐蔽性,有的可以被反病毒软件检查出来,有的根本不会被检查出来,这类病毒处理起来通常很困难。

2 计算机感染病毒后的常见症状

虽然很难检测计算机病毒,但只要细心留意计算机的运行状况,就可以发现计算机感染病毒后的一些异常情况。具体如下。

- 磁盘文件数量无故增多。
- 系统的内存空间明显变小。
- 文件的日期或时间值被修改(用户自己并没有修改)。
- 可执行文件的大小明显增加。
- 正常情况下可以运行的程序突然因内存不足而不能运行。
- 程序加载或执行时间明显变长。
- 计算机经常出现"死机"或不能正常启动的现象。
- 显示器上经常出现一些莫名其妙的信息或其他异常现象。

3 计算机病毒的分类

从已发现的计算机病毒来看,小的病毒程序只有几十条指令,大小不到百字节;而大的病毒程序可由上万条指令组成。计算机病毒一般可分为以下5种类型。

- 引导区型病毒:主要通过U盘在DOS里传播。一旦硬盘中的引导区被病毒感染,病毒就试图感染每一个插入计算机的磁盘的引导区。
- 文件型病毒:它是文件的感染者。它隐藏在计算机存储器里,通常感染扩展名为.com、.exe、.drv、.ovl、.sys 等的文件。
- 混合型病毒:它同时有引导区型病毒和文件型病毒的特征。
- 宏病毒:它一般是指用 BASIC 语言编写的病毒程序,寄生在 Word 文档的宏代码中,影响 Word 文档的各种操作。
- Internet 病毒(网络病毒):此类病毒大多是通过电子邮件传播的,它破坏具有特定扩展名的文件,并使邮件系统变慢,甚至能导致网络系统崩溃。"蠕虫"病毒是其典型代表。

4 计算机病毒的清除

发现计算机感染病毒后一定要及时将病毒清除,以免造成损失。清除病毒的方法有两种:

一是手动清除,二是借助反病毒软件清除。

手动清除病毒不仅烦琐,而且对技术人员的能力要求很高,只有具备计算机专业知识的人员才能采用此方法。

利用反病毒软件清除病毒是当前比较流行的方法。反病毒软件通常提供了较友好的界面与较完备的提示,且不会破坏系统中的正常数据,使用起来相当方便。但遗憾的是,反病毒软件只能检测出已知的病毒并将其清除,很难处理新的病毒或变异病毒,所以各种反病毒软件都要随着新病毒的出现不断地升级。目前国内常用的反病毒软件有360杀毒、金山毒霸、KILL、瑞星和江民等。

5 计算机病毒的预防

在计算机感染病毒后再去想办法杀毒,这实际上是亡羊补牢。我们要像"讲究卫生,预防疾病"一样,对计算机病毒采取以预防为主的措施,从切断其传播途径入手,对其进行预防。计算机病毒主要通过移动存储设备(如软盘、光盘、U盘或移动硬盘)和计算机网络两大途径进行传播,可以采取以下几条预防措施。

- **专机专用**:重要部门应专机专用,禁止与任务无关的人员接触该系统,以防止潜在的病毒传入。
- **利用写保护功能**:对那些存有重要数据且不需要经常写入的系统,应使它们处于写保护状态,以防止病毒的侵入。
- **固定启动方式**:对配有硬盘的计算机,应该从硬盘启动系统,如果非要从软盘启动系统,则一定要保证系统软盘无病毒。
- 对从网上下载的软件和来自陌生人的电子邮件保持警惕:从网上下载的软件一定要检测后再用,更不要随便打开陌生人发来的电子邮件。
- **分类管理数据文档和程序**:各类数据文档和程序应分类管理。
- **定期备份**:定期备份重要的文件,以免遭受病毒侵害后无法恢复。
- **使用防病毒卡或病毒预警软件**:在计算机上安装防病毒卡或病毒预警软件。
- **定期检测**:定期用反病毒软件对计算机系统进行检测,发现病毒后应及时将其清除。
- **准备系统启动盘**:为了防止计算机系统被病毒攻击而无法正常启动,应准备系统启动盘。系统染上病毒且无法正常启动时,先用系统启动盘启动系统,然后用反病毒软件杀毒。

课后总复习

选择题

1. 第一台电子计算机是1946年在美国研制的,该计算机的英文缩写名是(   )。
   A)ENIAC   B)EDVAC   C)EDSAC   D)MARK-Ⅱ
2. 第二代计算机采用的主要元器件是(   )。
   A)电子管   B)小规模集成电路   C)晶体管   D)大规模集成电路
3. 十进制数511用二进制数表示为(   )。
   A)111011101   B)111111111   C)100000000   D)100000011
4. 下列一组数据中最大的数是(   )。
   A)2270   B)1FFH   C)1010001B   D)789
5. 下列叙述中,正确的一项是(   )。

A) R 进制数相邻两位数相差 R 倍　　　　B) 十进制数转换为二进制数采用的是按权展开法
C) 存储器中存储的信息即使断电也不会丢失　　D) 汉字的内码就是汉字的输入码

6. 100 个 24×24 点阵的汉字字模信息占用的字节数是(　　)。
   A) 2400　　　　B) 7200　　　　C) 57600　　　　D) 73728
7. 对应 ASCII 表中的值，下列正确的一项是(　　)。
   A) "9" < "#" < "a"　　B) "a" < "A" < "#"　　C) "#" < "A" < "a"　　D) "a" < "9" < "#"
8. 7 位 ASCII 共有(　　)个字符。
   A) 128　　　　B) 256　　　　C) 512　　　　D) 1024
9. 汉字"中"的十六进制的内码是 $(D6D0)_{16}$，那么它的国标码是(　　)。
   A) $(5650)_{16}$　　B) $(4640)_{16}$　　C) $(5750)_{16}$　　D) $(C750)_{16}$
10. 下面关于计算机病毒的叙述中，不正确的一项是(　　)。
    A) 计算机病毒是一个标记或一条命令
    B) 计算机病毒是人为制造的一个程序
    C) 计算机病毒是一种通过磁盘、网络等媒介传输，并能感染其他程序的程序
    D) 计算机病毒是能够实现自我复制，并借助一定的媒体存在的具有潜伏性、传染性和破坏性的程序

学习效果自评

本章考点很多，考查范围也很广，本章内容在考试中一般以选择题的形式出现。下表是本章比较重要的知识点的小结，考生可以用它来检查自己对这些知识点的掌握情况。

掌握内容	重要程度	掌握要求	自评结果
第一台电子计算机	★★	名称及诞生时间、地点	□不懂　□一般　□没问题
计算机发展的4个阶段	★	每代计算机采用的主要元器件及代表机型	□不懂　□一般　□没问题
计算机的应用	★	能根据例子判断所属的应用领域	□不懂　□一般　□没问题
计算机的特点及分类	★	计算机的特点、分类方法与它们各自的代表机型	□不懂　□一般　□没问题
进制数间的转换	★★★★	十进制数转换为二进制数	□不懂　□一般　□没问题
	★★	非十进制数转换为十进制数	□不懂　□一般　□没问题
	★★	二进制数、十六进制数之间的转换	□不懂　□一般　□没问题
西文字符的编码	★	ASCII的概念与版本	□不懂　□一般　□没问题
	★★★★	常用ASCII及它们的大小比较	□不懂　□一般　□没问题
汉字编码	★★★	国标码与汉字内码的转换	□不懂　□一般　□没问题
	★★★	点阵字形码存储空间的计算	□不懂　□一般　□没问题
多媒体的相关知识	★★★	媒体的数字化与数据压缩的种类	□不懂　□一般　□没问题
计算机病毒的相关知识	★★★	计算机病毒的概念与预防	□不懂　□一般　□没问题

第2章
计算机系统

章前导读

通过本章，你可以学习到：
- 计算机硬件系统的组成
- 计算机软件系统的组成
- 操作系统的相关概念、功能和发展
- Windows 7 操作系统的基础操作、基本术语和应用

本章评估	
重要度	★★
知识类型	理论+应用
考核类型	选择题+操作题
所占分值	选择题：约6分　操作题：10分
学习时间	6课时

学习点拨

本章的重点内容是计算机的操作系统及其发展。

本章将主要介绍计算机的硬件系统和操作系统。通过对本章的学习，考生可以进一步了解计算机的相关知识。

本章学习流程图

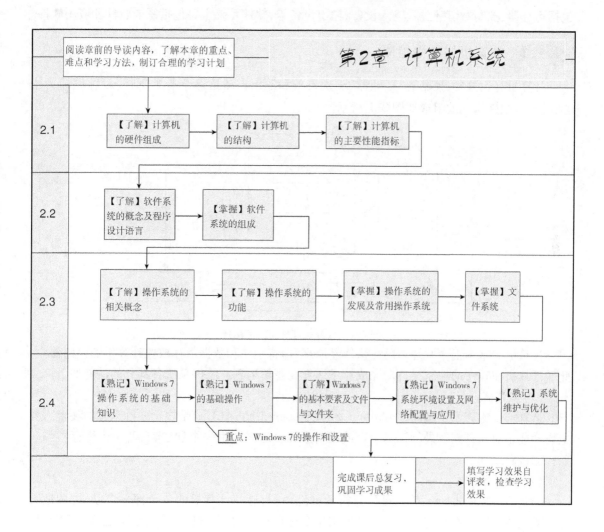

2.1 计算机硬件系统

计算机系统由硬件(Hardware)系统和软件(Software)系统两大部分组成。硬件系统主要包括运算器、控制器、存储器、输入设备、输出设备等,软件系统主要包括系统软件和应用软件。

2.1.1 计算机的硬件组成

计算机有运算器、控制器、存储器、输入设备和输出设备这5个基本部件,以存储器为中心,计算机硬件系统的组成如图2-1所示。

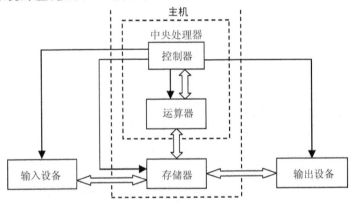

图2-1 计算机硬件系统的组成

计算机的基本工作原理为冯·诺依曼原理,即将程序和数据都存放在计算机的存储器中,此后计算机在程序的控制下自动完成算术运算和逻辑运算。硬件系统各部分的功能如下。

(1)运算器。

运算器也称算术逻辑部件(Arithmetic and Logic Unit,ALU),是执行各种运算的装置。其主要功能是对二进制数进行算术运算或逻辑运算。运算器由一个加法器、若干个寄存器和一些控制线路组成。

(2)控制器。

控制器(Control Unit,CU)是计算机的神经中枢,能使计算机的各个部件自动、协调地工作。其主要功能是按预定的顺序不断取出指令进行分析,然后根据指令要求向运算器、存储器等部件发出控制信号,让它们完成指令中规定的操作。

(3)存储器。

存储器(Memory)是计算机中用来存放程序和数据的装置,它具备存储数据和取出数据的功能。存储器可分为两大类:一类是内部存储器,另一类是外部存储器。

 请注意　存储数据是指向存储器"写入"数据,取出数据是指从存储器里"读出"数据。读/写操作统称为对存储器的访问操作。

(4)输入/输出设备。

输入设备(Input Device)的主要功能是把准备好的数据、程序、命令及各种信号信息转换为计算机能接收的电信号并送入计算机。

输出设备(Output Device)的主要功能是将计算机处理的结果或工作过程按人们需要的方式输出。

下面具体介绍各种硬件设备。

学习提示

【熟记】CPU 和存储器的基本概念、ROM 和 RAM 的区别、磁盘存储容量的计算公式、输入/输出设备的识别。

1 中央处理器

中央处理器(Central Processing Unit,CPU)是体积小、元器件集成度非常高、功能强大的芯片,故又称微处理器(Micro Processor Unit,MPU),如图 2-2 所示。它是计算机系统的核心,计算机所做出的全部动作都受 CPU 的控制。

CPU 类似于人的大脑,CPU 品质的高低直接决定了计算机系统的档次高低。CPU 的性能指标主要有字长与主频。

CPU 主要由运算器和控制器两大部件组成,还包括若干个寄存器和高速缓冲存储器(Cache),它们通过内部总线连接在一起。Cache 是为了解决 CPU 与内存(RAM)速度不匹配的问题而设计的,存储容量一般在几十千字节到几百千字节之间,存取速度为 15～35ns。

图 2-2　INTEL 的 CPU

2 存储器

存储器(Memory)是存放程序和数据的部件,可用来存储原始数据、中间计算结果及命令等信息。下面先介绍与存储相关的两个概念。

存储地址	存储器是由许多个二进制位的线性排列而成的。为了存取到指定位置的数据,存储器通常用 1 个字节作为一个存储单元,并给每个字节编上号码,这个号码称为该数据的存储地址(Address)
存储容量	存储器可容纳的二进制信息量称为存储容量,基本单位是 B,此外还有 KB 、MB 、GB 和 TB

计算机的存储器可分为内部存储器(又称为主存储器、内存储器、内存或主存)和外部存储器(又称为辅助存储器、外存储器、外存或辅存)。

(1)内部存储器。

内部存储器是用来暂时存放处理程序、待处理的数据和运算结果的主要存储器,它直接和中央处理器交换信息,故称为主存,由半导体集成电路构成。

只读存储器 (ROM)	①特点 ● 其中的信息只能读出不能写入,且只能被 CPU 随机读取 ● 存储内容具有永久性,断电后信息不会丢失,可靠性高 ②用途 主要用来存放固定不变的控制计算机的系统程序和数据,如常驻内存的监控程序、基本的输入/输出系统、各种专用设备的控制程序和有关计算机硬件的参数表等 ③分类 ● 可编程的只读存储器(PROM) ● 可擦除、可编程的只读存储器(EPROM) ● 掩模型只读存储器(MROM)

随机存取存储器 （RAM）	①特点 ● CPU 可以随时直接对其进行读写。当写入时，原来存储的数据会被覆盖 ● 通电时信息保存完好，但断电后信息会消失，且无法恢复 ②用途 存储当前使用的程序、数据、中间计算结果及要与外部存储器进行交换的数据 ③分类 ● 静态 RAM(SRAM)：集成度低、价格高、存取速度快、不需刷新 ● 动态 RAM(DRAM)：集成度高、价格低、存取速度较慢、需刷新

（2）外部存储器。

在一个计算机系统中，除了内部存储器外，一般还有外部存储器，用于存储暂时不用的程序和数据。目前，常用的外部存储器有硬盘、USB 移动硬盘、U 盘和光盘，其中硬盘属于磁盘存储器。下面简单介绍磁盘存储器。

磁盘存储器	简称磁盘，它包括磁盘驱动器（由主轴与主轴电机、读写磁头、磁头移动和控制电路等组成）、磁盘控制器和磁盘片 3 个部分

为了能在磁盘片上的指定区域读写数据，必须将磁盘划分为若干个有编号的区域。因此，人们将磁盘记录区划分为若干个记录信息的同心圆，同心圆的轨迹称为磁道。

磁道编号	磁道从外向内依次进行编号，最外侧的磁道为 0 磁道，磁道编号从外向内依次递增
磁道、盘面、扇区的关系	每个磁盘片有两个盘面，每个盘面上有多条磁道，每条磁道又分为若干个扇区。扇区是磁盘存储数据的最小单位，一般每个扇区的容量是 512 字节

了解磁盘的结构之后，就不难理解磁盘容量的计算方法了。磁盘的存储容量可用以下公式计算。

磁盘存储容量	磁盘存储容量 = 磁道数 × 扇区数 × 扇区内字节数 × 盘面数 × 磁盘片数

各类外部存储器介绍如下。

①硬盘。硬盘又称硬磁盘，如图 2-3(a)所示，通常采用温切斯特技术制造，故也称为温切斯特盘（温盘）。硬盘的容量大、转速快、存取速度快。

②USB 移动硬盘。USB 移动硬盘的优点是体积小、质量轻、容量大、存取速度快，可以通过 USB 接口即插即用，如图 2-3(b)所示。

③U 盘。U 盘又称优盘、拇指盘，如图 2-3(c)所示。它是利用闪存（Flash Memory）在断电后还能保证存储的数据不丢失的特点制成的。其优点是质量轻、体积小、即插即用。U 盘有基本型、增强型和加密型 3 种。

(a)硬盘

(b)USB 移动硬盘

(c)U 盘

图 2-3　各类外部存储器

④光盘。光盘（Optical Disk）是利用光学原理存储信息的圆盘，需要用光盘驱动器（简称光驱）来读写。根据存储容量的不同，光盘可分为 CD 光盘和 DVD 光盘两大类。

● CD 光盘：存储容量一般达 650MB，单倍速为 150Mbit/s。它还可以分为只读型光盘

（CD-ROM）、一次性写入光盘（CD-R）和可擦除型光盘（CD-RW）。

- DVD 光盘：存储容量极大，120mm 的单面单层 DVD 盘片的容量为 4.7GB。DVD 光盘可以分为 DVD-ROM、DVD-R、DVD-RAM、DVD-Video、DVD-Audio 等。

3 输入设备

输入设备是将原始信息（数据、程序、命令及各种信号）送入计算机的设备。计算机常用输入设备的种类和功能如下。

（1）键盘。

键盘是最常用、最基本的一种输入设备，用户通过按键将各种命令、程序和数据送入计算机。目前比较流行的是 101 键的标准键盘。

101 键标准键盘分为 4 个区域，各区域的功能说明如表 2-1 所示。

表 2-1　　　　　　　　　　　　　　4 个键盘区的功能说明

键盘区	功能说明
基本键盘区（主键盘）	键盘区下方面积较大的部分，共有 58 个键。含有 26 个英文字母键、数字键、标点符号键、特殊符号键、空格键"Space"、制表键"Tab"、大写锁定键"Caps Lock"、上挡键"Shift"、控制键"Ctrl"、换挡键"Alt"、回格键"BackSpace"、回车键"Enter"等
特殊功能键区	由键盘最上方的 12 个特殊功能键"F1"～"F12"、退出键"Esc"、打印屏幕键"Print Screen"、滚动锁定键"Scroll Lock"、暂停/中断键"Pause/Break"组成
编辑键与光标移动键区	位于键盘中间偏右部分，由上、下、左、右箭头键与插入键"Insert"、删除键"Delete"等组成
数字小键盘区	在基本键盘区右侧，由数字锁定键"Num Lock"、光标移动/数字键、四则运算符号键、回车键"Enter"组成

键盘中的一些按键本身有特殊功能，这些功能也是我们经常用到的，下面对其进行简单的介绍，如表 2-2 所示。

表 2-2　　　　　　　　　　　　　　特殊功能键

按键	名称	说明
Esc	退出键	退出当前操作，或使当前操作行的命令作废
Tab	制表键	默认定位 8 个字符，即按一次此键光标右移 8 个字符位
Caps Lock	大写锁定键	这是一个开关键，开机后，按此键奇数次，指示灯亮，处于大写字母锁定状态，键入的字母为大写字母。若指示灯灭，则键入的字母均为小写字母
Shift	上挡键	键盘上有许多双字符，即键面上有两个字符，直接按这些键取键面标记的下部字符；按住"Shift"键再按这些键，则取键面标记的上部字符。另外，同时按"Shift"键和字母键，可以实现字母大小写之间的切换
Ctrl	控制键	与其他键组合出各种控制命令。在有些操作系统中，用户可自己定义
Alt	换挡键	与其他键组合出各种控制命令。在有些操作系统中，用户可自己定义
BackSpace	回格键	按一下光标退一个字符位，删除光标所在位置的前一个字符
Enter	回车键	一般用于结束一行命令或字符的输入，即不论光标在什么位置，按该键后光标都移至下一行行首
Space	空格键	键盘上最长的一个键，位于基本键盘区的中下方，长条形，无符号。按一下，光标右移一个字符位。注意按此键时光标右移，屏幕上虽然没有显示，但该空白处有字符——与其他字符等效的"空"符号
Print Screen	打印屏幕键	把当前屏幕内容截取出来

(续表)

按键	名称	说明
Insert	插入键	切换插入和改写编辑模式
Delete	删除键	删除光标所在位置之后的一个字符。注意和"BackSpace"键区分
End	结束键	将光标移至本行最后一个字符位
Home	起始键	将光标移至本行第一个字符位
Page Up	上页(向上翻页)	将光标移至上一屏的同一位置
Page Down	下页(向后翻页)	将光标移至下一屏的同一位置
F1～F12	特殊功能键	"F1"～"F12"这些功能键的功能可以由用户自行定义。一般大多数应用程序对它们都有定义,如"F1"键为帮助、"F2"键为保存等
Pause Break	暂停/中断键	—
Scroll Lock	滚动锁定键	—
↑、↓、←、→	方向键	控制光标向上、下、左、右移动

(2) 鼠标。

鼠标(Mouse)也是计算机常用的输入设备。它可以用来移动显示器上的鼠标指针以选择菜单命令或单击按钮,向主机发出各种操作命令。鼠标也是绘图的好帮手。

根据结构,鼠标可分为机械鼠标和光电鼠标两大类,如图2-4所示。机械鼠标通过一个橡胶滚动球把位置的移动转换为0/1信号。光电鼠标通过底部的一个光电检测器来确定位置。

(a) 机械鼠标　　　　　　　(b) 光电鼠标

图 2-4　鼠标

(3) 其他输入设备。

除键盘和鼠标外,常用的输入设备还有扫描仪、条形码阅读器、光学字符阅读器(OCR)、触摸屏、手写笔、话筒和数码相机等。

4　输出设备

输出设备将计算机处理和计算后得到的数据信息传送到外部设备,并将信息转换成人们需要的表示形式。在计算机系统中,最常用的输出设备是显示器和打印机。有时根据需要还可以配置其他输出设备,如绘图仪等。

(1) 显示器。

显示器(Monitor)又称监视器。它是计算机必不可少的输出设备之一,用于显示、输出各种数据。

常用的显示器有阴极射线管显示器(CRT)和液晶显示器(LCD)两种,如图2-5所示。

显示器还必须配置显示适配器,简称显卡,显卡主要用于控制显示屏幕上字符与图形的输出。显示器的主要参数有像素与点距、分辨率、尺寸等。

(2) 打印机。

打印机是计算机的主要输出设备,它的种类和型号

(a) CRT　　　　(b) LCD

图 2-5　显示器

很多,按印字的方式可分为以下两大类。

• 击打式打印机:利用机械动作,将印字活字压向打印纸和色带进行印字。针式打印机属于击打式打印机,如图2-6(a)所示。

• 非击打式打印机:非击打式打印机是靠电磁的作用实现打印的。喷墨打印机[见图2-6(b)]、激光打印机[见图2-6(c)]、热敏打印机和静电打印机等都属于非击打式打印机。喷墨打印机是应用最广泛的非击打式打印机之一。

(a)针式打印机　　　　(b)喷墨打印机　　　　(c)激光打印机

图2-6　常用的打印机

(3)其他输出设备。

其他输出设备还有绘图仪、声音输出设备(音箱或耳机)、视频投影仪等。

(4)其他输入/输出设备。

目前,不少设备同时集成了输入/输出两种功能,如调制解调器、光盘刻录机等。

2.1.2　计算机的结构

计算机的结构反映了计算机各个组成部件之间的连接方式。

1 直接连接

运算器、存储器、控制器和外部设备4个组成部件之间的任意2个组成部件,相互之间基本上都有单独的连接线路。冯·诺依曼于1952年研制的计算机IAS就采用了直接连接的结构。

2 总线结构

现代计算机普遍采用总线结构。总线是一级连接各个部件的公共通路,能传输运算器、控制器、存储器和输入/输出设备之间进行信息交换和控制传递需要的全部信号。

图2-7所示的是微型计算机总线结构,系统总线把CPU、存储器、输入/输出设备连接起来,使微型计算机系统结构简洁、灵活、规范。

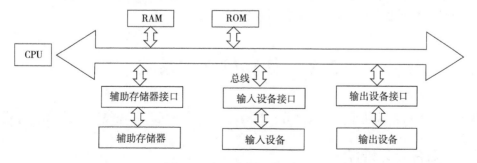

图2-7　微型计算机总线结构

根据传输信号的性质，可以将总线分为以下 3 部分。

（1）数据总线。

数据总线是在存储器、运算器、控制器和输入/输出设备之间传输数据信号的公共通路。数据总线的位数是计算机的一个重要指标，它体现了计算机传输数据的能力，通常与 CPU 的位数相对应。

（2）地址总线。

地址总线是 CPU 向内部存储器和输入/输出设备接口传输地址信息的公共通路。由于地址总线传输地址信息，所以地址总线的位数决定了 CPU 可以直接寻址的内存范围。

（3）控制总线。

控制总线是在存储器、运算器、控制器和输入/输出设备之间传输控制信号的公共通路。

2.1.3　计算机的主要性能指标

计算机的好坏取决于其性能的优劣，但性能的评定标准是什么呢？显然，评定计算机性能的优劣不能只依据一两项指标，而是需要综合考虑。下面介绍计算机的几项核心性能指标。

（1）字长。

字长是指计算机 CPU 能够直接处理的二进制数据的位数。字长越长，运算精度越高，处理能力越强。通常，字长是 8 的整数倍，如 8 位、16 位、32 位、64 位等。

（2）时钟频率。

时钟频率也叫主频，是指计算机 CPU 的运行频率。一般主频越高，计算机的运算速度就越快。主频的单位为兆赫兹（MHz）或吉赫兹（GHz）。

（3）运算速度。

通常所说的计算机的运算速度（平均运算速度）是指计算机每秒能执行的加法指令的条数。单位一般是百万次/秒。

（4）存储容量。

存储容量分为内存容量与外存容量。这里主要指内存容量。内存容量越大，计算机的处理速度一般也就越快，处理能力就越强。

（5）存取周期。

存取周期是 CPU 从内存中存取数据所需的时间。存取周期越短，计算机的运算速度越快。目前，内存的存储周期为 7～70ns。

除了上述主要性能指标外，还有一些其他指标，如系统的兼容性、平均无故障时间、性能价格比、可靠性与可维护性、外部设备配置与软件配置等。

2.2　计算机软件系统

软件是计算机系统的重要组成部分。没有软件的计算机是不完整的、用处不大的机器。

2.2.1　程序设计语言

程序设计语言是用来编写计算机程序的，是人们与计算机进行交流的语言。按其指令代码的类型,程序设计语言可分为机器语言、汇编语言和高级语言。

1 机器语言

计算机的指令系统也称为机器语言。机器语言具有以下主要特征:
- 它是计算机唯一能识别并且能直接执行的语言;
- 每条指令是由 0、1 组成的一串二进制代码,可读性差、不易记忆;
- 用它编写的程序执行速度快,占用内存空间少;
- 编写程序的过程难且繁,易出错,程序难调试、修改;
- 直接依赖计算机;
- 由于不同型号(或系列)计算机的指令系统不完全相同,故它的可移植性差。

总之,机器语言效率高,但不易掌握和使用。

2 汇编语言

用比较容易识别、记忆的助记符代替机器语言的二进制代码,这种符号化的机器语言叫作汇编语言,也称为符号语言。

汇编语言有以下主要特征:
- 指令一般采用相近英语词汇的缩写,如加法运算的指令为 ADD(加),减法运算的指令为 SUB(减);
- 在编写程序时,助记符比指令编码更容易记忆,出错时也更容易修改;
- 汇编语言其实就是用代码表示的机器语言,同机器语言一样,都依赖具体的计算机;
- 计算机不能直接识别和执行汇编语言源程序,汇编语言源程序必须经过汇编过程翻译成机器语言程序(又称目标程序)后才能被执行。

3 高级语言

高级语言是接近生活语言的计算机语言。常见的高级语言有 C 语言、C++语言、Java 语言和 Python 语言等。和汇编语言源程序一样,高级语言源程序不能直接被计算机识别和执行,必须由翻译程序把它翻译成机器语言程序。

翻译程序按翻译的方法分为解释方式和编译方式两种。

(1)解释方式。

解释方式是在程序的运行过程中,将高级语言逐句解释为机器语言,解释一句,执行一句,所以运行速度较慢。Python 语言源程序的执行就是采用的这种方式。

(2)编译方式。

编译方式是用相应的编译程序先把源程序编译成机器语言的目标程序,然后把目标程序和各种标准库函数连接装配成一个完整的、可执行的机器语言程序,再执行。简单来说,一个高级语言源程序必须经过"编译"和"连接装配"两步后才能成为可执行的机器语言程序。

尽管编译方式的过程复杂一些,但它形成的可执行文件可以反复执行,且执行速度较快。目前,常用的编译程序有 C、C++等高级语言。

2.2.2 软件系统的组成

软件系统是为运行、管理和维护计算机而编制的各种程序、数据和文档的总称。

1. 系统软件

系统软件由一组控制计算机系统并管理其资源的程序组成,提供操作计算机时需要的最基础的功能。没有系统软件,就无法使用应用软件。

【熟记】软件的分类及其对应的例子。

常见的系统软件有操作系统、数据库管理系统、语言处理系统和服务性程序等。

(1)操作系统。

操作系统(Operating System,OS)是系统软件的重要组成部分和核心部分,是管理计算机软件和硬件资源、调度用户作业程序、处理各种中断并保证计算机各个部分协调、有效工作的软件。

操作系统通常包括5个功能模块:处理器管理、内存管理、信息管理、设备管理和用户接口。

根据功能和规模不同,操作系统可分为批处理操作系统、分时操作系统及实时操作系统等;根据同时管理的用户数不同,操作系统可分为单用户操作系统和多用户操作系统。其发展过程如下。

- 单用户操作系统。
- 批处理操作系统。
- 分时操作系统。
- 实时操作系统。
- 网络操作系统。
- 微机操作系统。

(2)数据库管理系统。

用户通常把要处理的数据按一定的结构组织成数据库文件,再用相关的数据库文件组成数据库。数据库管理系统(Data Base Management System,DBMS)就是对数据库进行建立、存储、筛选、排序、检索、复制、输出等一系列管理的计算机软件。用于微型计算机的小型数据库管理软件有 FoxPro、Visual FoxPro、Access 等,大型数据库管理软件有 Oracle、Sybase、DB2、Informix 等。

(3)语言处理系统。

目前,大多数计算机程序是用接近生活语言的计算机高级语言编写的,但计算机系统并不认识高级语言命令。高级语言源程序必须被翻译程序翻译成由 0 和 1 组成的机器语言后才能被计算机识别和运行。因此,计算机如果要执行高级语言源程序,就必须配置该语言的翻译程序或处理系统。FORTRAN、COBOL、PASCAL、C、BASIC、LISP 都是语言处理系统。

(4)服务性程序。

用于实现计算机的检测、故障诊断和排除的程序统称为服务性程序,如软件安装程序、磁盘扫描程序、故障诊断程序以及纠错程序等。

2. 应用软件

应用软件是为解决某一具体问题编制的程序。根据服务对象的不同,应用软件可以分为通用软件与专用软件。

(1)通用软件。

为解决某一类问题设计的软件称为通用软件,例如以下软件。

- 用于解决文字处理、表格处理、电子演示、电子邮件收发等办公问题的办公软件(如 WPS、Microsoft Office 等)。

- 用于财务会计业务的财务软件。
- 用于机械设计制图的绘图软件(如 AutoCAD)。
- 用于图像处理的软件(如 Photoshop)。

(2)专用软件。

专门适应特殊需求的软件称为专用软件。例如,用户自己组织人力开发的能自动控制车床,并能将各种事务性工作集成起来的软件。

2.3　操作系统简介

操作系统是人与计算机之间通信的桥梁,它直接运行在裸机上,是对计算机硬件系统的第一次扩充。只有在操作系统的支持下,计算机才能运行其他软件。用户可以通过操作系统提供的命令和交互功能实现各种访问计算机的操作。

2.3.1　操作系统的相关概念

【了解】操作系统的相关概念。

操作系统中的重要概念有进程、线程、内核态和用户态。

(1)进程。

进程是程序的一次执行过程,是一个正在执行的程序,是系统进行资源调度和资源分配的一个独立单位。一个程序被加载到内存,系统就创建了一个进程,或者说进程是一个程序与其数据一起在计算机上顺利执行时所发生的活动。

为了提高 CPU 的利用率,以及控制程序在内存中的执行过程,操作系统中引入了"进程"这一概念。

在 Windows、UNIX、Linux 等操作系统中,用户可以看到当前正在执行的进程。有时"进程"又称为"任务"。图 2-8 所示是 Windows 7 的任务管理器(按"Ctrl"+"Shift"+"Esc"组合键即可打开)。

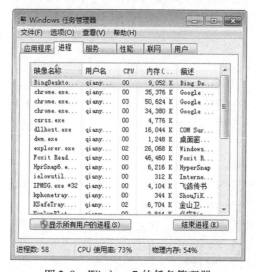

图 2-8　Windows 7 的任务管理器

(2)线程。

线程是进程中某个单一顺序的控制流,也被称为轻量进程,是 CPU 调度和分配资源的基本单位。线程基本不拥有系统资源,只拥有在运行时必不可少的资源。一个线程可以创建和撤销另一个线程,同一个进程中的多个线程可以并发执行。

CPU 是以时间片轮询的方式为进程分配处理时间的。计算机的多线程是指 CPU 分配给每一个线程的运行时间极少,时间一到,当前线程就交出运行资源的所有权,所有线程被快速地切换执行。因为 CPU 的执行速度非常快,所以在执行的过程中,用户认为这些线程是"并发"执行的。

(3)内核态和用户态。

计算机的特权态即内核态,它拥有计算机中所有的软硬件资源;普通态即用户态,其访问资源的数量和权限均受到限制。

由于内核态享有最大权限,其安全性和可靠性尤为重要。一般能够运行在用户态上的程序就让它在用户态中运行。

2.3.2 操作系统的功能

操作系统可以控制在计算机上运行的所有程序并管理所有计算机资源,是底层的软件。

操作系统管理的硬件资源有 CPU、内存、外存和输入/输出设备。操作系统管理的软件资源为文件。操作系统管理的核心就是资源管理,即有效地发掘资源、监控资源、分配资源和回收资源。

> **学习提示**
> 【了解】操作系统的功能。

安装操作系统的目的有两个:首先是方便用户使用计算机,用户可以通过操作系统提供的命令和服务操作计算机,而不必去直接操作计算机的硬件;其次,操作系统会尽可能地使计算机系统中的各项资源得到充分、合理的利用。

操作系统提供了存储器管理、处理机管理、设备管理、文件管理和作业管理 5 个方面的功能。

任何一个需要在计算机上运行的软件都需要合适的操作系统的支持,因此人们把操作系统视为一个"环境"。不同的操作系统环境对软件有不同的要求,并不是任何软件都可以随意地在计算机上被执行。例如 Microsoft Office 是 Windows 环境下的办公软件,它并不能运行于其他操作系统环境。

2.3.3 操作系统的发展

操作系统并不是与计算机硬件一起诞生的,它是人们在使用计算机的过程中,为了满足提高资源利用率、增强计算机系统性能这两大需求,伴随计算机技术本身及其应用的日益发展,逐步地形成和完善起来的。

操作系统的发展大致经历了以下 6 个阶段。

第一阶段:人工操作方式(1946 年第一台计算机诞生至 20 世纪 50 年代中期)。

第二阶段:单道批处理操作系统(20 世纪 50 年代后期)。

第三阶段:多道批处理操作系统(20 世纪 60 年代中期)。

第四阶段:分时操作系统(20 世纪 70 年代)。

第五阶段:实时操作系统(20 世纪 70 年代)。

第六阶段:现代操作系统(20 世纪 80 年代至今)。

2.3.4 常用的操作系统

1 DOS

DOS(Disk Operating System)是 Microsoft 公司在20世纪70年代开发的配置在个人计算机上的单用户命令行(字符)界面操作系统。DOS 的特点是简单易学,硬件要求低,但它的存储能力有限,现已被 Windows 替代。

2 Windows

Microsoft 公司的 Windows 操作系统是基于图形用户界面的操作系统。Microsoft 公司从1983年开始开发 Windows,并于1985年和1987年分别推出 Windows 1.03版和2.0版,受当时硬件水平和市场条件的限制,它们没有取得预期的成功。但 Microsoft 公司于1990年5月推出的 Windows 3.0 在商业上取得了惊人的成功。其后推出的 Windows 3.1 引入了 TureType 矢量字体,增加了对象链接和嵌入技术(OLE)以及对多媒体的支持,但此时的 Windows 必须运行于MS-DOS 上,因此并不是严格意义上的操作系统。

Microsoft 公司于1995年推出了 Windows 95,它可以独立运行而无须 DOS 支持,Windows 95 在 Windows 3.1 的基础上做了诸多重大改进,包括支持网络和多媒体、支持即插即用(Plug and Play)、具有32位线性寻址的内存管理和良好的向下兼容性等。随后 Microsoft 公司又推出了 Windows 98 和网络操作系统 Windows NT。

2000年,Microsoft 公司发布的 Windows 2000 有 Professional(专业版)及 Server(服务器版)两大系列。Server 系列包括 Windows 2000 Server、Advanced Server 和 Data Center Server。2001年10月25日,Microsoft 公司又发布了 Windows XP,其中的 XP 是 Experience(体验)的缩写。2003年,Microsoft 公司发布了 Windows 2003,它增加了无线上网等功能。

2005年,Microsoft 公司又发布了 Vista(Windows 2005)。该产品对操作系统核心进行了全新修正,界面比以往的 Windows 操作系统有了很大的改进,设置也较为人性化,但是 Vista 存在的问题是兼容性较差,一些软件不能运行。此外,Vista 对硬件配置的要求也比较高。

Windows 7 主要围绕针对笔记本计算机的特有设计、基于应用服务的设计、用户的个性化、视听娱乐的优化、用户易用性的新引擎5个重点进行设计。

2011年,Microsoft 公司向外界展示了 Windows 8。2012年10月25日,Microsoft 公司宣布将 Windows 8 Metro 界面正式改名为 Windows UI。在 Windows 8 中,Microsoft 公司对已经面市二十多年的 Windows 操作系统进行了重大调整。

2014年10月1日,Microsoft 公司对外展示了新一代操作系统,并将它命名为 Windows 10。Windows 10 在易用性和安全性方面有了极大的提升,不仅融合了云服务、智能移动设备等新技术,还对固态硬盘、高分辨率屏幕等硬件进行了优化与完善。

3 UNIX

UNIX 是一种发展比较早的操作系统,在操作系统市场中一直占有较大的份额。UNIX 的优点是可移植性好,可运行于不同类型的计算机,可靠性和安全性较高,支持多任务、多处理、多用户、网络管理和网络应用;缺点是缺乏统一的标准,应用程序不够丰富并且不易学习,这些都限制了 UNIX 的普及。

4 Linux

Linux 是一种开放源代码的操作系统,用户可以通过网络免费获取 Linux 及其生成工具的源代码,然后对它们进行修改。

Linux 实际上是在 UNIX 的基础上发展起来的,因此它与 UNIX 的兼容性较好,能够运行大多数的 UNIX 工具软件、应用程序和网络协议。Linux 还支持多任务、多进程和多 CPU。

Linux 版本众多,厂商们利用 Linux 的核心程序和外挂程序研发了现在的各种 Linux 版本。现在主要流行的版本有 Red Hat Linux、Turbo Linux 等。我国自主研发的有红旗 Linux、统信 UOS 和中标麒麟等。

⑤ OS/2

1987 年,IBM 公司在推出 PS/2 的同时,发布了为 PS/2 设计的操作系统——OS/2。在 20 世纪 90 年代初,OS/2 的整体技术水平超过了当时的 Windows 3.x,但它最终因缺乏应用软件的支持而逐渐退出市场。

⑥ Mac OS

Mac OS 是在苹果公司的计算机上使用的操作系统。它是最早成功的基于图形用户界面的操作系统之一,具有较强的图形处理能力,因对 Windows 缺乏较好的兼容性,所以其市场普及率不高。

⑦ Novell NetWare

Novell NetWare 是一种基于文件服务和目录服务的网络操作系统,主要用于构建局域网。

2.3.5 文件系统

计算机是以文件(File)的形式组织和存储数据的。计算机文件是被用户赋了名字并存储在磁盘上的信息的有序集合。

在 Windows 中,文件夹是组织文件的一种方式,用户可以把同一类型或同一用途的文件保存在同一个文件夹中,文件夹大小由系统自动分配。

① 文件的基本概念

(1)文件名。

在计算机中,每一个文件都有文件名。文件名是存取文件的依据,即按名存取文件。文件名分为文件主名和扩展名两部分,如图 2-9 所示。一般来说,文件主名为有意义的词语或数字,以便用户识别。例如,Windows 中记事本的文件名为 Notepad.exe。

XXXXXXXXXXXXXX.XXX
文件主名　　　　扩展名

图 2-9　文件名

不同操作系统的文件命名规则有所不同。Windows 的文件主名和扩展名是不区分大小写的,而 UNIX 是区分大小写的。

文件名中可以使用的字符包括汉字字符、26 个大写英文字母、26 个小写英文字母、0~9 共 10 个阿拉伯数字和一些特殊字符。

文件名中不能使用的符号有 <、>、/、\、|、:、"、*、?。

不能使用的文件名还有 Aux、Com2、Com3、Com4、Con、Lpt1、Lpt2、Prn、Nul。因为系统已经对这些名称进行了定义。

(2)文件类型。

绝大多数的操作系统用文件的扩展名表示文件的类型,不同类型文件的处理方式是不同的。不同的操作系统中表示文件类型的扩展名不相同,常见的文件扩展名及其含义如表 2-3 所示。

表2-3　　　　　　　　　　　　　常见的文件扩展名及其含义

文件类型	扩展名	含义
可执行程序文件	exe、com	可执行程序文件
源程序文件	c、cpp	程序设计语言的源程序文件
目标文件	obj	源程序文件经编译后生成的目标文件
Microsoft Office 文件	docx、xlsx、pptx	Microsoft Office 中 Word、Excel、Power Point 创建的文件
图像文件	bmp、jpg、gif	图像文件,不同的扩展名表示不同的格式
流媒体文件	wmv、rm	能通过网络播放的流媒体文件
压缩文件	zip、rar	压缩文件
音频文件	wav、mp3、mid	音频文件,不同的扩展名表示不同的格式
网页文件	html、asp	一般来说,前者是静态的,后者是动态的

一般来说,用户没有必要记住特定应用文件的扩展名。在进行文件保存操作时,系统通常会在文件主名后自动加上正确的文件扩展名。通常可以借助扩展名判定将用来打开该文件的应用软件。

(3) 文件属性。

除了文件名以外,文件还有文件大小、占用空间等文件属性。使用鼠标右键单击文件夹或文件对象,在弹出的快捷菜单中选择"属性"命令,弹出图 2-10(a)所示的属性对话框,部分属性的说明如下。

①只读:设置为只读属性的文件只能被读取,不能被修改。

②隐藏:如果设置了隐藏属性,则被隐藏的文件和文件夹是浅灰色的,一般情况下不显示。

③存档:任何一个新创建或被修改过的文件都有存档属性。例如,单击图 2-10(a)所示属性对话框中的"高级"按钮,会弹出图 2-10(b)所示的"高级属性"对话框。

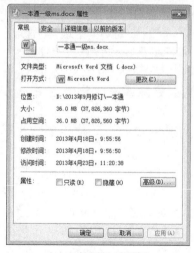
(a)文件属性对话框

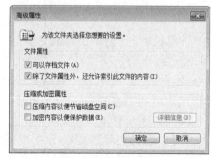
(b)"高级属性"对话框

图 2-10　文件属性

(4) 文件名中的通配符。

通配符是用来代表其他字符的符号,通配符有"?"和"＊"两种。其中通配符"?"表示任意一个字符,通配符"＊"表示任意多个字符。

(5)文件操作。

一个文件中存储的可能是数据,也可能是程序的代码,不同格式的文件通常会有不同的应用和操作。常用的文件操作有新建文件、打开文件、写入文件、删除文件和更改文件属性等。

在 Windows 中,文件的快捷菜单中存放了大多数有关文件的操作,用户只需要使用鼠标右键单击文件,再在弹出的快捷菜单中进行操作即可。

2 目录结构

(1)磁盘分区。

一个新硬盘安装到计算机上后,往往要将磁盘划分成几个区域,即把一个磁盘驱动器划分成几个逻辑上相互独立的驱动器,如图 2-11 所示。磁盘分区被称为卷,如果不分区,整个磁盘就是一个卷。

对磁盘进行分区的目的有两个:
- 硬盘容量很大,分区后便于管理;
- 不同分区内可安装不同的系统,如 Windows 7、Linux 等。

在 Windows 中,一个硬盘可以分为磁盘主分区和磁盘扩展分区(也可以只有磁盘主分区),扩展分区可以分为一个或几个逻辑分区。每一个主分区或逻辑分区就是一个逻辑驱动器,它们各自的盘符如图 2-11 所示。

图 2-11 磁盘分区

磁盘分区后还不能直接使用,必须进行格式化。格式化的目的如下:
- 把磁道划分成一个个扇区,每个扇区大多占 512 字节;
- 安装文件系统,建立根目录。

为了管理磁盘分区,系统提供了以下两种启动计算机管理程序的方法。
- 使用鼠标右键单击桌面上的"计算机"图标,再在弹出的快捷菜单中选择"管理"命令。
- 选择"开始"→"控制面板"→"系统和安全"→"管理工具"→"计算机管理"命令。

在 Windows 7 中,有以下两种方法可以对卷进行管理。
- 在安装 Windows 7 时,可以通过安装程序来建立、删除或格式化磁盘主分区或逻辑分区。
- 在"计算机管理"窗口中对磁盘分区进行管理,如图 2-12 所示。使用鼠标右键单击某个驱动器,通过弹出的快捷菜单可以对磁盘进行相应操作。若在弹出的快捷菜单中选择"格式化"命令,则打开"格式化 H:"对话框,如图 2-13 所示。在该对话框中可以输入"卷标"的名称,即为格式化后的磁盘重新命名;通过"文件系统"下拉列表框可以选择 FAT、FAT32 和 NTFS 等 3 种文件系统格式,通常 NTFS 文件系统的磁盘性能更强大;通过"分配单元大小"下拉列表框可以选择实际需要的分配单元大小;还可以选择是否执行快速格式化或启用压缩,启用压缩能节省磁盘空间,但是磁盘的访问速度会降低。参数设置完成后,单击"确定"按钮,系统会弹出警告信息"格式化会清除该卷上的所有数据"。单击"确定"按钮,开始格式化磁盘。

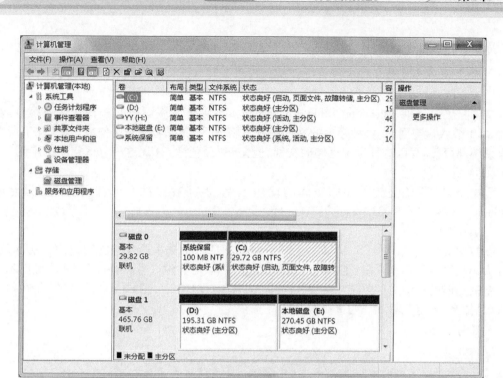

图 2-12　在"计算机管理"窗口中对磁盘分区进行管理

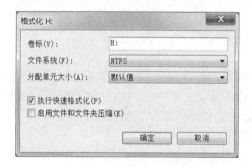

图 2-13　"格式化 H:"对话框

（2）目录结构。

一个磁盘上的文件成千上万，如果把所有文件都存放在根目录下，势必会造成许多不便。用户可以在根目录下建立子目录，在子目录下建立更低一级的子目录，形成树状的目录结构，然后将文件分类存放到相应的目录中。这种目录结构像一棵倒置的树，树根为根目录，树枝为子目录，树叶为文件。同名文件可以存放在不同的目录中，但不能存放在同一目录中。

（3）目录路径。

一个磁盘的目录结构被建立起来后，所有的文件都可以分门别类地存放在相应的目录中，不同目录下的文件需要通过目录路径来访问。

目录路径有两种：绝对路径和相对路径。

● 绝对路径：从根目录开始，依序到某个文件之前的路径名称。
● 相对路径：从当前目录开始到某个文件之前的路径名称。

3 Windows 文件系统

目前,Windows 支持 3 种文件系统:FAT、FAT32 和 NTFS。

(1)FAT。

文件配置表(File Allocation Table,FAT)是由 MS-DOS 发展而来的一种文件系统,可管理最大 2GB 的磁盘空间,是一种标准的文件系统。将分区划分为 FAT 文件系统后,几乎所有的操作系统都可读/写以这种系统存储的文件,但文件大小会受 2GB 这一分区空间的限制。

(2)FAT32。

FAT32 文件系统提高了存储空间的使用效率,但兼容性没有 FAT 系统好,只能通过 Windows 95/98/2000/2003/Vista/7/10 进行访问。

(3)NTFS。

新技术文件系统(New Technology File System,NTFS)兼顾了磁盘空间的使用与访问效率,文件大小只受卷的容量限制,是一种性能高、安全性高、可靠性好且具有许多 FAT 或 FAT32 所不具备的功能的高级文件系统。在 Windows XP/Vista/7/10 中,NTFS 还可以提供文件和文件夹权限、加密、磁盘配额和压缩等高级功能。

4 文件关联

文件关联是指将一种类型的文件与一个可以打开它的应用程序建立一种关联关系。当双击该类型文件时,系统就会先启动这一应用程序,然后通过它来打开该类型文件。一个文件可以与多个应用程序建立文件关联,用户可以用文件的"打开方式"进行关联程序的选择。例如,BMP 文件在 Windows 中的默认关联程序是"画图"程序,当用户双击 BMP 文件时,系统会启动"画图"程序并打开这个文件。

下面具体介绍设置文件关联的一些方法。

(1)安装新应用程序。

大部分应用程序会在安装过程中自动与相应类型的文件建立关联关系,如 ACDSee 图片浏览程序通常会与 BMP、GIF、JPG、TIF 等多种格式的图形文件建立关联关系。

注意:系统只保留最后一个新安装程序设置的文件关联。

(2)利用"打开方式"指定文件关联。

使用鼠标右键单击某个类型的文件,从弹出的快捷菜单中选择"打开方式"→"选择程序"命令,弹出"打开方式"对话框。在"程序"列表框中选择合适的应用程序,如果同时勾选下方的"始终使用选择的程序打开这种文件"复选框,单击"确定"按钮后,该类型文件就与选择的应用程序建立起默认关联关系了,即当双击此类文件时,将自动启动所选的应用程序来打开这类文件。否则,只有这一次用该应用程序打开文件。

2.4　Windows 7 操作系统

计算机从最初的为解决复杂数学问题而发明的计算工具发展到今天的比较全能的信息处理设备,它深深地影响着人们的生活。很难想象,如果没有计算机,世界将变成什么样。在操作系统市场,Windows 操作系统占据近 90% 的份额,其中,Windows 7 是 Microsoft 公司推出的个人计算机操作系统,它的市场份额已经超过 50%。

2.4.1 初识 Windows 7

Windows 7 在硬件性能要求、系统性能、可靠性等方面都与以往的 Windows 操作系统有所不同,是继 Windows 95 以来 Microsoft 公司的另一个非常成功的产品。

Windows 7 可以在现有计算机平台上为用户提供出色的性能体验,1.2GHz 双核处理器、1GB 内存、支持 WDDM 1.0 的 DirectX 9 显卡就能够让 Windows 7 顺畅地运行,并满足用户的日常使用需求,它对硬盘空间的占用量是 Windows Vista 的 2/3,因此用户更容易接受。虽然 Windows 7 可以在低配置或较早的平台中顺畅运行,但这并不代表 Windows 7 缺少对新兴硬件的支持。

Windows 7 是第二代具备完善 64 位处理器支持的操作系统,面对配备 8～12 GB 物理内存、多核多线程处理器的计算机,Windows XP 已无力支持,但 Windows 7 全新的架构可以将硬件的性能发挥到极致。

1 易用性

在 Windows 7 中,一些应用多年的基本操作方式得到了彻底的改进。例如任务栏、窗口控制方式的改进和半透明的 Windows Aero 外观都为用户带来了新的操作体验。

(1)全新的任务栏。

Windows 7 全新的任务栏融合了快速启动栏的特点,每个窗口对应的任务图标都能根据用户的需要随意移动,单击 Windows 7 任务栏中的任务图标就可以方便地预览各个窗口中的内容,并进行窗口切换;当鼠标指针掠过任务图标时,各图标会高亮显示不同的色彩,其颜色根据图标本身的色彩而定,如图 2-14、图 2-15 所示。

图 2-14　移动任务图标

图 2-15　鼠标指针掠过任务图标

(2)任务栏中的窗口图标。

通过任务栏中的应用程序对应的窗口图标,用户可以轻松地找到需要的窗口。

(3)自定义任务栏通知区域。

在 Windows 7 中自定义任务栏通知区域图标的方法非常简单,只需要通过简单地拖动就可以对图标进行隐藏、显示和排序。

(4)快速显示桌面。

固定在屏幕右下角的"显示桌面"按钮可以让用户快速返回桌面,如图 2-16 所示,当鼠标指针悬停在该按钮上时,所有打开的窗口都会透明化,这样可以快捷地浏览桌面,单击该按钮就会切换到桌面。

图 2-16　"显示桌面"按钮

2 对硬件的基本要求

① 1GHz 或更快的 32 位(x86)或 64 位(x64)处理器。
② 1GB 物理内存(32 位)或 2GB 物理内存(64 位)。
③ 16GB 可用硬盘空间(32 位)或 20GB 物理内存(64 位)。
④ DirectX 9 图形设备(WDDM 1.0 或更高版本的驱动程序)。

⑤屏幕纵向分辨率不低于 768 像素。

2.4.2 Windows 7 操作系统版本介绍

Windows 7 操作系统是 Microsoft 公司开发的操作系统，核心版本号为 Windows NT 6.1。Windows 7 可供家庭及商业工作计算机、笔记本电脑、平板电脑、多媒体中心等使用。

Windows 7 共有 6 个版本。

（1）Windows 7 Starter（初级版）：这是功能最少的版本，缺少 Aero 特效功能，没有 64 位支持，也没有 Windows 媒体中心和移动中心等，且对更换桌面背景有限制。它主要用于部分低端计算机，可以通过系统集成或者在 OEM（原始设备制造商）计算机上预装获得，并限于某些特定类型的硬件。

（2）Windows 7 Home Basic（家庭普通版）：这是简化的家庭版，支持多显示器，有移动中心，限制了部分 Aero 特效，没有 Windows 媒体中心，缺少 Tablet 支持，没有远程桌面，只能加入但不能创建家庭网络组（Home Group）等。

（3）Windows 7 Home Premium（家庭高级版）：面向家庭用户，满足家庭娱乐需求，包含所有桌面增强和多媒体功能，如 Aero 特效、多点触控、媒体中心、建立家庭网络组、手写识别等，但不支持 Windows 域、Windows XP 模式、多语言等。

（4）Windows 7 Professional（专业版）：面向软件爱好者和小型企业用户，满足办公开发需求，包含加强的网络功能，如活动目录和域支持、远程桌面等，另外还有网络备份、位置感知打印、加密文件系统、演示模式、Windows XP 模式等功能。此版本操作系统所支持的 64 位处理器可支持更大的内存（192GB）。

（5）Windows 7 Enterprise（企业版）：面向企业用户的高级版本，满足企业数据共享、管理、安全等需求。其提供多语言包、UNIX 应用支持、BitLocker 驱动器加密、分支缓存（BranchCache）等，由与 Microsoft 公司有软件保证合同的企业进行批量许可出售。

（6）Windows 7 Ultimate（旗舰版）：拥有所有功能，与企业版基本相同，仅在授权方式及相关应用与服务上有区别，面向高端用户和软件爱好者。专业版用户和家庭高级版用户可以通过 Windows 随时升级（WAU）服务付费升级到旗舰版。

Windows 7 采用的是 Windows NT 6.1 的核心技术，具有运行可靠、稳定且速度快的特点，外观也焕然一新，鲜艳的色彩基调使用户有良好的视觉享受。Windows 7 还增强了多媒体性能，使媒体播放器与系统完全融为一体，用户无须安装其他多媒体播放软件就可以播放和管理各种格式的音频和视频文件。Windows 7 增加了许多的新技术和新功能，使用户能轻松地完成各种管理操作及其他操作。

下面讲解 Windows 7 中文版操作系统的基础操作。

2.4.3 Windows 7 的基础操作与基本术语

1 安装、启动和退出 Windows 7

（1）Windows 7 的安装。

安装 Windows 7 的方式有很多，通常使用光盘安装法、模拟光驱安装法、硬盘安装法、U 盘安装法、软件引导安装法、VHD 安装法这 6 种方式。Windows 7 内置了高度自动化的安装程序向导，使整个安装过程变得简便、易操作。用户只需输入少量的个人信息，再按安装程序向导的提示即可成功安装 Windows 7。

（2）Windows 7 的启动。

开机后，计算机会启动 Windows 7，并显示图2-17所示的 Windows 7 桌面。

Windows 7 的桌面占满了整个屏幕，这是进入 Windows 7 后供用户操作的第一个界面，在 Windows 7 中进行的工作都要由此开始。

（3）Windows 7 的退出。

如果想结束本次 Windows 7 操作，就需要退出 Windows 7。正常退出 Windows 7 的操作步骤如下。

步骤 单击"开始"按钮 ，再单击 关机 按钮，如图2-18 所示。

图 2-17　Windows 7 启动后的桌面

图 2-18　退出 Windows 7 的操作步骤

请注意：通常不能直接关闭计算机的电源，否则很可能造成数据丢失、计算机硬件被破坏等后果。正确的做法是先通过以上方法关闭 Windows 7 系统，然后关闭显示器和其他设备，最后拔掉电源。

如果有文档在退出 Windows 7 之前没有保存，Windows 7 的安全关闭功能会提示用户保存文档，如图2-19 所示。单击 保存(S) 按钮保存修改，防止数据丢失。

图 2-19　保存修改提示

② Windows 7 的基本术语

下面简要介绍 Windows 7 中的基本术语，后面还会对这些术语进行详细的介绍。

（1）应用程序与文档。

应用程序与应用软件不是同一概念，它是指完成指定功能的计算机程序。

文档是由应用程序创建的任意一组相关信息的集合，是包含格式和内容的文件。例如，用于文字处理的 Microsoft Word 就是一个应用程序,用它制作的一份简历就是一个文档。

(2)文件与文件夹。

文件是一组信息的集合,可以是文档、应用程序,还可以是快捷方式,甚至可以是设备。例如,存储在计算机中的一篇文章、一首歌曲、一部电影,其实都是一个个文件。Windows 7 中几乎所有信息都是以文件的形式存储在计算机中的。

文件夹是组织文件的一种方式,用来存放各种不同类型的文件,还可以包含下一级文件夹。文件夹和文件的关系好比房子与房子里的东西,房子就相当于一个大文件夹,它包括几间小屋子(文件夹),小屋里有柜子,柜子里有箱子,箱子里有盒子……这里的柜子、箱子和盒子都相当于文件夹,文件夹存在的目的就是存放文件。

(3)图标。

Windows 7 操作系统是一种图形操作系统,图标是 Windows 7 中各种元素的图形标记。图标的下面通常会配有文字说明,如对象的名称。被选中或处于激活状态的图标颜色会变深,其文字说明会悬浮在鼠标指针下方。

对图标进行操作就是对对象本身进行操作,双击图标可以打开相应的窗口。

(4)快捷方式。

快捷方式是指向对象(系统直接管理的各种资源,包括文件、文件夹、程序、设备等)的指针,快捷方式文件内存放着它所指向对象的指针信息。

快捷方式的图标类似其链接对象的图标,只是左下角多了一个蓝色的小箭头。双击快捷方式图标,系统会启动相应的应用程序,或打开对应的文件或文件夹。

(5)桌面。

桌面相当于办公桌,是平时的工作平台。桌面是指 Windows 7 所占据的屏幕空间,也可以将其理解为窗口、图标、对话框等工作项所在的屏幕背景。

(6)窗口。

如果说桌面是工作平台,那窗口就是为某一项工作而设置的"小工作平台"。Windows 7 的特点之一就是支持窗口操作。

(7)菜单。

菜单就像"菜谱"一样,为 Windows 7 提供了丰富的"菜肴"——菜单命令。菜单主要有开始菜单、下拉菜单和快捷菜单 3 种。

(8)对话框。

对话框是向系统传达命令、反馈信息的"传令官"。对话框包含的元素有文本框、单选按钮、复选框、列表框、微调框、命令按钮等。

(9)选中。

选中一个对象通常是指对该对象做标记而不做出任何动作。

(10)组合键。

2 个或 3 个键组合在一起使用,通常用"+"连接各键。如按"Ctrl"+"C"组合键时,先按住"Ctrl"键不放,然后按"C"键,再同时放开。

2.4.4 Windows 7 的基本要素

我们已经掌握了一些 Windows 7 最基础的操作与术语,下面将具体介绍 Windows 7 的基本要素,如桌面、窗口、对话框、菜单等,并介绍它们的简单操作方法。

1 桌面

桌面是 Windows 7 开始工作的地方，也是工作完成后返回的地方。下面介绍 Windows 7 的桌面。

（1）桌面图标。

Windows 7 桌面上的图标一部分是安装 Windows 7 后自动出现的，另一部分是安装其他软件时自动添加的。当然，用户也可以添加自己的图标。Windows 7 桌面上的主要图标及其功能如表 2-4 所示。

表 2-4　　　　　　　　　　Windows 7 桌面上的主要图标及其功能

图标	项目名称	功能
	Administrator	存放用户在 Windows 7 中创建的文件，如文档、图形、表单和其他文件
	计算机	用于查看并管理计算机内的一切软件、硬件资源
	网络	用于查看网络上的其他计算机
	回收站	用于存放被删除的文件和删除后未被恢复的文件（前一个图标表示回收站是空的，后一个图标表示回收站内有文件）
	Internet Explorer	启动网页浏览器，它是由操作系统自动添加到桌面上的

如果想恢复系统默认的图标，可执行以下操作。

①使用鼠标右键单击桌面，在弹出的快捷菜单中选择"个性化"命令。

②在弹出的对话框中单击"更改桌面图标"。

③弹出"桌面图标设置"对话框，如图 2-20 所示。

④在"桌面图标"组中勾选"计算机""回收站"等复选框，再单击"确定"按钮，返回"个性化"界面。

⑤关闭"个性化"界面，这时就可以看到系统默认的图标了。

如果需要调整桌面图标的位置，可在桌面的空白处单击鼠标右键，在弹出的快捷菜单中选择"排序方式"命令，在弹出的子菜单中包含多种排列方式，如名称、大小、项目类型和修改日期等，如图 2-21 所示。

图 2-20　"桌面图标设置"对话框

图 2-21　"排序方式"命令中的排列方式

(2)任务栏。

顾名思义,任务栏就是管理一个个"任务"的工具。任务栏位于桌面底部,由"开始"按钮、快速启动栏、任务图标、系统托盘等组成,如图2-22所示。

图2-22　Windows 7的任务栏

- "开始"按钮:单击它可以打开"开始"菜单。
- 快速启动栏:放置着最常用的快捷方式,它们"随时待命"。用户也可以将自己常用的快捷方式添加到这里。
- 任务图标:表示正在运行的程序。处于按下状态的代表在前台活动的程序。凡是正在运行的程序,任务栏上都有相应的图标,而关闭程序后,相应的任务图标也随之消失。可单击任务图标来切换程序。
- 系统托盘:存放系统开机后常驻内存的一些程序,如音量控制按钮、输入法按钮及系统时钟等。

用户可以对任务栏进行一些简单调整。

①改变任务栏的大小。

将鼠标指针指向任务栏的边框处,当鼠标指针变为双向箭头形状时,拖动鼠标指针即可调整任务栏的大小。

②移动任务栏的位置。

将鼠标指针指向任务栏的空白处,拖动鼠标指针会出现一个虚线框,将其拖动到指定位置(任务栏只能处于桌面左右两侧或上下两端)后,松开鼠标左键即可。

注意:在对任务栏进行调整之前,需要取消选择"锁定任务栏"命令,具体操作方式为使用鼠标右键单击任务栏,再在弹出的快捷菜单中取消对"锁定任务栏"命令的选择,如图2-23所示。

图2-23　取消选择"锁定任务栏"命令

(3)"开始"菜单。

"开始"菜单包括Windows 7中所有的命令,可谓功能强大。要执行一个菜单命令,必须打开层层的子菜单,如打开"录音机"程序的操作方法:选择"开始"→"所有程序"→"附件"→"录音机"命令,如图2-24所示。

图 2-24　打开 Windows 7 的"录音机"程序

如何打开、关闭"开始"菜单呢？
①打开"开始"菜单的 3 种方法。
方法 1：单击"开始"按钮 。
方法 2：按"Windows 徽标"键 。
方法 3：按"Ctrl"+"Esc"组合键。
②关闭"开始"菜单的 3 种方法。
方法 1：再次单击"开始"按钮 。
方法 2：单击桌面上除"开始"菜单以外的任意位置。
方法 3：按"Esc"键。

如果需要改变"开始"菜单的样式，可单击"开始"按钮 ，或者使用鼠标右键单击任务栏的空白处，在弹出的快捷菜单中选择"属性"命令，在打开的"任务栏和「开始」菜单属性"对话框的"「开始」菜单"选项卡中选择自己需要的菜单样式。

2　窗口

在 Windows 7 操作系统中，窗口是最具特色、使用最频繁的要素。"窗口"这个要素不仅常出现在 Windows 7 中，也经常大量出现在 Windows 环境下的其他应用程序中。

（1）窗口的类型。

Windows 7 中有各式各样的窗口，它们包含的内容也不尽相同。窗口主要分为以下两种类型。

● 文档窗口：出现在相应的应用程序窗口中，共享应用程序的菜单栏。文档窗口有自己的标题栏，它最大化时将共享应用程序的标题栏。

● 应用程序窗口：表示一个正在运行的程序。应用程序窗口可以包含多个文档窗口。

（2）窗口的组成。

虽然不同应用程序打开的窗口会有些差异，但窗口的组成大同小异。以文件夹窗口为例，窗口的组成如图 2-25 所示。

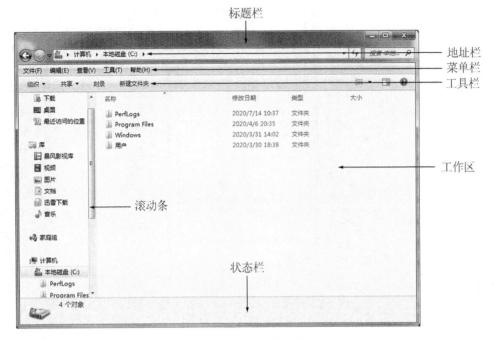

图 2-25 窗口的组成

窗口中各组成要素的介绍如下。

①标题栏。

标题栏位于窗口最上方,标题栏最右边是窗口的"最小化"按钮、"最大化"按钮(或"还原"按钮)和"关闭"按钮。

②地址栏。

地址栏是一个下拉列表框,其中显示的是当前的文件路径。打开此下拉列表框,可以从中选择所需的文件夹。

③菜单栏。

菜单栏位于地址栏下方,其中列出了可用的菜单项,单击它们可显示应用程序提供的菜单命令。

④工具栏。

工具栏位于菜单栏下方,其显示状态一般是可选的,如用户可通过"查看"菜单选择显示或关闭工具栏。工具栏中的每一个小图标对应下拉菜单中的一个常用命令,有些窗口有多个工具栏。

⑤工作区。

工作区是用户完成操作任务的区域。

⑥滚动条。

当窗口无法显示所有内容时,窗口的右边框(或下边框)处就会出现一个垂直(或水平)的滚动条,使用滚动条可以查看其他看不到的内容。

⑦状态栏。

状态栏位于窗口底部,显示与当前操作、当前系统状态有关的信息。与工具栏一样,可在"查看"菜单中选择是否显示它。

(3)窗口的操作。

①打开窗口。

方法1:选中要打开的窗口的图标,然后双击它,或直接双击窗口图标。

方法2:在选中的图标上单击鼠标右键,在弹出的快捷菜单中选择"打开"命令,如图2-26所示。

②查看窗口中的内容。

当窗口中的文本、图形或图标占据的空间超过显示的窗口空间时,窗口的下边框和(或)右边框处会出现滚动条。使用滚动条可以方便地查看窗口中的所有内容。

使用以下方法可以查看窗口中没有显示的内容。

方法1:单击滚动条两端的"向下滚动"按钮▼或"向上滚动"按钮▲,可使窗口中的内容向上或向下滚动一行。

方法2:按住鼠标左键拖动滑块,可以快速地滚动窗口内容。

方法3:单击滚动条中没有滑块的位置来滚动窗口内容。每单击一次,可移动一屏的窗口内容。

图2-26 选择"打开"命令

请注意 滚动查看窗口内容时,在滚动条中滑来滑去的矩形块就是滑块。滑块的大小由当前屏的内容在整个窗口内容中所占的比例决定。

③移动窗口的位置。

同时打开了多个窗口时,可能需要移动一个或多个窗口,从而为桌面上的其他工作留出空间。可以使用鼠标或键盘来移动窗口,这里重点介绍使用鼠标移动窗口的方法。将鼠标指针移动到标题栏上,按住鼠标左键不放,拖动鼠标指针,就可以将窗口拖到新的位置。

④调整窗口的大小。

方法1:可以单击位于窗口标题栏右边的 ▬ 按钮、▢ 按钮和 ▢ 按钮,也可以选择控制菜单中的"最小化""最大化""还原"命令,它们的功能是等效的。

- "最大化"命令:将窗口放大到填满整个屏幕,以显示更多内容。
- "最小化"命令:将窗口缩小为任务栏中的一个任务图标,在暂时不使用又不想关闭该窗口时使用。
- "还原"命令:使窗口恢复到被最大化之前的尺寸。

当窗口为全屏幕尺寸时,▬ 按钮和 ▢ 按钮都可以使用;当窗口是其他尺寸时,标题栏中显示的是 ▢ 按钮而不是 ▢ 按钮。

方法2:拖动窗口的边框可以任意调整窗口的大小。当将鼠标指针移动到窗口四周的边框上时,鼠标指针会变为双向箭头形状,此时按住鼠标左键并拖动就可以调整窗口的大小了;当鼠标指针指向窗口右下角的图标时,鼠标指针也会变为双向箭头形状,拖动它可以同时调整窗口的宽度与高度。

⑤窗口间的切换。

Windows 7能同时打开多个应用程序。每个应用程序启动后,任务栏中会相应地增加一个代表该应用程序的图标。当多个应用程序窗口在Windows 7桌面上打开时,一般来说,在最上面的窗口(或标题栏中颜色较深的窗口)为当前应用程序窗口,并且它在任务栏上的任务图标是处于按下状态的。可以通过下列方法切换窗口。

方法1：单击所要切换的窗口中的任意位置。

方法2：单击所要切换的窗口在任务栏中的任务图标。

方法3：反复按"Alt"+"Tab"组合键或"Alt"+"Esc"组合键可以切换应用程序窗口，反复按"Ctrl"+"F6"组合键可以切换文档窗口。

⑥排列窗口。

Windows 7 提供了层叠窗口、横向平铺窗口和纵向平铺窗口3种排列窗口的方式，如图2-27所示。

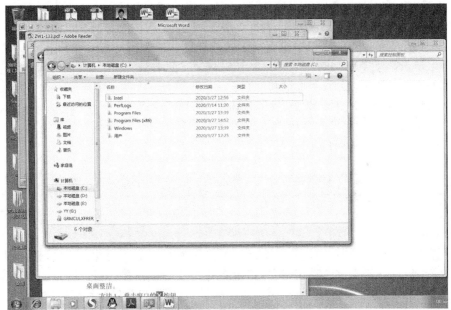

(a) 层叠窗口

(b) 横向平铺窗口

图2-27　3种排列窗口的方式

(c)纵向平铺窗口

图 2-27　3种排列窗口的方式(续)

改变 Windows 7 窗口排列方式的方法:使用鼠标右键单击任务栏上的空白处,在弹出的快捷菜单中选择"层叠窗口""横向平铺窗口""纵向平铺窗口"3 个命令中的一个,可改变已打开窗口的排列方式。

⑦关闭窗口。

使用完一个窗口后,应立即关闭它。这可以加快 Windows 7 的运行速度,节省内存,并保持桌面整洁。

方法 1:单击窗口中的 ❌ 按钮。

方法 2:双击窗口中左上角的控制图标。

方法 3:单击标题栏中的控制图标,打开本窗口的控制菜单,选择"关闭"命令。

3　对话框

对话框也是一种窗口,但它比较特殊。执行命令时,如果 Windows 7 需要用户提供更详细的操作数据,就会打开一个对话框,从而与用户进行交互操作。对话框是由一些特殊的要素组成的,下面就来介绍这些要素。

(1)标题栏。

标题栏位于对话框的最上方,默认颜色是深蓝色,左侧标明了对话框的名称,右侧有"关闭"按钮等,有的还有"帮助"按钮。

(2)文本框。

在文本框中输入数据,就可以将该数据传递给 Windows 7,如图 2-28 所示。

(3)列表框。

有时 Windows 7 已经将可以输入的数据种类整理好,并将结果放在列表框中,用户可以直接选择这些数据种类,如图 2-29 所示。

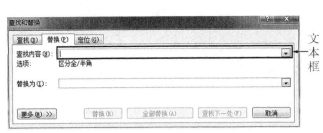

图2-28 文本框示例

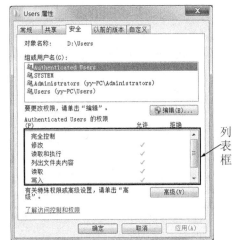

图2-29 列表框示例

（4）单选按钮。

单选按钮就是在多个选项中一次只能选择一个且必须选择一个的按钮。◉表示选中此按钮，◯表示未选中此按钮。

（5）复选框。

复选框就是在多个选项中可以同时选择多个的按钮，所选择的选项的功能是相加的。单击☐按钮后，按钮变成☑状态，再次单击☑按钮就可取消选择此选项。

（6）选项卡。

以"文件夹选项"对话框为例，它是由3个界面组成的，每一个界面都对应一个对话框，只不过Windows 7将它们重叠放在一起了。这类多界面对话框的每一个界面以选项卡的形式存在，只要在选项卡上单击，就可以显示对应界面的内容了。

（7）命令按钮。

对话框中的每个按钮都对应着某项功能，按钮上标明了该按钮的作用，单击相应的按钮可以执行相应的操作，如退出对话框（单击"关闭"按钮）、确认在对话框中所做的操作（单击"确定"按钮）、取消在对话框中所做的操作（单击"取消"按钮）等。

"文件夹选项"对话框中的要素如图2-30所示。

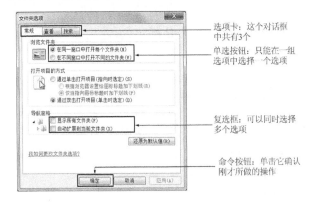

图2-30 "文件夹选项"对话框中的要素

4 菜单

(1) 菜单的标记约定。

菜单中的特殊标记代表不同的含义,如图 2-31 所示。

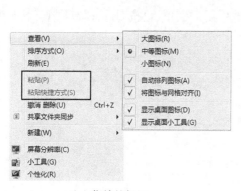

(a) 菜单的标记　　　　　　　　(b) "复制到文件夹"命令

图 2-31　菜单中的特殊标记

①暗淡的命令:表示该菜单命令当前不可用,如图 2-31(a) 所示的"粘贴"和"粘贴快捷方式"命令。

②前面有复选标记(☐):菜单命令前面有复选标记时表示这是一个开关式的切换命令。☑表示该命令处于开启状态。

③前面有单选标记(●):表示当前选项是同组选项中的排他性选项,如图 2-31(a) 所示的"大图标""中等图标""小图标"命令,只能选其中的一个且必须选一个,当前选中的是"中等图标"命令。

④括号内的字母:它是该菜单命令的字母键。在鼠标指针指向该命令所在菜单的同时按对应的字母键,会执行该菜单命令。

⑤后面有省略号(…):表示选择该菜单命令后会打开一个对话框,用户要输入必须的信息。如果选择图 2-31(b) 所示的"复制到文件夹"命令,则会打开"复制项目"对话框。

⑥后面有组合键:表示按该组合键,可以不打开菜单而直接执行该菜单命令。图 2-31(a) 所示的"撤销 删除"命令的组合键是"Ctrl"+"Z",在不打开此菜单的情况下,按该组合键可直接执行"撤销 删除"命令。

⑦后面有三角形(▶):表示该菜单命令有一个子菜单,鼠标指针指向它时会弹出对应的子菜单,如图 2-31(a) 所示的"查看"命令,鼠标指针指向它时打开了对应的子菜单。

⑧向下的双箭头:菜单中有许多命令没有显示时会出现一个向下的双箭头,单击它会显示所有菜单命令。

(2) 打开菜单。

在 Windows 7 中,菜单有"开始"菜单、菜单栏中的下拉菜单和对象的快捷菜单 3 种。它们各有各的打开方式,且通常都有多种打开方式,前面已经介绍了"开始"菜单的打开方式,下面介绍其他两种菜单的打开方式。

①打开下拉菜单。

方法1：单击菜单栏上对应的菜单名。

方法2：按"Alt"+字母组合键。

方法3：按"Alt"键或"F10"键激活菜单栏，再按对应的字母键。

方法4：激活菜单栏后，用左、右箭头键选中所需菜单，再按"Enter"键或上、下箭头键。

下拉菜单如图2-32所示。

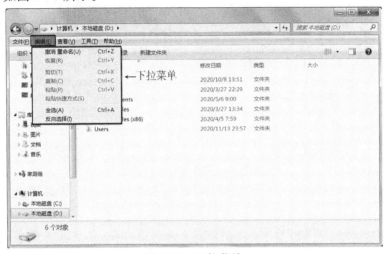

图2-32　下拉菜单

②打开快捷菜单。

方法1：使用鼠标右键单击所选对象。

方法2：选中所需对象，按"Shift"+"F10"组合键。

方法3：选中所需对象，按"快捷菜单"键 ≡（只有Windows键盘才有此键）。

快捷菜单如图2-33所示。

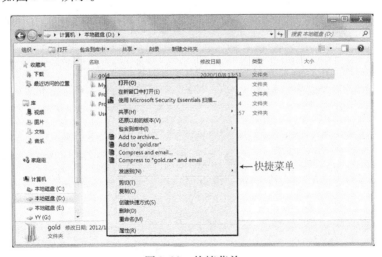

图2-33　快捷菜单

(3)选择菜单命令。

打开菜单后,选择菜单中的菜单命令,或用上、下箭头键移动反色条到所选菜单命令处,再按"Enter"键。

对于那些有快捷键的菜单命令,还可以按其快捷键,这样不用打开菜单。如"文件"菜单中的"打开"命令,可通过按"Ctrl"+"O"组合键来选择。

(4)关闭菜单。

单击菜单以外的任何地方、按"Esc"键或"Alt"键都可以关闭菜单。

5 剪贴板及其使用

剪贴板是 Windows 7 为了在程序与文件之间传递信息,在内存中开辟的临时存储区。Windows 7 剪贴板是一种比较简单、开销较小的进程间通信(Interprocess Communication,IPC)机制。系统会预留一块全局共享内存,用来暂存要在各进程间进行交换的数据。全局共享内存块由提供数据的进程创建,同时进程将要传送的数据移到或复制到该内存块;接收数据的进程(也可以是提供数据的进程本身)通过获取此内存块的句柄完成对该内存块数据的读取。Windows 7 的剪贴板可存放 12 条信息,这些信息可以是文本、图形、声音或者其他形式的信息。表 2-5 列出了剪贴板术语及其含义。

表 2-5　　　　　　　　　剪贴板术语及其含义

术语	含义	菜单命令	组合键
复制	在剪贴板上生成与所要复制的信息一致的信息,源信息保持不变	编辑→复制	Ctrl + C
剪切	将所要剪切的信息从原位置移到剪贴板上,源信息从原来的位置消失	编辑→剪切	Ctrl + X
粘贴	将临时存放在剪贴板中的信息传到指定位置。信息粘贴后,剪贴板中的内容依旧不变,故信息可多次粘贴	编辑→粘贴	Ctrl + V

下面以复制或剪切文本信息为例,介绍剪贴板的操作步骤。

步骤1 选择要复制或剪切的信息。
步骤2 选择"编辑"→"复制"或"剪切"命令。
步骤3 将光标定位到目标文档中需要插入文本的位置。
步骤4 选择"编辑"→"粘贴"命令。

另外,Windows 7 还提供了将整个屏幕或某个活动窗口复制到剪贴板上的操作。若要复制整个屏幕,按"Print Screen"键;若要复制某个活动窗口,按"Alt"+"Print Screen"组合键即可。

粘贴的实现方式有以下两种。

(1)选择性粘贴。

选中对象,选择"编辑"菜单中的"复制"或"剪切"命令,再切换到目标位置,选择"编辑"→"选择性粘贴"命令。在"选择性粘贴"对话框的"形式"列表框中选择粘贴形式,如选择图 2-34 中的"带格式文本(RTF)"。

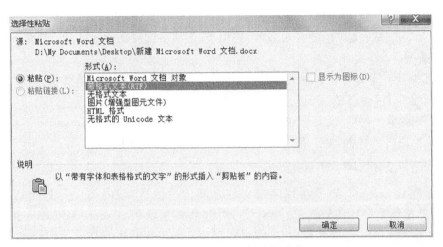

图 2-34 用户可选择粘贴的形式

（2）粘贴链接。

选中对象，选择"编辑"菜单中的"复制"或"剪切"命令，再切换到目标位置，选择"编辑"→"粘贴链接"命令。这样可以创建一个与源文件的链接，并将以默认格式显示源对象。如果希望按指定的格式粘贴链接，可选择"编辑"→"选择性粘贴"命令，在"选择性粘贴"对话框中选择指定的格式，然后选中"粘贴链接"单选按钮。

6 输入文字的方法

Windows 7 提供了微软拼音 – 简捷 2010、微软拼音 – 新体验 2010 等输入法。此外，用户还可以安装其他中文输入法，比较常用的有五笔字型输入法、搜狗拼音输入法等。

【掌握】中文输入法及输入法的切换方法。

（1）切换输入法。

在默认情况下，Windows 7 中的中文输入法是关闭的。要想输入汉字，首先要打开中文输入法。打开方法有两种，这里以打开微软拼音 – 简捷 2010 为例进行介绍。

①鼠标方式。

单击系统托盘中的输入法按钮 ，在弹出的输入法菜单中单击某个输入法（如微软拼音 – 简捷 2010），如图 2-35 所示。

图 2-35 切换输入法

②键盘方式。

按"Ctrl" + "Space"组合键可启动或关闭中文输入法，但当系统安装了多种中文输入法时，这样就不能保证打开的一定是微软拼音 – 简捷 2010，这时按"Ctrl" + "Shift"组合键可以切换输入法。如果系统托盘中的输入法图标变为 就说明微软拼音 – 简捷 2010 输入法已经成功启动。

Ctrl + Space	启动或关闭中文输入法
Ctrl + Shift	在各种输入法之间切换

（2）汉字输入过程。

输入法切换成中文输入法后，就可以在"记事本"或其他应用程序中输入汉字了。

微软拼音 – 简捷 2010 是一种拼音输入法。使用微软拼音 – 简捷 2010 按下第一个英文字母(小写状态下),拼音输入过程就开始了。例如,要输入"亲爱的妈妈",可以输入"qin ai de ma ma",然后按结束键(如空格键或"Enter"键)。

- 空格键、标点符号键:将以词为单位转换输入字符串。
- "Enter"键:将以字为单位转换输入信息。

系统分析、转换输入的字符串后,会把结果显示在相应的输入信息的位置,如图2-36所示。

拼音输入法好学易用,但最大的问题是重码多。输入一个拼音,所有的同音字都会出现,这时需要按候选框中的提示数字来进行选择。读者如果有兴趣,可以学习五笔字型输入法,熟练掌握此输入法后能快速、准确地输入汉字。

图2-36 输入的汉字信息

(3) 英文输入过程。

除了可以按"Ctrl"+"Space"组合键进行中英文输入法之间的切换外,还可以在不关闭微软拼音–简捷2010输入法的情况下实现中英文输入状态的切换。切换方法:单击输入工具栏中的中按钮,当其变为英时,表示当前处于英文输入状态。注意:大写锁定状态是英文输入状态的一种。

(4) 全角和半角。

汉字需占两个字节,即占用两个标准字符位置(全角);英文字母、数字和标点符号只需占一个字节,即占用一个标准字符位置(半角)。在处理文章时,为了使文章更加整齐,可以使英文字母、数字和标点符号也占用两个标准字符位置(全角)。

当输入法工具栏中的"全/半角"切换图标为☽时,表示处于半角状态,英文字母、数字和标点符号占用一个标准字符位置;当该图标变为●时,表示处于全角状态,英文字母、数字和标点符号占用两个标准字符位置。

| Shift + Space | 切换全角/半角状态 |

(5) 输入符号。

在输入文章内容时,需要输入一些标点符号。智能ABC输入法提供了英文标点符号与中文标点符号输入方式。当输入法工具栏中的中/英文标点符号切换图标为时,输入的是中文标点符号;当该图标为时,输入的是英文标点符号。

中/英文标点符号间的切换方式:单击中/英文标点符号切换图标或按"Ctrl"+"."(点号)组合键。

| Ctrl + . | 切换中/英文标点符号 |

表2-6中列出了中/英文标点之间的对应关系。

表2-6　　　　　　　　　　中/英文标点之间的对应关系

英文	中文	英文	中文	英文	中文	英文	中文	英文	中文	英文	中文
,	,	.	。	/	/	;	;	'	' '	`	、
<	<	>	>	?	?	:	:	"	" "	~	～
-	-	=	=	\	、	_	——	+	+	^	……
!	!	@	·	#	#	$	¥	%	%	&	&
&	&	*	*	(	(						

2.4.5 文件与文件夹

计算机资源大多是以文件的形式存放在计算机内的,而文件夹是组织与管理文件的一种方式。用户可以根据不同的分类方法,把文件放在不同的文件夹内,以便查询。

本小节将讲解如何管理文件与文件夹。

1 Windows 资源管理器简介

对文件进行操作时,一般会先进入"计算机"窗口。实际上"计算机"窗口中管理文件的功能比较简单。相对而言,Windows 资源管理器的功能更强大,用户可以在这里迅速地执行与文件相关的命令,如建立、查找、移动和复制文件或文件夹等。

从界面显示来看,Windows 资源管理器和"计算机"窗口比较相似;从功能上看,两者都可以管理文件(文件夹)。但请注意:后者仅是一个特殊的文件夹,而前者是一个管理文件(文件夹)的程序。

(1)"Windows 资源管理器"窗口。

"Windows 资源管理器"窗口如图 2-37 所示。

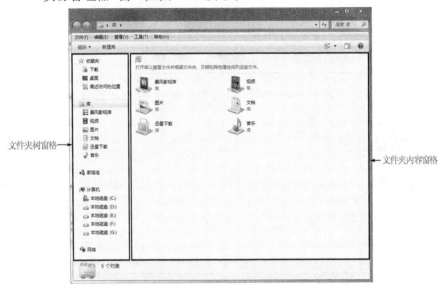

图 2-37 "Windows 资源管理器"窗口

①文件夹树窗格:显示整个文件夹树。单击此窗格中的文件夹,右边的窗格会显示此文件夹中的所有文件和文件夹。

前面带有▷图标的文件夹包含下一级文件夹。单击▷图标,系统就会展开此文件夹,并以目录树的形式显示其中的所有子文件夹,同时▷图标变成了◢图标。再单击◢图标,系统会折叠该文件夹的目录树。

②文件夹内容窗格:文件夹内容窗格又称主窗口,用于显示用户在左边选中的文件夹中的所有文件。

将鼠标指针放在两个窗格之间,此时鼠标指针会变成双向箭头形状,按住鼠标左键并拖动可以重新分配两个窗格的宽度。

(2) Windows 资源管理器的启动与退出。

启动与退出 Windows 资源管理器就是打开与关闭"Windows 资源管理器"窗口。打开"Windows 资源管理器"窗口的方法有以下两种。

方法1：单击"开始"按钮，打开"开始"菜单，选择"所有程序"→"附件"→"Windows 资源管理器"命令，此时显示"库"中的资源。

方法2：用鼠标右键单击任意文件夹，在弹出的快捷菜单中选择"打开 Windows 资源管理器"命令。启动 Windows 资源管理器后，文件夹内容窗格中显示的是该文件夹内的文件和文件夹。

暂时不使用 Windows 资源管理器时应关闭它，而不是将它最小化，以节省系统资源，其关闭方法与关闭一般窗口和应用程序无异。

(3) 利用 Windows 资源管理器选中文件或文件夹。

在对文件或文件夹执行任何操作之前，都要先选中文件或文件夹。

①选中单个文件或文件夹：直接单击文件或文件夹，即可选中单个文件或文件夹。

②选中连续的文件或文件夹。

方法1：选中第一个文件或文件夹，然后按住"Shift"键，再单击最后一个目标文件或者文件夹，就可以选中二者及其之间的所有文件和文件夹。

方法2：在窗口空白处按住鼠标左键并拖动，此时会出现一个虚线框，且框内所有对象都将高亮显示。当所选对象都高亮显示后，释放鼠标左键，这样就可以选中某一区域内的文件和文件夹了。

③选中不连续的文件或文件夹：按住"Ctrl"键，逐个单击目标文件或文件夹。

④选中所有文件或文件夹：选中文件夹内容窗格内的所有文件或文件夹有以下两种方法。

方法1：选择"Windows 资源管理器"窗口中的"编辑"→"全选"命令。

方法2：按"Ctrl"+"A"组合键。

请思考 如何在选中一些连续的文件或文件夹的同时再选中一个不连续的文件？

(4) 改变 Windows 资源管理器的查看方式。

默认情况下，Windows 资源管理器只显示文件(夹)名及每个文件(夹)的图标。但用户可以改变其查看方式，以查看更多文件信息。"查看"菜单用于改变查看方式，查看方式包括"内容""平铺""超大图标""大图标""中等图标""小图标""列表""详细信息"。不同的查看方式只是文件或文件夹的图标显示效果不同而已。

为了在同一文件夹内方便地查找文件，可以用以下方法改变文件的排列顺序。

● 选择"查看"→"排序方式"→"名称"命令，按文件名的首字母顺序排列文件。

● 选择"查看"→"排序方式"→"类型"命令，按文件类型的首字母顺序排列文件。

● 选择"查看"→"排序方式"→"大小"命令，按文件的大小排列文件。

● 选择"查看"→"排序方式"→"修改日期"命令，按文件修改日期的顺序排列文件。

2 文件与文件夹的基本操作

文件与文件夹的基本操作是本章重点内容之一,同时也是计算机中最常用的操作之一。下面介绍文件与文件夹的6项操作:复制/粘贴、移动/粘贴、删除、新建、重命名和改变属性。

(1)文件夹选项设置。

在对文件或文件夹进行操作之前,要在"文件夹选项"对话框中进行必要的设置。

打开"文件夹选项"对话框的方法有以下两种。

方法1:选择"开始"→"设置"→"控制面板"命令,在控制面板中双击"文件夹选项"图标。

方法2:双击"计算机"图标,在"计算机"窗口中选择"工具"→"文件夹选项"命令,打开"文件夹选项"对话框。该对话框中有"常规""查看""搜索"3个选项卡,具体介绍如下。

- "常规"选项卡:设置文件夹的常规属性,如图2-38所示。

"常规"选项卡的"浏览文件夹"组用来设置文件夹的浏览方式,即设置打开多个文件夹时是在同一窗口中打开还是在不同的窗口中打开;"打开项目的方式"组用来设置文件夹的打开方式,即设置文件夹是单击打开还是双击打开;"导航窗格"组用来设置文件夹的显示视图。

- "查看"选项卡:设置文件夹的显示方式,如图2-39所示。

在"查看"选项卡的"文件夹视图"组中,可单击"应用到文件夹"和"重置文件夹"两个按钮,对文件夹的视图进行设置。

图2-38 "常规"选项卡　　　　　图2-39 "查看"选项卡

"高级设置"列表框中列出了一些有关文件和文件夹的高级设置选项,用户根据实际情况选择需要的选项,例如是否显示隐藏的文件、文件夹和驱动器,是否隐藏已知文件类型的扩展名等,然后单击"应用"按钮即可完成设置。

- "搜索"选项卡:更改文件夹的搜索方式,如图2-40所示。

可选中"搜索"选项卡的"搜索内容"组中的"在有索引的位置搜索文件名和内容(I)。在没有索引的位置,只搜索文件名。"或"始终搜索文件名和内容(此过程可能需要几分钟)"单选按钮来设置搜索内容的方式。

可勾选"搜索"选项卡的"搜索方式"组中的"在搜索文件夹时在搜索结果中包括子文件

夹""查找部分匹配""使用自然语言搜索""在文件夹中搜索系统文件时不使用索引(此过程可能需要较长的时间)"复选框来设置搜索方式。

可在"搜索"选项卡的"在搜索没有索引的位置时"组中勾选"包括系统目录"或"包括压缩文件(ZIP、CAB…)"复选框进行相关的搜索设置。

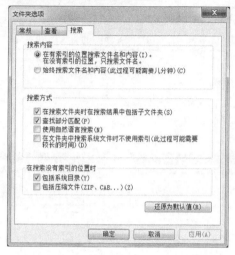

图2-40 "搜索"选项卡

(2) 复制/移动文件或文件夹。

请思考　复制文件或移动文件是常用的操作,那复制和移动的最大区别是什么呢？

- 复制文件指原来位置上的源文件保持不动,而在指定的位置建立源文件副本。
- 移动文件又称剪切文件,是指源文件从原来位置上消失,而出现在指定位置。

复制/移动文件或文件夹的方法很多。虽然方法不同,但操作的流程和要求都是一致的。图2-41所示为复制/移动的操作流程。

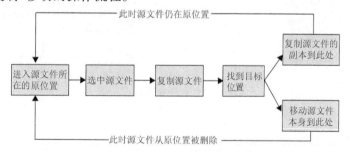

图2-41 复制/移动的操作流程

完成以上流程的方法大致可分成3类：复制/剪切菜单命令法、复制到文件夹/移动到文件夹菜单命令法和拖动法。这3种方法没有本质上的区别,它们的实现效果是一样的,还可以交叉使用,如表2-7所示。

表2-7　　　　　　　　　　3种方法的操作步骤

步骤1	步骤2:对源文件进行操作		步骤3	步骤4
	复制	剪切(移动)		粘贴
选中源文件	"编辑"→"复制"命令	"编辑"→"剪切"命令	找到目标位置	"编辑"→"粘贴"命令
	"编辑"→"复制到文件夹"命令	"编辑"→"移动到文件夹"命令		"复制"/"移动"按钮
	"Ctrl"+"C"组合键	"Ctrl"+"X"组合键		"Ctrl"+"V"组合键

①复制/剪切菜单命令法。

下面演示具体的操作步骤。

步骤1 选中要复制/移动的文件或文件夹,如图2-42所示。

步骤2 选择"编辑"→"复制"命令,或者选择"编辑"→"剪切"命令,或者按相应的组合键,即"Ctrl"+"C"和"Ctrl"+"X"组合键,如图2-43所示。

图2-42　复制/移动文件或文件夹步骤1　　　　图2-43　复制/移动文件或文件夹步骤2

步骤3 进入目标文件夹,如图2-44所示。

步骤4 选择"编辑"→"粘贴"命令,或者按"Ctrl"+"V"组合键,如图2-45所示。

图2-44　复制/移动文件或文件夹步骤3　　　　图2-45　复制/移动文件或文件夹步骤4

②复制到文件夹/移动到文件夹菜单命令法。

Windows 资源管理器中的"复制到文件夹"和"移动到文件夹"两个菜单命令分别用于完成文件或文件夹的复制和移动操作。操作步骤:首先选中目标文件,然后选择"编辑"→"复制到文件夹"或"移动到文件夹"命令,此时将分别弹出图2-46所示的两个对话框,在文件夹树窗口中选中目标文件夹(还可以单击"新建文件夹"按钮新建目标文件夹),最后单击"复制"

或"移动"按钮完成操作。

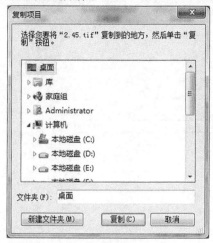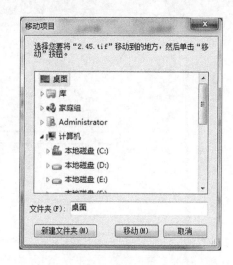

图 2-46　"复制项目"对话框和"移动项目"对话框

③拖动法。

拖动法就是使用鼠标左键或右键拖动对象,从而完成复制或移动的操作。

方法1:使用鼠标左键拖动。

选中对象后,使用鼠标左键拖动所选对象到目标文件夹,即可完成复制或移动操作。在默认情况下,在同一驱动器下拖动对象是进行移动操作,在不同驱动器下则是进行复制操作。

除此之外,还可以强制进行复制或移动操作,具体的操作步骤如下。

步骤1 选中要复制的文件或文件夹。

步骤2 按住"Ctrl"键,同时利用鼠标左键拖动文件或文件夹,此时鼠标指针会变为 复制到 本地磁盘 (D:) ,表示此时正在进行复制操作,如图 2-47 所示。

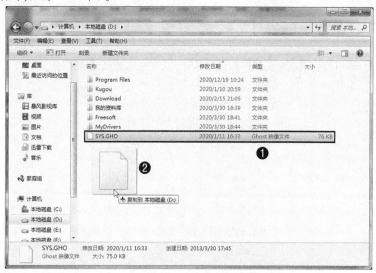

图 2-47　使用鼠标左键拖动复制文件或文件夹步骤1和步骤2

步骤3 松开鼠标左键,完成复制,如图 2-48 所示。

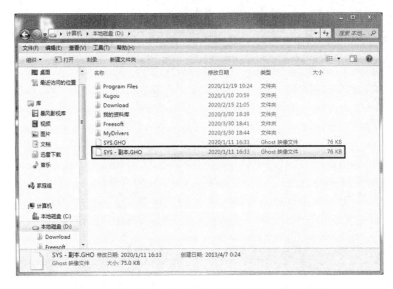

图2-48 使用鼠标左键拖动复制文件或文件夹步骤3

方法2：使用鼠标右键拖动。

使用鼠标右键拖动的方法与使用鼠标左键拖动的方法相似,只是在拖动动作完成后,系统会弹出一个快捷菜单,如图2-49所示,此时选择相应的"复制到当前位置"或"移动到当前位置"命令即可完成复制或移动操作。

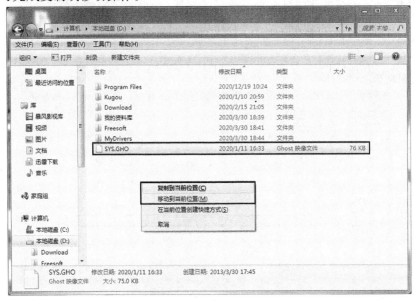

图2-49 使用鼠标右键拖动复制/移动文件或文件夹

请注意 如果目标文件夹与源文件夹是同一文件夹,那么复制文件的副本文件名称后会加"副本"字样;如果目标文件夹与源文件夹不同,但目标文件夹中已存在与复制或移动的文件名相同的文件,系统会弹出"是否替换"对话框,提示用户作出决定。

(3)删除文件或文件夹。

按以下步骤操作可删除文件或文件夹。

步骤1 选中要删除的文件或文件夹。

步骤2 使用下列任意一种方法删除文件或文件夹。

- 单击"文件"→"删除"命令。
- 直接用鼠标左键将选中的对象拖动到回收站。
- 打开要删除的对象的快捷菜单,选择"删除"命令。
- 按"Delete"键。

步骤3 弹出"删除文件"对话框,如图 2-50 所示。单击"是"按钮即可删除文件或文件夹;单击"否"按钮,则不删除。

图 2-50 "删除文件"对话框

> **请注意** 删除文件夹时会删除该文件夹中的所有文件。上面的删除方法是将文件或文件夹放入了回收站,被删除的文件或文件夹可以从回收站中恢复。选中文件或文件夹后,按"Shift"+"Delete"组合键,可将文件或文件夹永久性删除。

(4)还原/清除被删除的对象。

Windows 7 中被删除的对象临时存放在回收站中,也就是继续存放在硬盘中。如果想恢复它们,可以将它们从回收站中还原;如果确定不再需要它们,可以将它们清除,这样可以节省硬盘空间。

还原/清除删除文件的操作步骤如下。

步骤1 双击"回收站"图标 ,打开"回收站"窗口。

步骤2 单击要还原的文件。

步骤3 根据需要选择相应命令。单击"文件"→"还原"命令,Windows 7 会将文件恢复到原来的位置;单击"文件"→"删除"命令,Windows 7 会将文件永久删除。

如果想清空回收站,即清除回收站中的所有对象,可以单击"文件"→"清空回收站"命令。

(5)重命名文件或文件夹。

重命名文件或文件夹的操作步骤如下。

步骤1 选中要重新命名的文件或文件夹。

步骤2 单击"文件"→"重命名"命令,如图 2-51 所示。

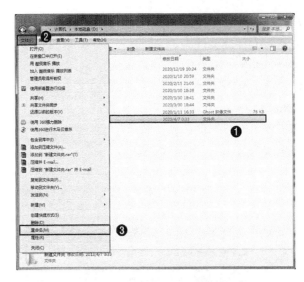

图 2-51　重命名步骤1和步骤2

此时文件或文件夹的名字周围会出现一个细线框,表示当前处于可编辑状态,如图 2-52 所示。

图 2-52　名字处于可编辑状态

步骤3 在细线框中输入新名字,或者将光标定位到要修改的位置,修改文件名,如图 2-53 所示。

步骤4 按"Enter"键,或者单击细线框外的任意位置,完成重命名操作,如图 2-54 所示。

图 2-53　重命名步骤3　　　　　　　　　图 2-54　重命名步骤4

除单击"文件"→"重命名"命令外,还可以使用其他方法使文件或文件夹的名字进入可编辑状态。

方法1:在要重命名的文件或文件夹上单击鼠标右键,在弹出的快捷菜单中选择"重命名"命令,在细线框中输入新名字。

方法2:在要重命名的文件或文件夹上单击,再单击一次文件名,在细线框中输入新名字(注意:不要双击,否则将会打开文件或文件夹)。

方法3:选中要重命名的文件或文件夹,按"F2"键,在细线框中输入新名字。

(6)创建新文件。

用户可启动应用程序新建文件,也可以不启动应用程序直接创建新文件。使用鼠标右键单击桌面或者某个文件夹,在弹出的快捷菜单中选择"新建"命令,在出现的文件类型子菜单中选择一种类型,如图2-55所示。每创建一个新文件,系统都会自动给它分配一个默认的名字。

使用上述方法创建新文件时,Windows 7 不会启动应用程序。可双击文件图标,启动相应的应用程序对文件内容进行编辑。

(7)创建新文件夹。

可以在当前文件夹中创建新的文件夹,操作步骤如下。

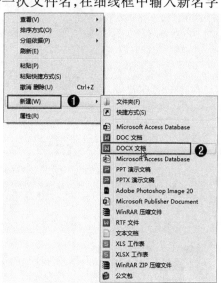

图2-55 创建DOCX文档

步骤1 打开要新建的文件夹所在的文件夹,单击"文件"→"新建"→"文件夹"命令,如图2-56所示。

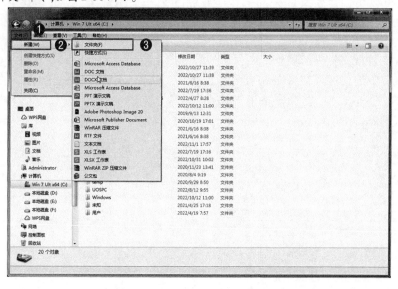

图2-56 创建新文件夹步骤1

步骤2 在文件夹内容窗格中会出现一个名为"新建文件夹"的新文件夹,并且它的名字处于可编辑状态。输入新的文件夹名字后,按"Enter"键(或单击其他位置)确认,如图2-57所示。

图 2-57　创建新文件夹步骤2

除单击"文件"→"新建"→"文件夹"命令外,还可以使用快捷菜单中的命令创建新文件夹,操作步骤如下。

步骤1 打开要新建的文件夹所在的文件夹。

步骤2 在文件夹内容窗格中的空白处单击鼠标右键,弹出图2-58所示的快捷菜单,选择"新建"→"文件夹"命令。

步骤3 输入新文件夹的名字后,按"Enter"键(或单击其他位置)确认。

另外,还可以用创建新文件夹的操作步骤新建某些类型的文件,如 BMP 图像、DOCX 文档、PPTX 演示文稿、文本文档、XLSX 工作表等类型的文件,也可以用同样的操作步骤创建快捷方式。

(8)设置文件或文件夹的属性。

Windows 7 中的文件或文件夹都有自己的属性,包括大小和占用空间等。使用鼠标右键单击文件或文件夹,在弹出的快捷菜单中选择"属性"命令,就可以打开该文件或文件夹的属性对话框,如图 2-59 所示。

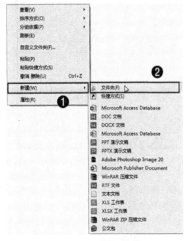

图 2-58　快捷菜单

图2-59　文件的属性对话框

- 只读:具有只读属性文件夹内的文件只能被读取,不能被修改,将其删除时会弹出提示信息。
- 隐藏:设置了隐藏属性的文件或文件夹在默认情况下不显示。如果选择了"显示隐藏文件"命令,则隐藏的文件或文件夹呈浅色,以区别于普通文件或文件夹。
- 存档:任何一个新创建或修改过的文件都具有存档属性。单击图 2-59 中的"高级"按钮,弹出图 2-60 所示的"高级属性"对话框,可在该对话框中设置存档属性。

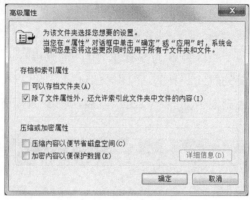

图 2-60 "高级属性"对话框

(9)创建快捷方式。

创建某一对象快捷方式的方法也有多种,这里重点介绍使用菜单命令创建快捷方式的操作步骤。

步骤1 在"Windows 资源管理器"窗口中选中要建立快捷方式的目标对象。

步骤2 单击"文件"→"创建快捷方式"命令,系统会在当前窗口建立该对象的快捷方式,快捷方式的名称默认为文件名称。

步骤3 拖动快捷方式图标到需要的位置,如桌面或任意文件夹内。

(10)搜索文件或文件夹。

Windows 7 提供了强大的搜索功能,能够用来搜索文件或文件夹、Internet 中的内容、网络上的计算机或计算机用户等。

①启动搜索功能。

启动搜索功能的方法如下。

方法 1:单击"开始"按钮 ,在"搜索"文本框中输入要搜索的内容。默认的搜索范围是全部硬盘驱动器。

方法 2:在"Windows 资源管理器"窗口右上角的"搜索"文本框中输入要搜索的内容。默认的搜索范围是当前文件夹。

②使用搜索功能。

用户可以利用已知的某些相关信息来搜索文件或文件夹,如可根据文件名或部分文件名、文件类型、文件大小、文件的创建日期、文件的修改日期、文件的最近访问日期及文件中的内容来搜索。

2.4.6 Windows 7 系统环境设置

为了更好地使用计算机，Windows 7 允许用户对计算机及其大多数部件的外观与设置进行修改。

Windows 7 的个性化设置可以体现它的易用性特点，能提高用户工作效率。通常使用控制面板进行个性化设置。

1 控制面板

控制面板是对 Windows 7 进行设置的工具集，用户可以根据自己的喜好更改显示器、键盘、打印机、鼠标、桌面、系统的时间和日期、字体等的设置，还可以进行声音和多媒体、扫描仪和照相机等硬件的设置。控制面板如图2-61所示。启动控制面板有很多种方法，下面仅介绍其中两种。

图 2-61 控制面板

方法1：单击"开始"按钮，选择"控制面板"命令，打开控制面板。

方法2：在"计算机"窗口中单击"打开控制面板"图标，打开控制面板。

2 设置显示器

控制面板中的"显示"选项允许用户设置显示器的显示属性。选择"显示"→"更改显示器设置"选项，打开"屏幕分辨率"界面，如图 2-62 所示。

图 2-62 "屏幕分辨率"界面

使用鼠标右键单击桌面空白处,在弹出的快捷菜单中选择"屏幕分辨率"命令,也可以打开"屏幕分辨率"界面。

此界面中的两个常用选项的功能如下。

- "分辨率"选项:设置显示的分辨率。
- "方向"选项:设置显示的方向。

3 中文输入法的安装与删除

用户可以使用系统预先安装好的中文输入法,也可以根据需要安装或卸载某种输入法。

(1) 安装中文输入法。

中文输入法的安装步骤如下。

步骤1 单击控制面板中的"区域和语言"图标,打开"区域和语言"对话框,如图 2-63 所示。

步骤2 在"键盘和语言"选项卡中单击"更改键盘"按钮,如图 2-64 所示。

步骤3 弹出"文本服务和输入语言"对话框,单击"添加"按钮,如图 2-65 所示。

步骤4 弹出"添加输入语言"对话框,选择"中文(简体,中国)",在"键盘"组中勾选想要安装的输入法类型,如"简体中文全拼(版本 6.0)",如图 2-66 所示。

图 2-63 安装中文输入法步骤1

图 2-64　安装中文输入法步骤 2　　　　图 2-65　安装中文输入法步骤 3

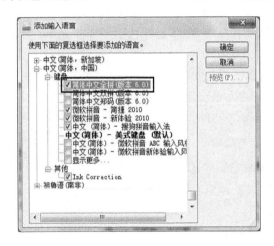

图 2-66　安装中文输入法步骤 4

步骤5 单击 确定 按钮，完成中文输入法的安装。

(2) 删除某种输入法。

步骤1 打开"文本服务和输入语言"对话框。

步骤2 在"已安装的服务"列表框中选择要删除的输入法。

步骤3 单击 删除(R) 按钮，完成输入法的删除。

4 调整鼠标和键盘

鼠标和键盘是计算机操作过程中使用最频繁的设备，几乎所有的操作都要用到鼠标和键盘。在安装 Windows 7 时，系统已自动对鼠标和键盘进行了设置，用户也可以根据个人喜好自行设置。

(1) 调整鼠标。

调整鼠标的操作步骤如下。

步骤1 单击"开始"按钮 ，选择"控制面板"命令，打开控制面板，单击"鼠标"图标 ，弹出"鼠标 属性"对话框,如图 2-67 所示。

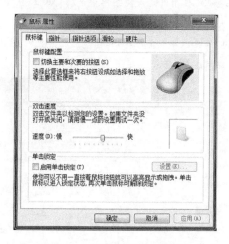

图 2-67 "鼠标 属性"对话框

步骤2 系统默认鼠标左键为主要键,若在"鼠标键"选项卡的"鼠标键配置"组中勾选"切换主要和次要的按钮"复选框,则设置鼠标右键为主要键。在"双击速度"组中拖动滑块可调整鼠标的双击速度,双击旁边的文件夹可预览设置的速度。在"单击锁定"组中,若勾选"启用单击锁定"复选框,则在移动项目时,不需要一直按着鼠标键。单击"设置"按钮,在弹出的"单击锁定的设置"对话框中可调整单击锁定时按鼠标键或轨迹球按钮的时间长短,如图 2-68 所示。

(2) 调整键盘。

步骤1 单击"开始"按钮，选择"控制面板"命令,打开控制面板,单击"键盘"图标，打开"键盘属性"对话框,如图 2-69 所示。

图 2-68 单击锁定的设置

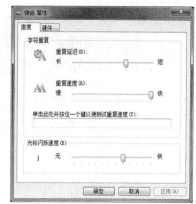

图 2-69 "键盘 属性"对话框

步骤2 在"速度"选项卡的"字符重复"组中拖动"重复延迟"滑块,可设置在键盘上按住一个键多长时间后才开始重复输入该字符,拖动"重复速度"滑块可设置输入重复字符的速度;在"光标闪烁速度"组中拖动滑块可设置光标的闪烁频率。

步骤3 单击"应用"按钮,应用以上设置。

5 更改日期和时间

任务栏右侧显示系统提供的时间,将鼠标指针指向时间栏会显示系统日期。

不显示日期和时间的操作步骤如下。

步骤1 使用鼠标右键单击任务栏,在弹出的快捷菜单中选择"属性"命令,打开"任务栏和「开始」菜单属性"对话框。

步骤2 在"任务栏"选项卡的"通知区域"组中单击"自定义"按钮,如图 2-70 所示,在弹出的界面中单击"打开或关闭系统图标"超链接,如图 2-71 所示。

图 2-70　单击"自定义"按钮　　　　　　图 2-71　单击"打开或关闭系统图标"超链接

步骤3 在打开的界面中设置"时钟"为"关闭",如图 2-72 所示。

图 2-72　设置"时钟"为"关闭"

步骤4 依次单击"确定"按钮。

更改日期和时间的操作步骤如下。

步骤1 双击时间栏或单击"开始"按钮，选择"控制面板"命令，在打开的控制面板中单击"日期和时间"图标。

步骤2 打开"日期和时间"对话框，如图2-73所示。

步骤3 在"日期和时间"选项卡中，单击"更改日期和时间"按钮，在弹出的"日期和时间设置"对话框的"日期"列表框中设置日期；在"时间"组中的"时间"微调框中输入或调节出准确的时间，如图2-74所示。

图2-73 "日期和时间"对话框　　　　图2-74 设置日期和时间

步骤4 设置完毕后，依次单击"确定"按钮。

6 设置多用户使用环境

在实际生活中，多个用户使用一台计算机的情况经常出现，这时可进行多用户使用环境的设置。当不同用户以不同身份登录时，系统就会应用相应的用户身份的设置，而不会影响到其他用户。

设置多用户使用环境的具体操作步骤如下。

步骤1 单击"开始"按钮，选择"控制面板"命令，打开控制面板。

步骤2 单击"用户账户"图标，打开"更改用户账户"界面，如图2-75所示。

步骤3 在该界面中根据需要选择"为您的账户创建密码""更改图片""管理其他账户"选项。假如要更改用户账户，则选择"管理其他账户"选项。

步骤4 打开"选择希望更改的账户"界面后选择要更改的账户，如选择"Administrator 管理

图2-75 "更改用户账户"界面

员"账户,打开"更改 Administrator 的账户"界面。

步骤5 在"更改 Administrator 的账户"界面中,用户可设置的项目有"更改账户名称""创建密码""更改图片""设置家长控制"等,按提示进行操作即可。

7 安装和删除应用程序

单击"开始"按钮 ,选择"控制面板"命令,打开控制面板。单击"程序和功能"图标 ,在弹出的"卸载或更改程序"界面中可以安装、更改或删除应用程序,也可以添加或删除 Windows 7 的组件。

安装或删除应用程序时应注意以下几点。

(1)删除应用程序时,最好不要直接从文件夹中删除。这是因为一方面可能无法删除干净,有些 DLL 文件安装在 Windows 目录中;另一方面很可能会删除某些其他应用程序也需要的 DLL 文件,从而影响其他应用程序的运行。

(2)安装应用程序有下列途径。

- 通过光盘安装。如果光盘上有 Autorun.inf 文件,则可根据相应指示自动安装应用程序。
- 直接运行安装盘(或光盘)中的安装程序(通常是 Setup.exe 或 Install.exe)。
- 如果应用程序是从 Internet 上下载的,通常整套软件会被捆绑成一个.exe 文件,用户运行该文件后即可直接安装应用程序。

8 设置文件夹的共享

使用鼠标右键单击任意文件夹或磁盘分区,在弹出的快捷菜单中选择"共享"→"高级共享"命令,会弹出该文件夹或磁盘分区的属性对话框。在"共享"选项卡中可以设置该共享文件夹的名称和允许的最大用户访问数量。当然,单击相应的按钮还可以设置权限和缓存等。

2.4.7 Windows 7 兼容性设置

在使用 Windows 7 时,最重要的是以往使用的应用程序是否可以继续正常运行,所以 Windows 7 的兼容性非常重要。

1 手动解决兼容性问题

Windows 7 的系统代码是建立在 Vista 基础上的,若当前安装和使用的应用程序是针对旧版本 Windows 开发的,直接使用会出现不兼容问题,此时需要手动设置兼容模式,具体的操作步骤如下。

步骤1 使用鼠标右键单击应用程序快捷方式,在弹出的快捷菜单中选择"属性"命令,在打开的属性对话框中单击"兼容性"选项卡。

步骤2 勾选"以兼容模式运行这个程序"复选框,并在下拉列表框中选择一种与该应用程序兼容的操作系统版本,一般对基于 Windows XP 开发的应用程序选择"Windows XP(Service Pack 3)"选项就可以使其正常运行,如图 2-76 所示。

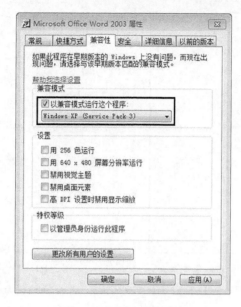

图 2-76 设置兼容模式

步骤3 在默认的情况下，前面的修改仅对当前用户有效，如果想让修改对所有用户都有效，就需要单击"更改所有用户的设置"按钮，如图 2-77 所示，再在弹出的对话框中设置兼容模式。

步骤4 如果当前的 Windows 7 默认的用户权限无法执行上述操作，就在"所有用户的兼容性"选项卡的"特权等级"组中勾选"以管理员身份运行此程序"复选框，以提升执行权限，最后单击"确定"按钮，如图 2-78 所示。

图 2-77 更改所有用户的设置

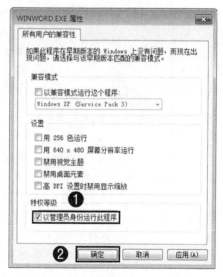

图 2-78 手动设置程序运行权限

2 自动解决兼容性问题

Windows 7 可以自动选择合适的兼容模式来运行程序。

步骤1 使用鼠标右键单击应用程序快捷方式，在弹出的快捷菜单中选择"兼容性疑难解答"命令，如图 2-79 所示，打开"程序兼容性"对话框，如图 2-80 所示。

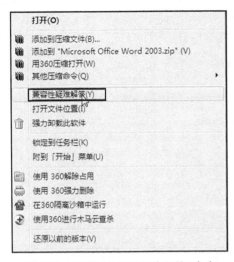

图 2-79　选择"兼容性疑难解答"命令　　　　图 2-80　"程序兼容性"对话框

步骤2 在"程序兼容性"对话框中选择"尝试建议的设置"选项，系统会为程序自动提供一种兼容性设置并让用户尝试运行，单击"启动程序"按钮来测试目标程序能否正常运行，如图 2-81 所示。

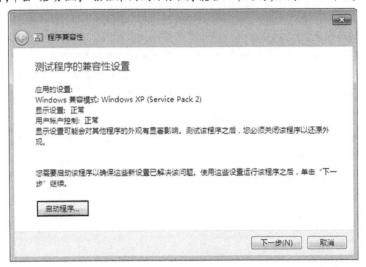

图 2-81　单击"启动程序"按钮

步骤3 测试完成后，单击"下一步"按钮，继续打开"程序兼容性"对话框，如果此时程序已经正常运行，则选择"是，为此程序保存这些设置"选项；反之，选择"否，使用其他设置再试一次"选项。

步骤4 若系统这次自动选择的兼容性设置能使目标程序正常运行，就在"测试程序的兼容性设置"中单击"启动程序"按钮，检查程序是否能正常运行。

若自动兼容模式也无法解决问题，可以尝试使用 Windows 7 中的 Windows XP 模式来运行程序。

3　硬件管理

只有在安装了设备驱动程序的情况下，计算机才会正常运行硬件设备。设备驱动程序是实现计算机与设备通信的特殊程序，它是操作系统和硬件之间的桥梁。操作系统有内核态和用户态之分，在 Windows 7 之前的版本中，设备驱动程序都运行在系统内核态下，这就使存在问题的驱动程序很容易导致系统运行故障甚至崩溃。在 Windows 7 中,设备驱动程序不再运行在系统内核态下,而是加载在用户态下,这样就可以解决由设备驱动程序错误导致的系统运行不稳定的问题。

Windows 7 通过"设备和打印机"界面管理所有和计算机连接的硬件设备。与 Windows XP 中各硬件设备均以图标形式显示不同,Windows 7 中的几乎所有硬件设备都是以自身实际外观显示的,非常便于用户识别和操作。

如果想在一个局域网中共享一台打印机,以供多个用户联网使用,可以添加网络打印机。

步骤1 单击"开始"按钮,选择"设备和打印机"命令,打开"设备和打印机"界面,选择"添加打印机"选项卡,如图 2-82 所示。

步骤2 在弹出的"添加打印机"对话框中可以添加本地打印机或网络打印机,本例中选择"添加网络、无线或 Bluetooth 打印机"选项,如图 2-83 所示。

图 2-82　选择"添加打印机"选项卡

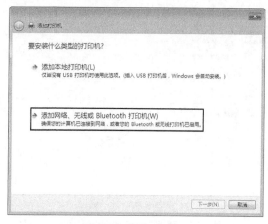

图 2-83　添加打印机

步骤3 系统会自动搜索与本机联网的所有打印机设备,如图 2-84 所示。搜索到的可用打印机会以列表形式显示出来,从中选择需要的打印机后系统会自动安装该打印机的驱动程序。

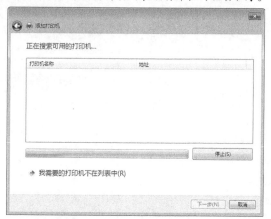

图 2-84　搜索网络打印机

步骤4 系统成功安装打印机驱动程序后,会自动连接并添加网络打印机。

2.4.8 Windows 7 网络配置与应用

Windows 7 的"网络和共享中心"界面包含所有与网络相关的操作和控制程序,用户可以通过可视化的操作轻松连接到网络。

1 连接到宽带网络

步骤1 单击"开始"按钮 ,选择"控制面板"命令,打开控制面板并选择"网络和 Internet"选项,如图 2-85 所示。

步骤2 打开"网络和 Internet"界面,选择"网络和共享中心"选项,弹出"网络和共享中心"界面,如图 2-86 所示。在该界面中用户可以通过形象化的网络映射图来了解网络状况,并进行各种网络设置。

图 2-85　选择"网络和 Internet"选项

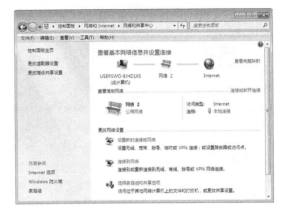

图 2-86　"网络和共享中心"界面

步骤3 在"更改网络设置"组中选择"设置新的连接或网络"选项,如图 2-87 所示。

步骤4 在打开的"设置连接或网络"对话框中选择"连接到 Internet"选项,如图 2-88 所示。

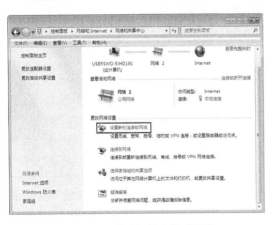

图 2-87　设置新的连接或网络

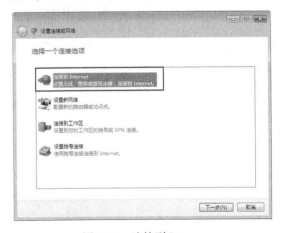

图 2-88　连接到 Internet

步骤5 单击"下一步"按钮,在弹出的"连接到 Internet"对话框中选择"宽带(PPPOE)(R)"选项,并在随后弹出的对话框中输入 ISP 提供的用户名、密码以及自定义的连接名称等信息,单击"连接"按钮。在使用宽带网络时,只需要单击任务栏通知区域的网络图标 ![icon],再选择自建的宽带连接即可。

2 连接到无线网络

在任务栏通知区域的网络图标 ![icon] 上单击,在弹出的"无线网络连接"界面中双击需要连接的网络。如果无线网络设有安全密码,就需要输入密码。

3 通过家庭组实现两台计算机的资源共享

使用任何版本的 Windows 7 都可以加入家庭组,但只有在 Windows 7 家庭高级版、专业版或旗舰版等中才能创建家庭组。家庭组是 Windows 7 推出的一个新功能,旨在轻松实现同组内各计算机的软硬件资源的共享,并确保共享数据的安全。家庭组是基于对等网络设计的,所有组内计算机的地位平等。

(1)创建家庭组。

①搭建局域网。分别设置两台计算机的 IP 地址为 192.168.1.2 和 192.168.1.3(私有地址),子网掩码均为 255.255.255.0。

②创建家庭组。在"网络和共享中心"界面的"查看活动网络"组中,将当前网络位置设置为"家庭网络"。注意:一个局域网内只能有一个家庭组。

(2)加入家庭组。

将一台计算机的网络位置设置为"家庭网络"后,在其"Windows 资源管理器"窗口的导航窗格中会显示"家庭组"节点,单击"立即加入"按钮,在弹出的对话框中输入创建家庭组时设置的密码,就可以成功加入家庭组。

(3)家庭组共享资源。

设置好家庭组后,该组内的所有计算机都可以通过"Windows 资源管理器"窗口中的"家庭组"节点实现软硬件资源的共享。

2.4.9 系统维护与优化

使用 Windows 7 的过程中,常会遇到系统性能下降、开机时间变长等问题。计算机是由硬件和软件组成的,当硬件不是造成系统性能降低的因素时,就很有可能是软件出了问题,硬盘随机读取、内存管理方式和资源调用策略等的不足是 Windows XP 系统性能无法提高的原因,Windows 7 通过改进内存管理、智能划分输入/输出的优先级以及优化固态硬盘等手段,极大地提高了系统性能,使用户拥有了全新的体验。

1 减少 Windows 7 的启动加载项

步骤1 单击"开始"按钮 ![icon],选择"控制面板"命令,打开控制面板并选择"系统和安全"选项,打开"系统和安全"界面后选择"管理工具"选项,如图 2-89 所示。

图 2-89 在"系统和安全"界面中选择"管理工具"选项

步骤2 在弹出的"管理工具"界面中双击"系统配置"选项,如图 2-90 所示。

步骤3 弹出"系统配置"对话框,如图 2-91 所示。切换到"启动"选项卡,并在"启动项目"中取消勾选不希望登录后自动运行的项目。注意:尽量不要关闭关键项目的自动运行。

图 2-90 双击"系统配置"选项

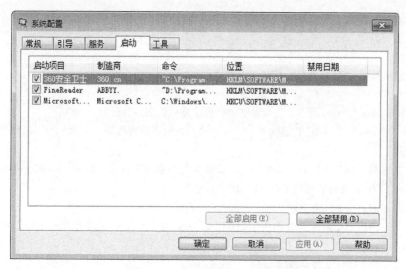

图2-91 "系统配置"对话框

2 提高磁盘性能

计算机在长时间的使用过程中,运行速度会越来越慢,其主要原因是系统分区频繁地进行随机的读写操作,让本可以在盘片上被高速读取的数据变得凌乱无序。这些凌乱无序的数据就是磁盘碎片。在 Windows XP 中需要手动整理磁盘碎片,但是在 Windows 7 中,磁盘碎片的整理工作是由系统自动完成的。当然,用户也可以根据需要手动进行整理。

步骤1 单击"开始"按钮,在"搜索"文本框中输入"磁盘",在搜索结果中选择"磁盘碎片整理程序"选项,打开"磁盘碎片整理程序"界面。

步骤2 在"磁盘碎片整理程序"界面中,选中一个或多个需要整理的目标盘符,单击"确定"按钮。

步骤3 在"磁盘碎片整理程序"界面中,单击"配置计划"按钮,在打开的"修改计划"界面中可以设置系统自动整理磁盘碎片的频率、日期、时间等,频率一般不要设置得太低。

课后总复习

一、选择题

1. 操作系统对磁盘进行读写操作的物理单位是(　　)。
   A) 磁道　　　　　　　　B) 扇区　　　　　　　　C) 字节　　　　　　　　D) 文件
2. 一个完整的计算机系统包括(　　)。
   A) 计算机及其外部设备　　　　　　　　B) 主机、键盘、显示器
   C) 系统软件和应用软件　　　　　　　　D) 硬件系统和软件系统
3. 组成中央处理器(CPU)的主要部件是(　　)。
   A) 控制器和内存　　　　　　　　B) 运算器和内存
   C) 控制器和寄存器　　　　　　　　D) 运算器和控制器
4. 计算机的内存储器是指(　　)。
   A) ROM 和 RAM　　　　　　　　B) ROM
   C) RAM 和 C 磁盘　　　　　　　　D) 硬盘和控制器

5. 下列各类存储器中,断电后信息会丢失的是(　　)。
   A) RAM   B) ROM
   C) 硬盘   D) 光盘
6. 微型计算机的运算器、控制器及内存储器的总称是(　　)。
   A) CPU   B) ALU   C) MPU   D) 主机
7. 汇编语言源程序须经(　　)翻译成目标程序才能被计算机识别和执行。
   A) 监控程序   B) 汇编程序   C) 机器语言程序   D) 诊断程序

二、基本操作题

1. 将素材文件夹下 LI\QIAN 文件夹中的文件夹 YANG 复制到素材文件夹下的 WANG 文件夹中。
2. 为素材文件夹下 TIAN 文件夹中的文件 ARJ.EXP 设置"只读"属性。
3. 在素材文件夹下 ZHAO 文件夹中建立一个名为 GIRL 的新文件夹。
4. 将素材文件夹下 SHEN\KANG 文件夹中的文件 BIAN.ARJ 移动到素材文件夹下的 HAN 文件夹中,并将其重命名为 QULIU.ARJ。
5. 将素材文件夹下的 FANG 文件夹删除。

学习效果自评

　　本章虽然内容很多,但考试中涉及的内容较少,且经常以操作题的形式出现。下表是对本章比较重要的知识点进行的小结,考生可以用它来检查自己对这些知识点的掌握情况。

掌握内容	重要程度	掌握要求	自评结果		
计算机硬件系统的组成	★	熟记硬件系统的5个部件及它们的功能	□不懂	□一般	□没问题
计算机软件系统的组成	★	熟记软件的种类,可根据例子判断软件所属种类	□不懂	□一般	□没问题
操作系统	★	了解操作系统的基础知识	□不懂	□一般	□没问题
Windows 7的基础操作和基本要素	★	了解并掌握Windows 7的操作方法	□不懂	□一般	□没问题
输入法	★★★★★	掌握中文输入法的使用方法	□不懂	□一般	□没问题
Windows资源管理器	★★★★★	掌握Windows资源管理器的操作与应用	□不懂	□一般	□没问题
文件与文件夹的操作	★★★★★	掌握文件与文件夹的复制和移动	□不懂	□一般	□没问题
文件与文件夹的操作	★★★★★	掌握文件与文件夹的删除和还原	□不懂	□一般	□没问题
文件与文件夹的操作	★★★★★	掌握文件与文件夹的重命名和创建	□不懂	□一般	□没问题
文件与文件夹的操作	★★★★★	掌握文件与文件夹的属性设置	□不懂	□一般	□没问题
文件与文件夹的操作	★★★★★	掌握为文件与文件夹创建快捷方式的方法	□不懂	□一般	□没问题
文件与文件夹的操作	★★★★★	掌握文件与文件夹的搜索方法	□不懂	□一般	□没问题
Windows 7网络配置	★	了解基本的网络配置	□不懂	□一般	□没问题

第3章
WPS文字的使用

章前导读

通过本章，你可以学习到：

◎ WPS文字的基本操作　　　　　　◎ WPS文字中的图形设置

◎ WPS文字的文本编辑　　　　　　◎ WPS文字中的表格设置

◎ WPS文字的文档排版和页面排版

本章评估		学习点拨
重要度	★★★★★	本章是一级计算机基础及WPS Office应用课程中最重要的一章，考试所占的分值也最多。 在学习本章前，考生必须掌握Windows 7的基本操作，如鼠标左键与右键的使用方法、单击、双击、选定等操作。本章是考生学习WPS Office系列软件的第1章，由于WPS文字的操作方法与WPS表格和WPS演示的相似，因此本章与第4章、第5章有着紧密联系。 本章以操作性内容为主，考生不需要了解过多的理论知识，应把重点放在对操作步骤的学习和演练上，务必做到熟练掌握相关操作。
知识类型	应用	
考核类型	操作题	
所占分值	25分	
学习时间	6课时	

本章学习流程图

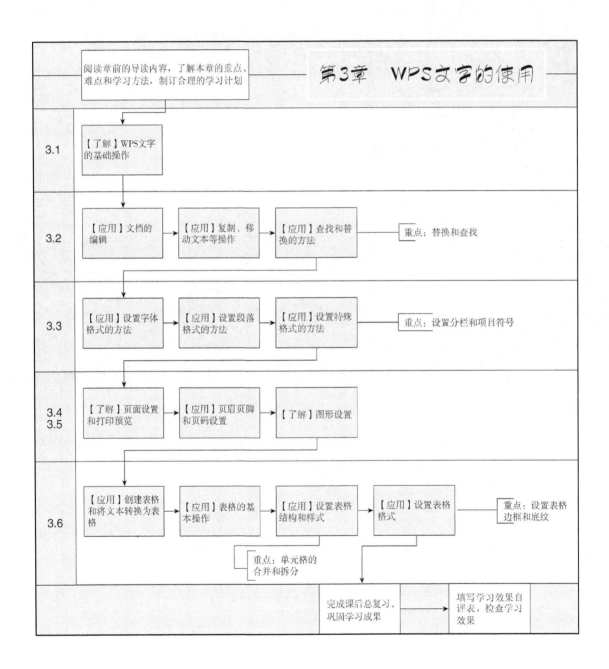

3.1 WPS文字的基本操作

本章介绍WPS Office的重要组件之一——WPS文字。WPS文字是目前广泛使用的文字处理软件,可以用于各种文档的编辑排版和打印输出等。

3.1.1 文档的新建和保存

安装好WPS Office之后,就可以启动WPS文字开始编辑文档。

> **学习提示**
> 【应用】新建、打开和保存文档的操作方法。

1 新建WPS文字文档的方法

方法1:使用桌面快捷方式。

安装好WPS Office后,系统会在桌面自动创建WPS文字的快捷方式,双击该快捷方式,即可启动WPS Office,在首页单击"新建"→"文字"→"新建空白文档"按钮,系统会自动新建一个空白文档。

方法2:使用快捷菜单。

在计算机中正确安装WPS Office后,在桌面或计算机中的其他位置单击鼠标右键,在弹出的快捷菜单中选择"新建"→"DOCX文档"命令,双击新建的文档,即可打开一个空白的WPS文字文档。

方法3:双击已存在的WPS文字文档即可启动WPS文字,然后可以开始编辑文档,也可以创建新的空白文档。

2 保存WPS文字文档的方法

方法1:单击快速访问工具栏中的"保存"按钮 ▭ 。

方法2:使用组合键"Ctrl"+"S"。

进行以上操作时,若是首次保存文档,则会弹出"另存文件"对话框,如图3-1所示。在该对话框中,用户可以选择文档保存的位置,并对文档进行命名。

图3-1 "另存文件"对话框

方法3:使用"文件"菜单。单击"文件"→"保存"命令,保存当前文档。

3 保存和另存为的区别

首次保存文档时,两者的作用是相同的,在弹出的对话框中都会提示用户选择文档保存的位置、命名文档以及选择文档的保存类型。

如果用户已经对文档进行了保存,并希望按照原路径和类型再次对文档进行保存,选择"保存"命令即可。如果用户希望将当前文档在其他位置重新保存,或者以其他名称保存,则可以选择"另存为"命令。

3.1.2 WPS文字的窗口组成

当使用 WPS 文字打开一个文档后,默认启用的是页面视图,这种视图也是我们平时编辑文档时最常用的视图界面,如图 3-2 所示。下面介绍一下页面视图的组成。

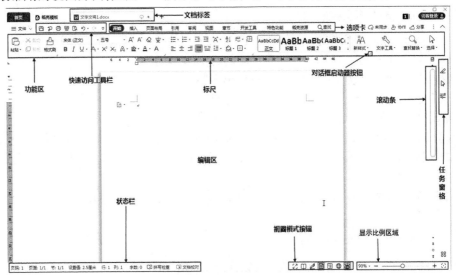

图 3-2　WPS 文字的页面视图

WPS 文字窗口中各组成部分的功能说明如表 3-1 所示。

表 3-1　　　　　　　　WPS 文字窗口中各组成部分的功能说明

组成部分	功能说明
文档标签栏	位于文档窗口的最上方,用于显示文档的名称
快速访问工具栏	显示常用的文档操作按钮,如保存、输出为 PDF、打印、打印预览、撤销、恢复等。用户还可以单击右侧的"自定义快速访问工具栏"按钮进行自定义设置
选项卡	默认情况下,WPS 将文档各功能分为 9 个选项卡显示,依次为"开始""插入""页面布局""引用""审阅""视图""章节""开发工具""特色功能"等,根据文档内容的不同,还会激活其他功能选项卡
功能区	每个选项卡都有属于自己的功能区,包含了实现相应功能的命令按钮,单击某个命令按钮即可执行不同的操作,从而完成相应的操作
标尺	分为水平和垂直标尺,可以测量和对齐文档内容
滚动条	拖动水平和垂直滚动条,可以显示文档编辑区中的内容
编辑区	对文档内容进行编辑和排版的区域
状态栏	用于显示当前文档的状态,如页码、页数、字数、拼写检查和文档校对等
视图模式按钮	可在不同的视图模式下浏览文档内容
显示比例区域	拖动其中的显示比例滑块可以调整文档的显示比例

3.1.3 文档视图介绍

WPS 文字提供了多种视图模式供用户选择,包括页面视图、全屏显示视图、大纲视图和 Web 版式视图等。

① 页面视图

页面视图是 WPS 文字的默认视图模式,可以显示文档的打印外观,主要包括页眉、页脚、图形对象、分栏设置、页面边距等,它采用了"所见即所得"的方式来展示文档,是最接近打印结果的视图模式。

② 全屏显示视图

全屏显示视图用整个屏幕来呈现文档,适合在演示汇报的时候使用,也可以在阅读文档的时候使用。在全屏显示视图下,整个屏幕只显示文档内容,其他部分则被暂时隐藏起来。单击"退出"按钮 或者单击"Esc"键可以恢复到之前的视图界面。

③ 大纲视图

大纲视图主要用于设置和浏览文档结构,使用大纲视图可以迅速了解文档的结构和内容概要。大纲视图一般用来显示文档中的章节标题,如图 3-3 所示。

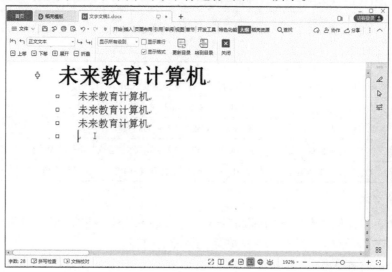

图 3-3　大纲视图

④ Web 版式视图

Web 版式视图以网页的形式显示文档,适用于发送电子邮件和创建网页。它与其他视图模式相比,主要变化是文档不进行分页显示,且文本和表格会自动换行以适应窗口的大小。

不同视图之间可以相互切换,用户可以单击"视图"选项卡中"文档视图"中相应的视图按钮进行切换。此外,也可以单击相应的视图模式按钮进行切换。

> **请注意**　视图的切换只会影响文档内容的显示形式,并不会影响文档的内容。

3.2 WPS 文字编辑技术

3.2.1 文档的编辑

1 输入文字

WPS 文字窗口中的空白区域是编辑区,其中有一条闪烁的竖线,这就是光标,其功能是确定文档中需要进行编辑的位置。当输入文字时,文字就会显示在光标的前面。

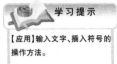

【应用】输入文字、插入符号的操作方法。

在 WPS 文字中,既可以输入汉字,也可以输入英文,还可以插入各种符号、公式等。输入文字时,要注意正确地切换输入法。

2 移动光标的操作方法

复制、移动文本时,常要在编辑区中移动光标,操作方法如表 3-2 所示。

表 3-2　　　　　　　　　　在编辑区中移动光标的操作方法

操作类型	所需移动	执行动作
鼠标操作	移到任何可见文本部分	单击该位置
键盘操作	左移或右移一个字符	按"←"或"→"键
	上移或下移一行	按"↑"或"↓"键
	左移或右移一个字符或词语	按"Ctrl"+"←"组合键或"Ctrl"+"→"组合键
	上移或下移一个段落	按"Ctrl"+"↑"组合键或"Ctrl"+"↓"组合键
	移到行首或行尾	按"Home"键或"End"键上移或下移一页
	上移或下移一页	按"PageUp"键或"PageDown"键
	移到当前屏幕顶部或底部	按"Ctrl"+"Alt"+"PageUp"组合键或"Ctrl"+"Alt"+"PageDown"组合键
	移到文档开头或文档结尾	"Ctrl"+"Home"组合键或"Ctrl"+"End"组合键

3 删除文本

删除文本可以使用键盘上的"Delete"键或"Backspace"键。按"Delete"键可以逐个删除光标后的内容,按"Backspace"键可以逐个删除光标前的内容。

4 撤销和恢复操作

输入文字的过程中有时会误操作。如果误删了一段文字,可以单击快速访问工具栏中的"撤销"按钮 ,或者按"Ctrl"+"Z"组合键来对文字进行恢复。

如果还想维持原来的状态,可以单击"恢复"按钮 ,或者按"Ctrl"+"Y"组合键,这样就可以恢复原来的状态。

5 插入文档中的文字

在正在编辑的文档中插入另一个文档中的文本内容的操作步骤如下。

步骤1 将光标定位到插入位置,如图 3-4 所示。

图 3-4　插入对象步骤 1

_{步骤2} 单击"插入"选项卡→"对象"下拉按钮→"文件中的文字"选项,如图 3-5 所示。

图 3-5　插入对象步骤 2

_{步骤3} 在弹出的"插入文件"对话框中选择所需对象的保存位置,并选中所需对象,再单击"打开"按钮,如图 3-6 所示。

此时在光标位置插入了新的文字内容,效果如图 3-7 所示。

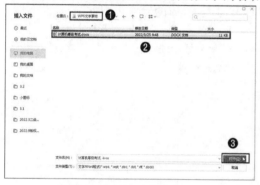

图 3-6　插入对象步骤 3

图 3-7　插入文档中文字的效果

6　插入特殊符号和公式

如果需要在文档中插入一些特殊的符号,如汉语拼音、国际音标、希腊字母等,可以使用 WPS 文字提供的"符号"功能,具体的操作步骤如下。

_{步骤1} 将光标置于需要插入符号的位置。

_{步骤2} 单击"插入"选项卡→"符号"下拉按钮,在弹出的下拉列表框中选择需要的符号,如图 3-8 所示。

_{步骤3} 如果在下拉列表框中无法找到需要的符号,可选择"其他符号"选项,在弹出的"符号"对话框中选择需要的符号,单击"确定"按钮。

有时,我们需要在文档中插入一个数学或物理公式,此时就需要使用 WPS 文字提供的"公式"功能。WPS 文字中集成了 MathType 工具,单击"公式"按钮即可调出公式编辑器进行公式的编辑,如图 3-9 所示。

图 3-8　符号下拉列表框

图 3-9　公式编辑器

7　插入日期和时间

在 WPS 文字的文档中可以插入系统当前的日期和时间,具体的操作步骤如下。

步骤1 将光标置于需要插入日期和时间的位置。

步骤2 单击"插入"选项卡→"日期"按钮,弹出"日期和时间"对话框,选择需要的格式,再单击"确定"按钮,如图 3-10 所示。

图 3-10　选择日期和时间的格式

3.2.2　复制、粘贴和移动

1　选择文本

在 WPS 文字中,对文本的绝大部分操作都需要先选择需要设置的文本内容。选择文本的方法如表 3-3 所示。

学习提示

【应用】复制和移动文本的操作。

表 3-3　　　　　　　　　　　　　选择文本的方法

操作类型	选择文本	方法
鼠标操作	任何数量	单击要选择的文本起点,按住鼠标左键并拖动到文本的终点
	一个词语	双击该词语中的任意位置
	一个句子	按住"Ctrl"键并单击句子中的任意位置
	一行	将鼠标指针移动至行的最左侧,当鼠标指针变成 ⚐ 形状时单击,即可选择整行
	多行	将鼠标指针移动至行的最左侧,当鼠标指针变成 ⚐ 形状时单击并按住鼠标左键拖动,即可选择多行
	整个段落	将鼠标指针移动至整段的最左侧,当鼠标指针变成 ⚐ 形状时双击,即可选择整段
	全部文本	将鼠标指针移动至任意文本的最左侧,当鼠标指针变成 ⚐ 形状时,按住"Ctrl"键并单击,即可选择全部文本
键盘操作	任何数量	将光标移至文本起点,按住"Shift"键,并使用方向键移动光标到想要的位置
	整个文档	按"Ctrl"+"A"组合键

请注意 单击文档中的任意位置,或者通过方向键移动光标,即可取消对文本的选择。

2 复制文本

复制文本是指使选中的文本内容以相同的形式在另一处显示,且原文本保持不变。在WPS 文字中,复制文本的方法如表 3-4 所示。

表 3-4　　　　　　　　　　　　　复制文本的方法

操作方法	复制操作
选项卡命令	选中要复制的文本,单击"开始"选项卡中的"复制"按钮
快捷键	选中要复制的文本,按"Ctrl"+"C"组合键
快捷菜单	选中要复制的文本,单击鼠标右键,在弹出的快捷菜单中选择"复制"命令

3 粘贴文本

粘贴文本就是将剪切板上的内容插入文档的某个位置的过程,在 WPS 文字中,粘贴文本的方法如表 3-5 所示。

表 3-5　　　　　　　　　　　　　粘贴文本的方法

操作方法	粘贴操作
选项卡命令	用鼠标定位粘贴位置,单击"开始"选项卡中的"粘贴"按钮
快捷键	用鼠标定位粘贴位置,按"Ctrl"+"V"组合键
快捷菜单	用鼠标定位粘贴位置,单击鼠标右键,在弹出的快捷菜单中选择"粘贴"命令

在执行粘贴操作的过程中,有多种粘贴方式可供选择,它们的功能如表 3-6 所示。

表 3-6　　　　　　　　　　　　　粘贴文本的方式

粘贴方式	功能
保留源格式	保留原文本格式不变,将内容粘贴至目标位置。
匹配当前格式	将粘贴的内容按照新文档的格式进行粘贴。
只粘贴文本	不粘贴格式,仅保留粘贴的文本内容。

4 移动文本（剪切文本）

移动文本，其实就是将选中的文本内容剪切到目标位置的过程，在 WPS 文字中，移动文本的方法如表 3-7 所示。

表 3-7　　　　　　　　　　　　移动文本的方法

操作方法	剪切操作
选项卡命令	选中文本，单击"开始"选项卡中的"剪切"按钮 剪切
快捷键	选中文本，按"Ctrl"+"X"组合键
快捷菜单	选中文本，单击鼠标右键，在弹出的快捷菜单中选择"剪切"命令

请注意：复制和剪切的区别：复制文本后原文本内容保持不变，剪切文本后原文本内容消失。

3.2.3 查找与替换

学习提示
【应用】查找和替换的方法。

1 基本查找

如果需要在某个文档中快速查找到某一个词，如"计算机"，就需要使用 WPS 文字的查找功能。查找的具体操作步骤如下。

步骤1 打开文档，在"开始"选项卡中单击"查找替换"下拉按钮→"查找"选项，如图 3-11（a）所示，或者按"Ctrl"+"F"组合键，均可弹出"查找和替换"对话框。

步骤2 在"查找内容"文本框中输入"计算机"，单击下方的"突出显示查找内容"下拉按钮，在弹出的下拉列表框中选择"全部突出显示"选项；单击右侧的"在以下范围中查找"下拉按钮，在弹出的下拉列表框中选择"主文档"选项。操作步骤如图 3-11（b）所示。此时文档中会突出显示所有查找结果，如图 3-12 所示。

(a) 单击"查找"选项

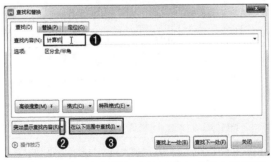

(b) 输入查找内容并设置查找显示方式及查找范围

图 3-11　查找步骤

2 基本替换

图3-12 突出显示所有查找结果

如果需要将文档中的某个文本内容批量变更为另一个文本内容,如将"互联网"替换为"Internet",此时可以使用 WPS 文字中的替换功能。替换的具体操作步骤如下。

步骤1 打开文档,在"开始"选项卡中单击"查找替换"下拉按钮→"替换"选项,如图3-13(a)所示,或者按"Ctrl"+"H"组合键,均可弹出"查找和替换"对话框。

步骤2 在"查找内容"文本框中输入"互联网",在下方的"替换为"文本框中输入"Internet",单击"全部替换"按钮,如图3-13(b)所示。此时会弹出查找到的内容数量的确认对话框,单击"确定"按钮就完成了基本的替换操作。

(a)单击"替换"选项

(b)输入查找和替换内容

图3-13 替换步骤

"替换"和"全部替换"两个按钮的区别如下。

- "替换"按钮:一个一个地替换。
- "全部替换"按钮:一次性全部替换。

3 高级查找

在 WPS 文字中,不仅可以查找文本内容,还可以通过高级搜索、格式、特殊格式等命令实现对文档的批量更改。

如在文档中查找出格式为"黑体""五号字""标准色红色"的文本内容"TCP",具体的操作步骤如下。

步骤1 打开文档,在"开始"选项卡中单击"查找替换"下拉按钮→"查找"选项,或者按"Ctrl"+"F"组合键,均可弹出"查找和替换"对话框。

步骤2 在"查找内容"文本框中输入文本"TCP"。单击"高级搜索"按钮,展开"搜索"组,在其中可以进行搜索方向、区分全/半角等搜索设置。单击"格式"下拉按钮,在弹出的下拉列表框中选择"字体"选项。操作步骤如图3-14(a)所示,在弹出的"查找字体"对话框中设置字体格式,如图3-14(b)所示。设置完成后单击"确定"按钮,关闭对话框。

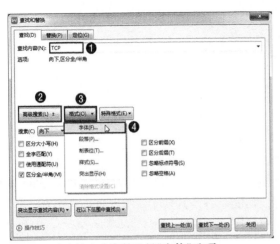

(a) 输入内容并选择"字体"选项　　　　　　　　(b) 设置字体格式

图 3-14　高级查找设置

步骤3 返回"查找和替换"对话框,单击"查找下一处"按钮,如图 3-15 所示,即可开始查找。

4. 高级替换

如果需要实现对特殊格式的批量更改,就需要使用高级替换功能。如在一个文档中存在多个空白行,要一次性将这些空白行全部删除,就需要对特殊格式进行批量替换。具体的操作步骤如下。

步骤1 打开文档,在"开始"选项卡中单击"查找替换"下拉按钮→"替换"选项,或者按"Ctrl"+"H"组合键,均可弹出"查找和替换"对话框。

步骤2 将光标置于"查找内容"文本框中,单击下方的"特殊格式"下拉按钮,在弹出的下拉列表框中选择"段落标记"(段落标记在查找时用^P 表示)选项,在"查找内容"文本框中连续插入两个段落标记,在下方的"替换为"文本框中插入一个段落标记,单击"全部替换"按钮,如图 3-16 所示,就可以将文档中所有的空白段落批量删除。

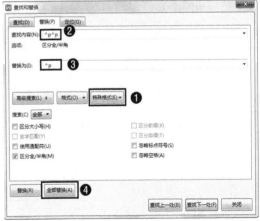

图 3-15　单击"查找下一处"按钮　　　　　　　图 3-16　高级替换设置

请注意　在 WPS 文字中,一些常用的文本处理功能都集中在"开始"选项卡中的"文字工具"中,如图 3-17 所示。其中,"删除"→"删除空段"命令的功能和上面所讲的高级替换效果是一样的。推荐使用该方法进行删除空段(空行)、空格等常用操作。

图 3-17　文字工具

3.3　WPS 文字排版技术

3.3.1　设置字体格式

文档的外观很大程度上是由其字体决定的。字体是指文字的风格（即单个字符的外观）及其大小。WPS 文字提供了多种中文字体，不同的字体适合展现不同风格的文档。

【应用】设置字体格式的方法。

设置字体格式是指设置文档中字符的属性，例如字体、字号、字形、字体颜色、下划线等。

① 设置字体

（1）使用"字体"对话框设置字体。

步骤1　选择需要设置格式的文本内容，如图 3-18 所示。

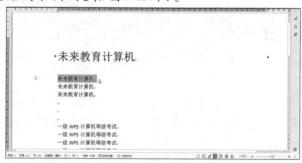

图 3-18　字体设置步骤 1

步骤2　在"开始"选项卡中单击"字体"对话框启动器按钮，如图 3-19 所示。

图 3-19　字体设置步骤 2

步骤3 弹出"字体"对话框,在"字体"选项卡中设置需要的格式,然后单击"确定"按钮,即可完成字体格式的设置,如图 3-20 所示。

设置好的效果如图 3-21 所示。选中内容的字体、字形、字号、字体颜色等都发生了变化,并添加了下划线。

图 3-20　字体设置步骤3

图 3-21　字体设置步骤4

（2）使用功能组按钮设置字体。

使用功能组按钮设置字体的方法更简单,选择内容后单击字体功能组中相应的按钮即可,常用的字体功能组按钮如图 3-22 所示。

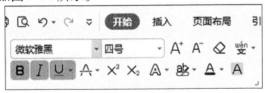

图 3-22　常用的字体功能组按钮

2 设置字号

字体的大小即字号。字号采用两种不同的标准：一种是"号",其取值范围为八号到初号,数值越小,字体越大；另一种是"磅",取值范围为 1～1638,磅值越大,字体越大。1 磅 = 1/72 英寸≈0.35 毫米,所以 8 磅相当于六号,10.5 磅相当于五号。

一般来说,一篇文章的标题和正文应设置不同的字号。例如,标题应醒目,所以其字号通常大一些,而作者名称的字号应该比正文小一个级别。设置字号的方法与设置字体的相同,此处不再赘述。

请注意　单击字体功能组中的 A˙ A˙ 按钮,可以连续调整选中文本的字号。使用"Ctrl" + "["或者"Ctrl" + "]"组合键也可以连续增大或者减小字号。

3 设置字符间距

字符间距是指相邻两个字之间的距离。一般来说,标题的字比较少,有时要将标题的字符间距调大,使标题文字分开。调整字符间距需要单击"开始"选项卡右下角的"字体"对话框启动器按钮,再在打开的"字体"对话框的"字符间距"选项卡中进行相应设置,如图3-23所示。

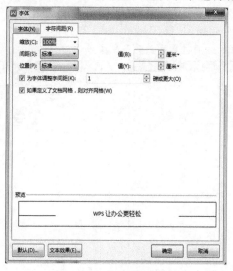

图3-23　字符间距设置

下面以"计算机等级考试"为例,介绍如何设置字符缩放、字符间距和字符位置。

(1)字符缩放。

字符缩放指的是在不改变字体高度的前提下,改变字符的横向宽度,并采用相对于标准字号的百分数来表示字符的缩放程度,效果如图3-24所示。

(2)调整字符间距。

步骤1 选择"计算机等级考试"文本内容,在"开始"选项卡中单击"字体"对话框启动器按钮,打开"字体"对话框。

步骤2 单击"字符间距"选项卡,在"间距"下拉列表框中选择"加宽"选项,在其"值"微调框中输入"10",再单击"确定"按钮,如图3-25所示。

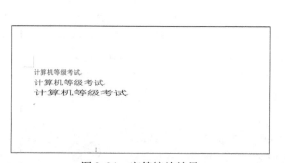

图3-24　字符缩放效果

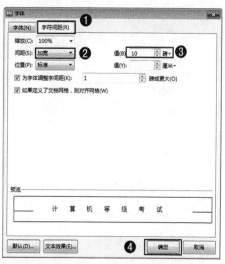

图3-25　调整字符间距

(3)调整字符位置。

步骤1 选中"计"字,在"开始"选项卡中单击"字体"对话框启动器按钮,打开"字体"对话框。

步骤2 单击"字符间距"选项卡,在"位置"下拉列表框中选择"上升"选项,在其"值"微调框中输入"6",再单击"确定"按钮,如图3-26所示。

步骤3 选择"考"字,用同样的方法将其位置下移6磅,如图3-27所示。

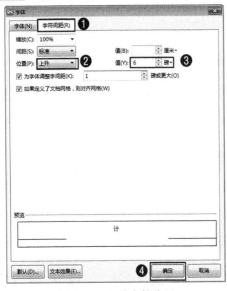
图3-26 上升字符位置

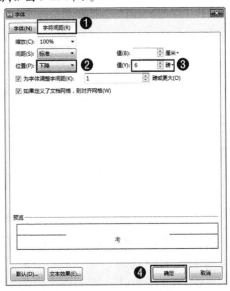
图3-27 下降字符位置

4 其他选项

使用粗体、下划线、斜体效果能使文档中的某些字符更加醒目,以突出重点,同时还可以使用一些特殊的字体效果,包括上标、下标、删除线等。也可以指定隐藏文本,使这些文字不显示或不被打印。WPS文字中常用的字体效果如表3-8所示。

表3-8　　　　　　　　　　　常用字体效果

名称	示例
字形	常规　**加粗**　*倾斜*
下划线	<u>下划线</u><u>下划线</u>
着重号	着重号
删除线	~~删除线~~
上标	上标
下标	下标

3.3.2 设置段落格式

设置段落格式是WPS文字排版中最重要的操作步骤之一,掌握段落相关属性的设置对改善文档的整体排版效果十分重要。

【应用】设置段落格式的方法。

① 段落对齐方式

WPS 文字中的段落对齐方式有以下 5 种。
- 左对齐:使段落的左端对齐,通常用于正文内容。
- 居中对齐:使段落行居中,通常用于标题行。
- 右对齐:使段落的右端对齐。
- 两端对齐:使段落的左端和右端对齐(最后一行除外)。
- 分散对齐:改变段落的字符间距以实现段落左右都对齐,通常用于段落的最后一行。

要改变一个或多个段落的对齐方式,首先要选择需要改变对齐方式的段落,然后在"开始"选项卡中单击相应的对齐按钮,如图 3-28 所示。

图 3-28　对齐按钮

② 段落缩进

段落缩进的目的是使段落看起来更有层次感、更整齐。缩进是指段落边界与页面边界之间的空间。段落缩进有以下几种形式。

(1)首行缩进。
首行缩进是指段落的第一行向左缩进,也就是我们常说的"第一行空几格"。
(2)悬挂缩进。
悬挂缩进是指整个段落除首行外,其他行都向左缩进。
(3)左缩进。
左缩进是指整个段落的所有行的左边界都向右缩进。
(4)右缩进。
右缩进跟左缩进相反,是指整个段落的所有行的右边界都向左缩进。

设置段落缩进的方法有两种。

方法1:使用标尺手动设置。拖动不同的滑块,可以完成不同的缩进方式的设置,如图3-29所示。

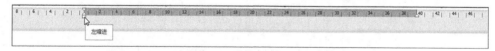

图 3-29　使用标尺设置段落缩进

方法 2:通过"段落"对话框设置,具体的操作步骤如下。

步骤1 选择需要设置段落缩进的文本内容,在"开始"选项卡中单击"段落"对话框启动器按钮,如图 3-30(a)所示,弹出"段落"对话框。

步骤2 在"缩进和间距"选项卡中进行相应的设置后,单击"确定"按钮,如图3-30(b)所示。

(a)启动"段落"对话框

(b)设置段落缩进

图3-30 段落缩进操作步骤

3 段前、段后间距

对段前、段后间距的设置就是在段落的前后增加一定的行数,可在"段落"对话框的"间距"组的"段前""段后"微调框中进行相应的设置。

4 行距

行距是指一个段落内部的各行文本之间的距离。设置行距的具体操作步骤如下。

步骤1 选择需要设置行距的文本内容,在"开始"选项卡中单击"段落"对话框启动器按钮,弹出"段落"对话框。

步骤2 在"缩进和间距"选项卡的"行距"下拉列表框中选择适当的行距,再单击"确定"按钮,如图3-31所示。

图3-31 设置段落行距

"行距"下拉列表框中各选项的含义如下。
- 单倍行距:将行距设置为该行最大字体的高度加上一小段额外距离。额外距离的大小取决于所用的字体,单位为点数。一般默认五号字体的单倍行距为12磅。
- 1.5倍行距:1.5倍行距为单倍行距的1.5倍。例如,对于字号为10磅的文本,在使用1.5倍行距时,行距约为15磅。
- 2倍行距:2倍行距为单倍行距的2倍。例如,对于字号为10磅的文本,在使用2倍行距时,行距约为20磅。
- 最小值:行距至少是输入的值,如果文档行含有较大的字符,会相应地增加行距。
- 固定值:行距是输入的值。
- 多倍行距:按输入的倍数改变行距。例如,输入"2",则行距变为正常行距的2倍。

5 段落布局工具

WPS文字提供了段落布局工具,使用它可以更为直观地对段落进行各种属性的设置,设置段落布局的具体操作步骤如下。

步骤1 将光标置于需要调整的段落中,此时光标左侧会出现"段落布局"工具按钮 。

步骤2 单击"段落布局"工具按钮,光标所在段落的周围会出现可以调节的工具框,将鼠标指针移动到该工具上方,即可采用拖动的方式对各种段落属性进行设置,如图3-32所示。

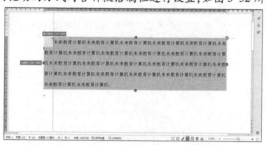

图3-32　使用段落布局工具设置段落属性

请注意　若要使用段落布局工具,必须确保"开始"选项卡中的"显示/隐藏编辑标记"下拉列表框中的"显示/隐藏段落布局按钮"选项处于选中状态。

3.3.3 设置特殊格式

1 设置边框和底纹

为了使文档更美观,或者为了突出显示某些内容,用户常常选择为文本内容加上边框或底纹,在WPS文字中可以对文字、段落应用边框和底纹,也可以对整个页面应用边框。

对文档中的目标对象应用边框和底纹的具体操作步骤如下。

步骤1 选择要应用边框和底纹的文字,在"页面布局"选项卡中单击"页面边框"按钮,如图3-33(a)所示,弹出"边框和底纹"对话框。

步骤2 在"边框"选项卡中分别设置边框样式、线型、颜色、宽度,然后将"应用于"设置为"文字",如图3-33(b)所示。

(a)单击"页面边框"按钮

(b)设置边框样式

图 3-33　文字边框设置步骤

步骤3 单击"底纹"选项卡,在"填充"下拉列表框中选择适当的填充颜色,在"样式"下拉列表框中选择适当的样式,然后将"应用于"设置为"文字",再单击"确定"按钮,如图 3-34 所示。设置完边框和底纹的效果如图 3-35 所示。

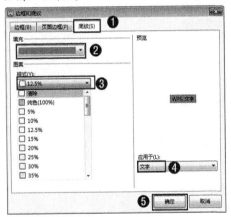

图 3-34　设置底纹样式

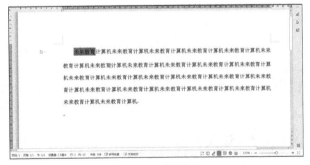

图 3-35　效果图

> **请注意**　页面边框的设置方法与文字、段落的边框设置方法类似,在弹出的"边框和底纹"对话框的"页面边框"选项卡中进行设置即可,但是在选择"应用于"范围时,应该选择"整篇文档"或者"本节",也可以选择"艺术型"边框效果。

② 设置分栏

设置分栏可以丰富排版样式,具体的操作步骤如下。

步骤1 选择要设置分栏的文本内容,在"页面布局"选项卡中单击"分栏"按钮,再在弹出的下拉列表框中选择"更多分栏"选项,如图 3-36 所示。

图3-36 分栏设置步骤1

步骤2 弹出"分栏"对话框,在"预设"组中单击想要使用的分栏格式(也可以在"栏数"微调框中设置相应的栏数),分别设置栏宽、间距、应用范围和分隔线,单击"确定"按钮完成设置,如图3-37所示。

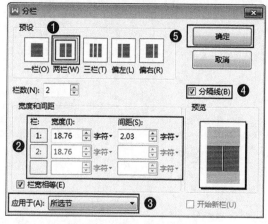

图3-37 分栏设置步骤2

在设置分栏时,要注意选择"应用于"下拉列表框中的选项。选择不同的选项,分栏设置会应用于不同的范围。

- 整篇文档:选择此选项,则整篇文档都应用分栏设置。
- 所选文字:选择此选项,只对选择的文本内容应用分栏设置,其他未选择的内容不受影响。
- 所选节:选择此选项,只对当前节中的内容应用分栏设置,其他节的内容不受影响。
- 插入点之后:如果不选择文本内容就直接打开"分栏"对话框,则在"应用于"下拉列表框中会出现此选项。选择此选项后,将对光标后的内容应用分栏设置。

选择分栏内容后,在"分栏"对话框中将"栏数"设置为"1",即可取消分栏设置。

3 设置项目符号和编号

项目符号和编号是处理文档列表信息的格式工具。WPS文字可以自动建立这些元素,如对由相关信息构成的、没有特别顺序的项目使用项目符号列表,对有特别顺序的项目使用项目编号列表等。

建立项目符号或编号列表时,每个段落都被看作一个分开的列表,并都可应用属于自己的项目符号或编号。

(1)设置项目符号。

步骤1 选择要设置项目符号的文本内容,在"开始"选项卡中单击"项目符号"下拉按钮,在打开的下拉列表框中选择需要的项目符号选项,如图3-38(a)所示。

步骤2 如果没有符合要求的项目符号,则选择"自定义项目符号"选项。

步骤3 弹出"项目符号和编号"对话框,在"项目符号"选项卡中任选一种项目符号样式,激活"自定义"按钮,然后单击"自定义"按钮,如图3-38(b)所示。

步骤4 在弹出的"自定义项目符号列表"对话框中单击"高级"按钮,可展开更多选项,以设置其他辅助选项,如图3-38(c)所示。

步骤5 单击"字符"按钮,弹出"符号"对话框,在"符号"选项卡中选择需要的符号,如图3-38(d)所示。单击"插入"按钮后返回相应的对话框,依次单击"确定"按钮即可完成设置。

(a)选择项目符号

(b)单击"自定义"按钮

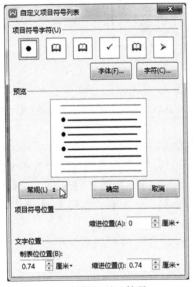

(c)自定义项目符号

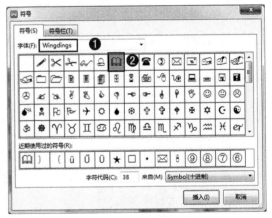

(d)选择符号

图3-38 项目符号设置步骤

请注意：单击"自定义项目符号列表"对话框中的"高级"按钮,展开更多选项后,"高级"按钮变为"常规"按钮。

(2)设置编号。

设置编号的方法和设置项目符号的方法相似。如果要在输入文本内容时自动建立编号列表,可进行如下操作。

步骤1 选择要设置编号的文本内容,在"开始"选项卡中单击"编号"下拉按钮,在打开的下拉列表框中选择需要的编号,如图3-39(a)所示。

步骤2 如果没有符合要求的编号,则选择"自定义编号"选项,如图3-39(b)所示。

步骤3 弹出"项目符号和编号"对话框,在"编号"选项卡中任意选择一种编号样式,激活"自定义"按钮,然后单击"自定义"按钮,如图3-39(c)所示。

步骤4 在弹出的"自定义编号列表"对话框中的"编号样式"下拉列表框中选择一个样式,单击"高级"按钮,可展开更多选项,以设置其他辅助选项,设置完成后单击"确定"按钮,如图3-39(d)所示。

(a)选择编号

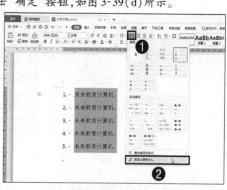

(b)选择"自定义编号"选项

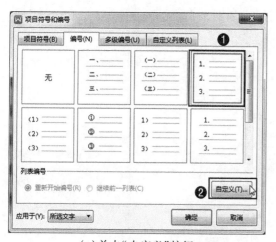

(c)单击"自定义"按钮

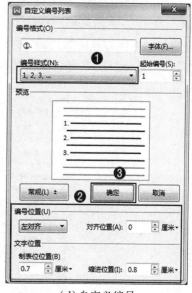

(d)自定义编号

图3-39 编号设置操作

请注意

(1)单击"自定义编号列表"对话框中的"高级"按钮,展开更多选项后,"高级"按钮变为"常规"按钮。
(2)取消项目符号或者编号的方法是在项目符号或者编号下拉列表框中选择"无"选项。

4 页面背景

在默认情况下,页面的背景颜色是白色,在WPS文字中可以将纯色、渐变色、纹理、图案和图片作为页面的背景。

在"页面布局"选项卡中单击"背景"下拉按钮,在弹出的下拉列表框中可以选择填充颜色或者使用渐变色、纹理、图案、水印等作为页面的背景,如图3-40所示。

如果希望以图案为页面的背景,可以在"背景"下拉列表框中选择"其他背景"→"图案"选项,弹出"填充效果"对话框,在"图案"选项卡中选择合适的图案后单击"确定"按钮,如

图3-41所示。

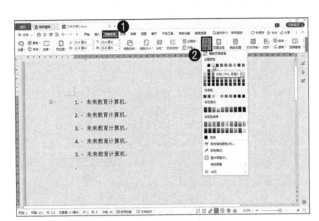

图3-40　设置页面背景　　　　　图3-41　设置图案填充效果

若要以水印为页面的背景,可以在"背景"下拉列表框中选择"水印"→"插入水印"选项,弹出"水印"对话框,设置水印后单击"确定"按钮,如图3-42所示。

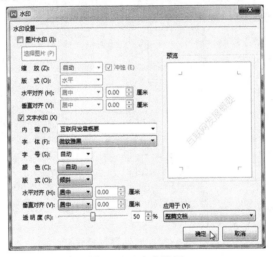

图3-42　水印设置

5　首字下沉

"首字下沉"中的"首字"是指段落中的第一个字,"下沉"是将"首字"放大,以占据下面几行的位置。设置首字下沉的具体操作步骤如下。

🔵步骤1 选择要设置首字下沉的文字,单击"插入"选项卡中的"首字下沉"按钮,如图3-43(a)所示。

🔵步骤2 弹出"首字下沉"对话框,单击"下沉"或"悬挂",并根据需要设置首字的"字体""下沉行数""距正文"选项,设置完成后单击"确定"按钮,如图3-43(b)所示。

(a)单击"首字下沉"按钮

(b)在"首字下沉"对话框中进行设置

图 3-43　首字下沉设置步骤

6　使用格式刷

文本内容是可以复制、粘贴的,这样能使用户免做一些重复的工作。那么,格式是否也可以复制、粘贴呢？答案是可以的。WPS 文字提供了格式刷工具,即"开始"选项卡中的"格式刷"按钮。使用格式刷复制格式的具体操作步骤如下。

步骤1 选择某部分内容(可以是一个字符,也可以是一段文字)。

步骤2 单击"开始"选项卡中的"格式刷"按钮 。

步骤3 当鼠标指针变成刷子形状时"刷"一下目标内容(拖选目标内容),即可完成格式的复制操作。

> **请注意**
> - 单击"格式刷"按钮,只能复制一次格式。
> - 双击"格式刷"按钮,可以多次复制格式。
>
> 退出格式刷状态的方法是按"Esc"键或再次单击"格式刷"按钮。

3.4　WPS 文字中的页面排版

3.4.1　页面设置

在 WPS 文字中,关于页面设置的功能都集中在"页面设置"对话框中,单击"页面布局"选项卡中的"页面设置"对话框启动器按钮,可以弹出"页面设置"对话框,如图 3-44 所示,在此对话框中可以进行页边距、纸张、版式、文档网格和分栏的设置,具体的内容如图 3-45 所示。

图 3-44　启动"页面设置"对话框

(a)"页边距"选项卡　　　　　　　　(b)"纸张"选项卡

 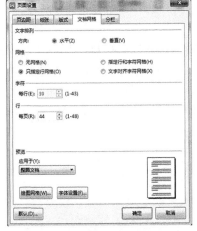 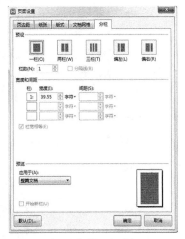

(c)"版式"选项卡　　　　(d)"文档网格"选项卡　　　　(e)"分栏"选项卡

图 3-45　"页面设置"对话框

各选项卡的主要功能如下。

- "页边距"选项卡:可以设置正文与纸张边缘的距离,即上、下、左、右 4 个页边距;可以根据需要设置装订线的位置和宽度;可以选择页面方向为"纵向"和"横向";在下方的"预览"组中可以选择应用范围为"整篇文档"或者"插入点之后"。
- "纸张"选项卡:可在"纸张大小"下拉列表框中选择不同规格的纸张。如果选择了"自定义大小",还可以通过设置"宽度"和"高度"来获得各种规格的纸张。
- "版式"选项卡:可以设置页眉和页脚为"奇偶页不同"或"首页不同",以及页眉和页脚与边界的距离。
- "文档网格"选项卡:可以为文档指定网格,以及设置每页的行数和每行的字符数。
- "分栏"选项卡:可以对文档进行分栏设置。

请注意　改变页边距不会影响页眉和页脚与边界的距离。分栏的操作和第 3.3.3 小节中的分栏操作相似。

"页面设置"对话框的各个选项卡中都有一个"应用于"下拉列表框,其功能是指定页面设置应用的范围。

"应用于"下拉列表框中各选项的功能如下。
- 整篇文档:将页面设置应用于打开的整个文档中。
- 插入点之后:将页面设置应用于光标后的内容。
- 本节:将页面设置应用于光标所在的节中(如果文档未分节,则没有该选项)。
- 所选文字:将页面设置应用于文档中已选择的内容(如果未选择文档内容,则没有该选项)。

 请注意　　如果选择了文档内容,并且在"应用于"下拉列表框中选择了"所选文字"选项,则所选内容将自动成为单独的一节。

3.4.2 页眉页脚和页码设置

1 页眉页脚设置

文档中的页眉或页脚是在每一页的顶部(页眉)或底部(页脚)显示的内容。页眉或页脚可以显示页码、章节题目、作者名字或其他信息。

进入页眉页脚编辑界面的方法有以下两种。

方法1:在页面的顶部(页眉位置)或底部(页脚位置)双击,进入页眉页脚编辑界面。

方法2:单击"插入"选项卡中的"页眉和页脚"按钮,进入页眉页脚编辑界面,如图3-46所示。

图3-46　页眉页脚编辑界面

给文档插入页眉和页脚的具体操作步骤如下。

步骤1 双击页面的顶部(页眉位置)或底部(页脚位置),进入编辑状态,在页眉编辑区中输入相应的文字,并设置文字的格式。

步骤2 设置完成后,在"页眉和页脚"选项卡中单击"关闭"按钮,就可以退出编辑状态。

步骤3 按照相似的操作步骤为文档插入页脚。

 请注意　　当进入页眉和页脚编辑状态时,正文内容会变成灰色,并且不能对其进行编辑。

2 页码设置

一页以上的文档通常需要插入页码,具体的操作步骤如下。

步骤1 单击"插入"选项卡中的"页码"下拉按钮,在弹出的下拉列表框中选择一种预设页码样式,如图3-47所示。

步骤2 也可以自定义页码格式,选择"页码"下拉列表框中的"页码"选项,在弹出的"页码"对话框中设置"样式"和"位置"后单击"确定"按钮，如图 3-48 所示。

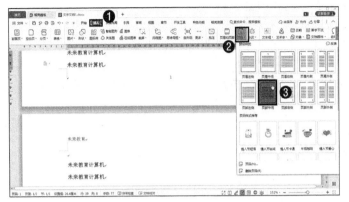

图 3-47　插入页码

图 3-48　自定义页码格式

 请注意　　单击页码后，页码周围会出现可以调节的方框，拖动方框可以调整页码位置。

3.4.3　打印与打印预览

编辑、排版好一篇文档后，就可以将它打印出来。

WPS 文字提供了多种打印方式，可以单独打印一页文档，也可以打印文档中的某几页。打印前要确认计算机中已经安装了打印机。

打开"文件"菜单，选择"打印"→"打印预览"命令，可以查看打印效果，如图 3-49 所示。在打印预览界面中也可以调整显示的比例。

如果对打印预览效果比较满意，可单击"直接打印"下拉按钮，在弹出的下拉列表框中选择"打印"选项，弹出"打印"对话框，如图 3-50 所示。

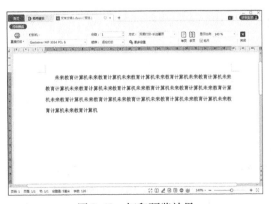

图 3-49　打印预览效果

图 3-50　"打印"对话框

在文档编辑界面下,可以使用"Ctrl"+"P"组合键打开"打印"对话框。单击快速访问工具栏中的"直接打印"按钮 会直接打印文档,而不会打开"打印"对话框。

可以在"打印"对话框中设置各种打印条件,如打印的份数、打印的范围等,设置完成后单击"确定"按钮进行打印。

> **请注意**　如果需要打印文档的第 1、4、7 页,就可以在"打印"对话框中的"页码范围"文本框中输入"1,4,7",隔开数字的逗号要使用英文输入状态下的逗号。如果需要打印文档的第 8 页到第 12 页,可以在"页码范围"文本框中输入"8 - 12",这里用到的" - "也必须是英文输入状态下的符号。

3.5　WPS 文字中的图形设置

3.5.1　图形的插入

在 WPS 文字中可以使用由多种应用程序制作的图片,包括 Windows 的画图程序、WPS 的绘图程序、Photoshop 及 AutoCAD 等,可以插入的图片格式有 .jpg、.gif、.bmp、.tif 等。

1　插入图片

在 WPS 文字中插入图片的具体操作步骤如下。

步骤1 单击"插入"选项卡中的"图片"按钮,弹出"插入图片"对话框,如图 3-51 所示。

图 3-51　"插入图片"对话框

步骤2 在对话框中浏览并选中需要插入的图片对象,单击"打开"按钮,该图片便插入文档中当前光标所在的位置了。

2　绘制形状

WPS 文字中可供插入的形状类型有:线条、矩形、基本形状、箭头总汇、公式形状、流程图、星与旗帜、标注等。绘制形状的具体操作步骤如下。

步骤1 单击"插入"选项卡中的"形状"下拉按钮,在弹出的下拉列表框中选择所需的形状,如图 3-52 所示。

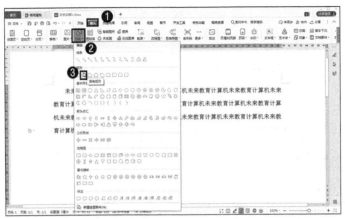

图 3-52　选择要绘制的形状

步骤2 此时鼠标指针在编辑区中变为黑色十字形,按住鼠标左键并拖动即可绘出相应的形状。

请注意　图片和形状的区别在于:图片放大后可能会失真,但形状的大小可以任意调节。在"绘图工具"选项卡中单击"编辑形状"按钮,可以对绘制好的形状进行更改。

3.5.2　图片和形状的格式设置

单击图片或者形状后,图片或者形状四周会出现 8 个控制点,拖动这 8 个控制点可以改变图片或者形状的大小,同时出现图 3-53 所示的"图片工具"或"绘图工具"选项卡。利用"图片工具"或者"绘图工具"选项卡可以设置图形的环绕方式、大小、位置、轮廓等。

(a)"图片工具"选项卡

(b)"绘图工具"选项卡

图 3-53　图形上下文选项卡

下面介绍图片和形状的一些常用格式的设置方法。

1　改变图片的大小和位置

改变图片的大小和位置的方法有以下两种。

方法 1:手动调整,具体操作步骤如下。

步骤1 单击需要改变大小和位置的图片,图片四周会出现 8 个控制点,同时打开"图片工具"选项卡。

步骤2 将鼠标指针移动到图片中的任意位置,按住鼠标左键并拖动,可以移动图片到新的位置。

步骤3 将鼠标指针移动到控制点上,当鼠标指针变成水平、垂直或斜对角的双向箭头时,按住鼠标左键沿箭头方向拖动可以改变图片在水平、垂直或斜对角方向上的大小。

方法 2:精确调整,具体操作步骤如下。

步骤1 使用鼠标右键单击需要设置大小和位置的图片,在弹出的快捷菜单中选择"其他布局选项"命令,弹出"布局"对话框。

步骤2 在"大小"选项卡中按照需求设置图片的大小。

步骤3 切换到"位置"选项卡,按照需求设置图片的位置。

> **请注意**
> ①如果图片的环绕方式为"嵌入型",就无法在"布局"对话框中设置图片的位置。
> ②如果对设置的图片大小不满意,可以选中图片,再单击"图片工具"选项卡中的"重设大小"按钮。
> ③勾选"锁定纵横比"复选框后,对高度或宽度任意设置一个值,另外一个值也会发生变化。如果图片的高度和宽度都需要发生变化,在调整图片的高度和宽度之前,需要先取消勾选"锁定纵横比"复选框。

2 图片的裁剪

改变图片的大小不会改变图片的内容,仅仅是按比例放大或缩小图片。要裁剪图片中的某一部分,可以使用"裁剪"功能,具体的操作步骤如下。

步骤1 单击需要裁剪的图片,图片四周会出现 8 个控制点,同时打开"图片工具"选项卡。

步骤2 单击"裁剪"按钮,移动鼠标指针到图片的右下角,此时鼠标指针变为" "形状,表示可以使用裁剪功能。

步骤3 将鼠标指针移动到图片裁剪框的控制点上,按住鼠标左键并拖动,即可裁剪图片。如果在拖动鼠标指针的同时按住"Ctrl"键,可以对称裁剪图片。

步骤4 裁剪操作完成后,再次单击"裁剪"按钮,或者按"Esc"键可退出裁剪功能,此时图片仅保留了需要的部分。

> **请注意**
> 单击快速访问工具栏中的"撤销"按钮可撤销所做的裁剪操作。

3 图片的环绕方式

插入图片的环绕方式默认为"嵌入型"。在"图片工具"选项卡中单击"环绕"下拉按钮,在出现的下拉列表框中选择一种环绕类型,如"四周型环绕",即可修改图片的环绕方式。各种环绕方式的功能如表 3-9 所示。

表 3-9　　　　　　　　　各种环绕方式的功能

环绕方式	功能
嵌入型	图片同文档中的文字一样插入文档中
四周型环绕	文字环绕在图片四周
紧密型环绕	文字紧密环绕在图片定位点外,常用于形状不规则的图片
衬于文字下方	文字位于图片上方,可以对图片进行遮挡
浮于文字上方	图片位于文字上方,可以对文字进行遮挡
上下型环绕	文字位于图片上方和下方
穿越型环绕	文字围绕着图片的顶点

4 为图片添加边框

为图片添加边框的具体操作步骤如下。

步骤1 单击需要添加边框的图片,图片四周会出现 8 个控制点,同时出现"图片工具"选项卡。

步骤2 在"图片工具"选项卡中单击"图片轮廓"下拉按钮,在弹出的下拉列表框中选择"图片边框"选

项,在右侧出现的子列表中选择一种图片边框样式。

5 在绘制的形状中添加文字

可以在绘制的形状中添加文字,具体的操作步骤如下。

步骤1 将鼠标指针移动到要添加文字的形状中,使用鼠标右键单击该形状,弹出快捷菜单。
步骤2 选择快捷菜单中的"添加文字"命令,此时光标定位到形状内部。
步骤3 输入文字。

请注意 　在形状中添加的文字可与形状一起移动,用户也可以对文字格式进行编辑。

6 形状的颜色、线条和效果

利用"绘图工具"选项卡中的"填充""轮廓""形状效果"下拉按钮,可以为封闭的形状填充颜色,为形状的线条设置线型和颜色,为形状添加阴影、发光效果等,具体的操作步骤如下。

步骤1 在"绘图工具"选项卡中单击"填充"下拉按钮,弹出下拉列表框,可以从中选择一种颜色,也可以设置形状的图片、渐变或纹理填充效果。
步骤2 在"绘图工具"选项卡中单击"轮廓"下拉按钮,弹出下拉列表框,可以从中选择一种颜色,也可以设置轮廓的粗细、虚线线型和箭头样式。
步骤3 在"绘图工具"选项卡中单击"形状效果"下拉按钮,弹出下拉列表框,可以从中选择一种效果。

7 图片和形状的叠放次序

当多个图片和形状对象重叠在一起时,新的图片或形状会覆盖其他图形。使用"绘图工具"选项卡可以调整各图形之间的叠放次序,具体的操作步骤如下。

步骤1 选中要确定叠放次序的图形对象。
步骤2 在"绘图工具"选项卡中单击"上移一层"或"下移一层"下拉按钮,在弹出的下拉列表框中设置需要的叠放次序。

3.5.3 文本框的使用

文本框是一个独立的对象,其中的文字和图片会随它一起移动,它与给文字添加的边框是不同的。

1 绘制文本框

在"插入"选项卡中单击"文本框"下拉按钮,在打开的下拉列表框中选择"横向"、"竖向"或"多行文字"选项,当鼠标指针移到文档中时,鼠标指针会变为"十"字形状,按住鼠标左键并拖动即可绘制所需的文本框,放开鼠标左键后光标在文本框中,此时可以在文本框中输入文本或插入图片。

2 改变文本框的位置、大小和环绕方式

(1)改变文本框的位置。
①移动文本框。
将鼠标指针指向文本框的边框线,当鼠标指针变成"十"字形形状时,按住鼠标左键并拖动即可移动文本框。
②复制文本框。
选中文本框,在移动文本框的同时按住"Ctrl"键,可以复制该文本框。

(2)改变文本框的大小。

选中文本框,它的周围会出现8个控制点,向内或向外拖动控制点,可以改变文本框的大小。

(3)改变文本框的环绕方式。

选中文本框,在"绘图工具"选项卡中单击"环绕"下拉按钮,在弹出的下拉列表框中选择需要的环绕方式,即可改变文本框的环绕方式。

3 设置文本框格式

在"绘图工具"选项卡中,可以对文本框的形状样式进行设置。例如,若需要改变文本框的填充颜色及其边框线的线型和颜色,具体的操作步骤如下。

步骤1 选中文本框。
步骤2 切换到"绘图工具"选项卡。
步骤3 单击"填充"下拉按钮,在弹出的下拉列表框中选择要填充的颜色。
步骤4 单击"轮廓"下拉按钮,在弹出的下拉列表框中选择边框线的线型和颜色。

3.6 WPS 文字中的表格设置

相比文字而言,表格更加简单、直观。表格的使用范围越来越广,我们在工作、学习和生活中经常需要制作一些表格,如班级成绩表、月收入支出表、工资表等。WPS 文字提供了强大的表格处理功能,可以帮助我们制作各种美观、实用的表格。

3.6.1 表格的创建

1 使用虚拟表格创建表格

使用虚拟表格创建表格的具体操作步骤如下。

步骤1 在"插入"选项卡中单击"表格"下拉按钮,在弹出的下拉列表框的虚拟表格中移动鼠标指针,选择需要的行数和列数,如选择8行6列,如图3-54所示。

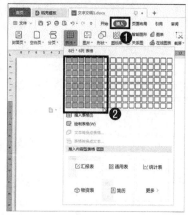

图3-54 使用虚拟表格创建表格

步骤2 单击即可在光标所在处插入一个表格。

请注意 在虚拟表格中最多可以选择8×17的表格,这表示使用这种方法最多只能创建8行17列的表格。

2 使用"插入表格"命令创建表格

使用"插入表格"命令创建表格的具体操作步骤如下。

步骤1 单击"插入"选项卡中的"表格"下拉按钮,在弹出的下拉列表框中选择"插入表格"选项。

步骤2 弹出"插入表格"对话框,在"列数"和"行数"微调框中输入表格的列数和行数。这里以创建一个 6 行 8 列的表格为例,设置"列数"为"8","行数"为"6",如图 3-55 所示。

步骤3 单击"确定"按钮即可创建表格。

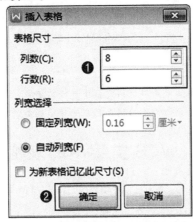

图 3-55 使用"插入表格"对话框创建表格

 请注意

选择列宽的方式有两种:固定列宽和自动列宽。
选择"固定列宽"单选按钮,可以直接在右侧的微调框中输入列的宽度值。
选择"自动列宽"单选按钮,则生成的表格会根据当前页面编辑区域的宽度自动调整列宽,以占满整个页面编辑区域。

3 使用固定格式的文本创建表格

可以使用"文本转换成表格"选项将具有固定格式的文本内容直接转换成表格。具体操作步骤如下。

步骤1 选中需要转换为表格的文本。

步骤2 单击"插入"选项卡→"表格"下拉按钮→"文本转换成表格"选项,如图 3-56 所示。

步骤3 在弹出的"将文字转换成表格"对话框中选择"制表符"单选按钮,再单击"确定"按钮,如图 3-57 所示。

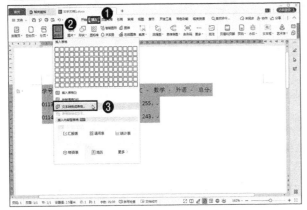

图 3-56 将文本转换为表格步骤 1

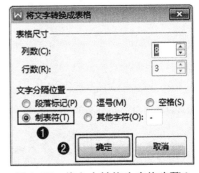

图 3-57 将文本转换为表格步骤 2

请注意

使用“文本转换成表格”选项时，需要先将文本内容用段落标记或者制表符与其他内容区分开，然后在“将文字转换成表格”对话框的“文字分隔位置”组中选择“段落标记”“逗号”“空格”“制表符”“其他字符”等单选按钮。

3.6.2 表格的基本操作

1 编辑表格内容

单击表格中的任意一个单元格，光标就会出现在此单元格中。这时此单元格处于可编辑状态，可以在其中输入文字、插入各种符号及图片等。

使用鼠标或键盘都可以在表格中移动光标。如果使用鼠标，则只需单击光标要移动到的单元格即可。使用键盘移动光标的方式如表 3-10 所示。

表 3-10 使用键盘移动光标的方式

按键	功能
↑	向上移动一个单元格
↓	向下移动一个单元格
←	向左移动一个单元格
→	向右移动一个单元格
Tab	移至下一个单元格
Shift + Tab	移至上一个单元格

2 移动和缩放表格

移动鼠标指针，使其指向表格的任意位置，表格的左上角会出现一个十字形箭头标记，拖动它可以移动表格。将鼠标指针移至表格的右下角，当鼠标指针变成形状时，按住鼠标左键将其拖动到适当的位置后放开鼠标左键，即可使表格放大或缩小。移动或缩放表格的方法展示如图 3-58 所示。

学号	姓名	性别	班级	语文	数学	外语	总分
0113	张强	男	1 班	85	79	91	255
0114	王丽丽	女	2 班	77	81	85	243

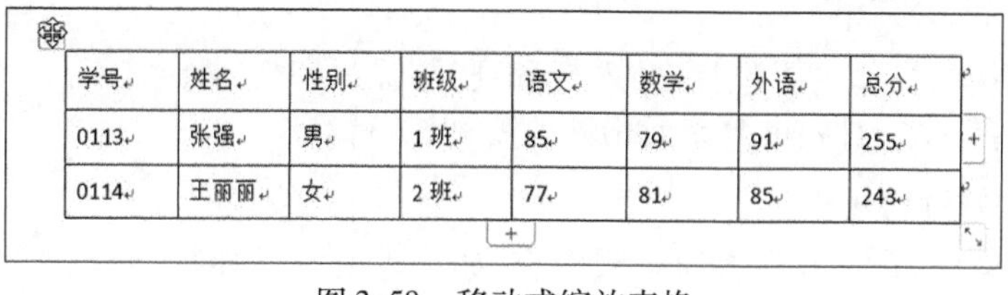

图 3-58 移动或缩放表格

3 选择表格中的内容

设置表格中内容格式的方法与设置正文内容格式的方法一样，首先应选择相应的对象。表格中可选择的对象有很多，如一个单元格、一列、一行或单元格中的文本。选择的方法有两种：一种是使用菜单命令选择，另一种是使用鼠标或键盘选择。

(1)使用菜单命令选择。

步骤1 将光标定位在表格的某一单元格中。

步骤2 单击“表格工具”选项卡中的“选择”下拉按钮，打开下拉列表框。

步骤3 选择“单元格”、“列”、“行”或“表格”选项即可选择相应的内容。这里选择“列”选项，如图 3-59 所示。

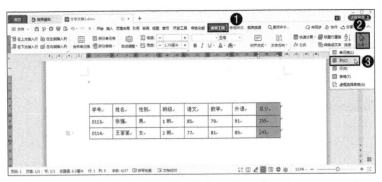

图 3-59 选择一列

（2）使用鼠标或键盘选择。

使用鼠标或键盘选择表格内容的方法如表 3-11 所示。

表 3-11　　　　　　　　使用鼠标或键盘选择表格内容的方法

选择内容	方法
选择一个单元格	将鼠标指针指向单元格的左边框,当鼠标指针变成➡形状时,单击
选择一行	将鼠标指针指向该行的左侧,当鼠标指针变成➚形状时,单击
选择一列	将鼠标指针指向该列顶端,当鼠标指针变成⬇形状时,单击
选择下一个单元格中的文本	按"Tab"键
选择上一个单元格中的文本	按"Shift"+"Tab"组合键
选择连续多个单元格、多行或多列	在要选择的单元格、行或列上拖动鼠标指针;或者先选择某个单元格、行或列,然后在按"Shift"键的同时选择其他单元格、行或列

> **请注意**　无论是选择了单元格、行、列,还是整个表格,在文本编辑区的任意位置单击都可取消选择。

3.6.3　修改表格结构

修改表格结构的操作主要包括:插入行和列、删除行和列、插入单元格、删除单元格、合并单元格、拆分单元格和改变列宽、行高。

学习提示
【应用】修改表格结构的操作:插入、删除行和列,插入、删除单元格,合并、拆分单元格,设置行高、列宽。

1　插入、删除行和列

插入一个表格后,有时需要增加一些内容,如在表格中增加行、列或单元格。有时需要删去一些内容,如删除行、列或单元格。

（1）插入行和列。

要在表格中插入列,必须先选择插入列的位置,然后执行相应的命令。插入列的操作方法有两种。

方法 1:在"表格工具"选项卡中单击"在左侧插入列"或"在右侧插入列"按钮,如图 3-60 所示。

图 3-60　在表格中插入列

方法2：选择列后，单击鼠标右键，在弹出的快捷菜单中选择"插入"命令，再选择"列（在左侧）"或"列（在右侧）"命令可以在左侧和右侧插入列，如图3-61所示。

使用快捷菜单插入行的方法与插入列的方法的不同之处是选择的是"行"，而不是"列"。可以一次选择多行或多列，然后进行多行或多列的插入。

（2）删除行和列。

在表格中删除行和列的操作非常简单，先选择要删除的行或列，再单击"开

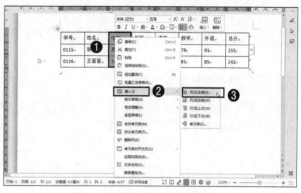

图3-61　使用快捷菜单插入列

始"选项卡中的"剪切"按钮或按"Ctrl"+"X"组合键；也可以在"表格工具"选项卡中单击"删除"下拉按钮→"行"或"列"选项。

若要删除整个表格，可以在"表格工具"选项卡中单击"删除"下拉按钮→"表格"选项。

2　插入、删除单元格

插入单元格的方法与插入行、插入列的方法有所区别。先选择单元格，再在"表格工具"选项卡中单击"插入单元格"对话框启动器按钮，如图3-62（a）所示，此时弹出"插入单元格"对话框，如图3-62（b）所示，这里有4种插入单元格的方式可供选择。

- 活动单元格右移：插入单元格后，光标所在的单元格将向右移动。
- 活动单元格下移：插入单元格后，光标所在的单元格将向下移动。
- 整行插入：在当前插入单元格的位置插入行，原单元格所在行下移。
- 整列插入：在当前插入单元格的位置插入列，原单元格所在列右移。

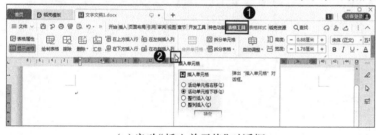 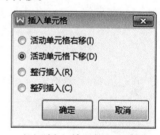

（a）启动"插入单元格"对话框　　　　　　　　　　（b）"插入单元格"对话框

图3-62　使用"插入单元格"对话框

当要删除单元格时，应先选中要删除的单元格，再使用鼠标右键单击该单元格，在弹出的快捷菜单中选择"删除单元格"命令。此时将打开图3-63所示的"删除单元格"对话框，可以从中选择一种删除单元格的方式。

图3-63　"删除单元格"对话框

123

请注意 使用"剪切"命令不能删除单元格,只能删除单元格中的文本。

3 合并或拆分单元格

平时需要用到的表格并不都是规则的表格。例如,图 3-64 所示的复杂表格是很难通过前面介绍的创建表格的办法制作成功的。

图 3-64 复杂表格

使用 WPS 文字的"合并单元格""拆分单元格"功能可以很容易地制作出结构复杂的表格。

(1)合并单元格。

步骤1 创建一个新表格,选中需要合并的几个相邻单元格,如图 3-65 所示。

步骤2 单击鼠标右键,在弹出的快捷菜单中选择"合并单元格"命令,如图 3-66 所示。

图 3-65 合并单元格步骤1　　　　　　　　图 3-66 合并单元格步骤2

步骤3 单元格合并后的效果如图 3-67 所示。

图 3-67 单元格合并后的效果

(2)拆分单元格。

步骤1 将光标定位在要拆分的单元格内,单击鼠标右键,在弹出的快捷菜单中选择"拆分单元格"命令,如图 3-68 所示。

步骤2 在弹出的"拆分单元格"对话框中设置要拆分的列数和行数,如将单元格拆分为 2 行 4 列,单击"确定"按钮,如图 3-69 所示。

图 3-68　拆分单元格步骤 1　　　　　图 3-69　拆分单元格步骤 2

步骤3 拆分完成后的效果如图 3-70 所示。

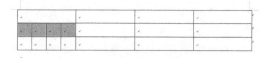

图 3-70　单元格拆分后的效果

4　设置表格的行高和列宽

设置表格列宽的方法有两种：一种是使用鼠标拖动，另一种是使用菜单命令。

方法 1：将鼠标指针停留在要更改宽度的列的边框上，当鼠标指针变为 ↔ 形状时，按住鼠标左键并拖动，直到得到所需的列宽后松开鼠标左键。

方法 2：使用菜单命令调整列宽的操作步骤如下。

步骤1 单击需要调整列宽的单元格，在"表格工具"选项卡中单击"表格属性"按钮。

步骤2 弹出"表格属性"对话框，单击"列"选项卡，在"指定宽度"微调框中输入所需的数值，最后单击"确定"按钮，如图 3-71 所示。

设置行高的方法与设置列宽的方法相似，需要注意的是，在单击"表格属性"对话框中的"行"选项卡后，要先勾选"指定高度"复选框，并在"行高值是"下拉列表框中选择"固定值"选项，然后在"指定高度"微调框中设置行高值，最后单击"确定"按钮，如图 3-72 所示。

图 3-71　设置列宽

图 3-72　设置行高

5. 绘制斜线表头

在实际工作中往往会遇到图 3-73 所示的带有斜线表头的表格。斜线表头可以使用菜单命令绘制,也可以手动绘制。这里重点介绍使用菜单命令绘制斜线表头的方法,具体的操作步骤如下。

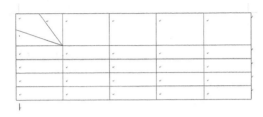

图 3-73 斜线表头

步骤1 单击需要添加斜线的单元格(一般是第 1 行的第 1 个单元格),在"表格样式"选项卡中单击"绘制斜线表头"按钮,如图 3-74(a)所示。

步骤2 弹出"斜线单元格类型"对话框,在其中选择一种表头类型,再单击"确定"按钮,如图 3-74(b)所示。

(a)单击"绘制斜线表头"按钮

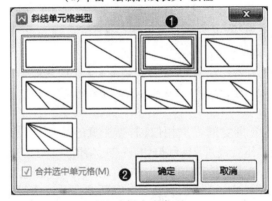

(b)选择表头类型

图 3-74 绘制斜线表头步骤

步骤3 在斜线表头中分别输入行标题和列标题。

3.6.4 设置表格样式

使用表格样式可以对表格外观进行修饰,增强表格的表现力。与文字或段落样式类似,表格样式就是预先设置好的针对表格行、列和单元格的边框与底纹及单元格中的文本格式的各种搭配组合。

【应用】套用表格样式。

在 WPS 文字中为表格应用样式的具体操作步骤如下。

步骤1 单击表格,或将光标置于表格的任意单元格中。

步骤2 "表格样式"选项卡被激活,在"表格样式"选项卡中选择一种样式,此时表格就应用了此种样式,效果如图 3-75 所示。

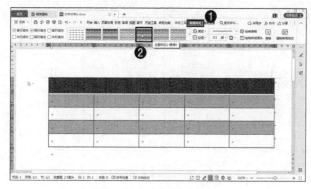

图 3-75　表格样式效果

WPS 文字为用户提供了多种不同风格、不同填充效果的内置样式,有浅色系、中色系和深色系 3 种类别,用户可以根据表格的结构和需要展示的内容选择合适的样式。在"表格样式"选项卡左侧有"首行填充""末行填充""隔行填充""隔列填充""首列填充""末列填充"6 种填充效果,用户可以根据需要自行选择。

3.6.5　设置表格格式

为了使表格更美观,还需要对表格的格式进行设置。

学习提示
【应用】设置表格的文字格式、边框和底纹。

1　表格内容居中显示

表格文字的修饰方式与普通文字的修饰方式相同,首先选择要修饰的文字,然后根据需要设置文字或段落格式。

向表格中输入文字后,有时需要让表格内的文字(尤其是表格第 1 行的文字——标题)居中显示。使用段落对齐功能设置标题行文字居中的效果如图 3-76 所示。

学号	班级	姓名	性别
00001	初三(一)	王刚	男
00002		田成	男
00003		李红	女
00004		黄明	男
00005		张娟	女
00006		孟强	男

图 3-76　使用段落对齐功能设置标题行文字居中的效果

设置文字居中后,有时也会遇到这样的问题:表格第 1 行的文字已经居中显示了,但表格还是很难看。这是为什么呢?原来,现在的居中是水平居中,文字在垂直方向上并没有居中。下面介绍将单元格中的文字设置为水平、垂直都居中的方法。

步骤1 选择第 1 行的所有单元格。

步骤2 在"表格工具"选项卡中单击"对齐方式"下拉按钮,在弹出的下拉列表框中选择"水平居中"选项,如图 3-77 所示。

步骤3 使用同样的方法设置第 2 行第 2 列单元格中的文字为水平、垂直居中,最终效果如图 3-78 所示。

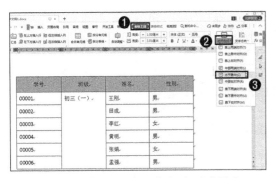

图 3-77 单元格中的文字水平、垂直居中　　图 3-78 第 2 行第 2 列单元格中的文字水平、
　　　　　　　　　　　　　　　　　　　　　　　　　　　垂直居中后的效果

② 设置边框和底纹

设置表格的边框、底纹等属性可以使表格更美观。表格边框的属性有线型、宽度、颜色等,用户还可以选择是否显示边框。

下面将以图 3-79 所示的班级成绩表为例介绍设置表格边框和底纹的方法。要求如下。

- 设置外侧框线为双实线,蓝色,3 磅。
- 设置内侧框线为单实线,红色,0.5 磅。
- 将表格第 1 行的底纹设置为绿色。

图 3-79 班级成绩表

要为一个表格设置不同宽度、线型和颜色的框线,可以通过"边框和底纹"对话框来实现。

(1)设置表格框线。

步骤1 选中整个表格。

步骤2 在"表格样式"选项卡中单击"边框"下拉按钮,在弹出的下拉列表框中选择"边框和底纹"选项,如图 3-80 所示。

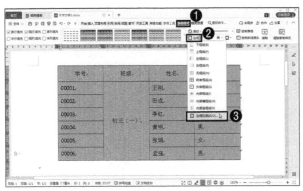

图 3-80 选择"边框和底纹"选项

步骤3 弹出"边框和底纹"对话框,在"边框"选项卡的"设置"组中选择"自定义"选项,在"线型"列表框中选择单实线,在"颜色"下拉列表框中选择"红色"选项,在"宽度"下拉列表框中选择"0.5 磅"选项,在"预览"组中单击相应的内侧框线按钮,如图 3-81 所示。

步骤4 设置"线型"为双实线、"颜色"为蓝色、"宽度"为"3 磅",设置完成后逐个单击"预览"组中对应的外侧框线按钮,如图 3-82 所示。

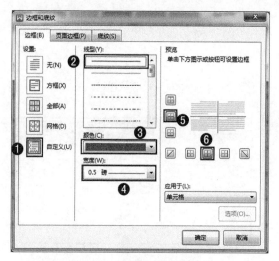
图 3-81 设置内侧框线样式

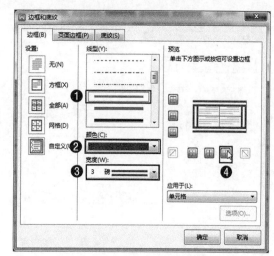
图 3-82 设置外侧框线样式

步骤5 在"边框和底纹"对话框的右下角还有一个"应用于"下拉列表框,其中有以下两个选项。

● 表格:将设置应用于整个表格。

● 单元格:设置仅应用于已选择的部分表格,可以是一个单元格,也可以是一行、一列。

根据要求,本例选择"应用于"下拉列表框中的"表格"选项。单击"确定"按钮,完成内外框线的样式设置,如图 3-83 所示。至此,表格内外框线的样式设置就完成了,效果如图 3-84 所示。

图 3-83 设置样式应用范围

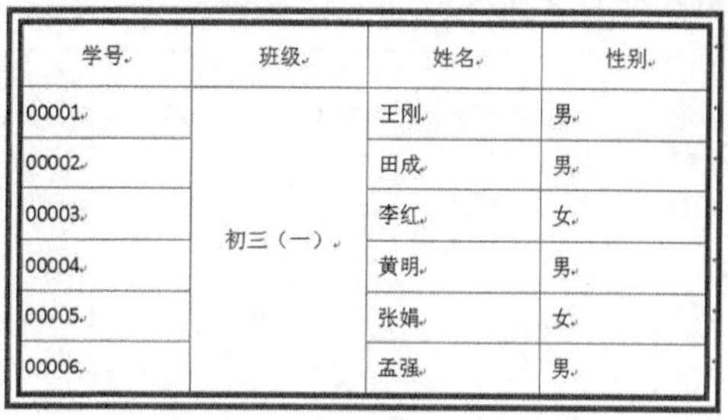

学号	班级	姓名	性别
00001		王刚	男
00002		田成	男
00003	初三(一)	李红	女
00004		黄明	男
00005		张娟	女
00006		孟强	男

图 3-84 设置表格边框样式后的效果

(2)设置底纹颜色。

设置底纹颜色的具体操作步骤如下。

步骤1 选中表格第 1 行,按照设置表格框线步骤 2 中的操作方法打开"边框和底纹"对话框。

步骤2 单击"底纹"选项卡,再单击"填充"下拉按钮,在弹出的下拉列表框中选择"标准颜色"组中的"绿色"(将鼠标指针悬停在某一个颜色上时,在颜色下方会显示其名称)选项,在"应用于"下拉列表框中选择"单元格"选项,单击"确定"按钮,如图 3-85 所示。至此,表格格式就设置完成了,效果如图 3-86 所示。

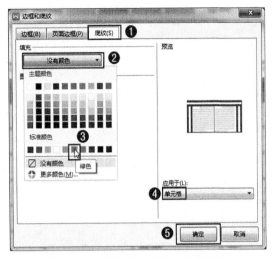

图 3-85　设置底纹颜色和应用范围　　　　图 3-86　设置边框和底纹后的效果

> **请思考**　为什么要在"应用于"下拉列表框中选择"单元格"选项呢？

3.6.6　表格内的数据操作

除上述操作外，还可以进行为表格数据排序、对表格数据求和等操作。

（1）为表格数据排序。

制作表格的目的是合理、有序地存放数据，以便对这些数据进行查询和计算操作。例如，现需将图 3-87 所示的班级成绩表中的所有数据按期中成绩由高到低排列。具体的操作步骤如下。

【应用】对表格内的数据进行排序、求和等操作。

图 3-87　班级成绩表

步骤1 将光标定位在要排序的任意单元格中。

步骤2 在"表格工具"选项卡中单击"排序"按钮。

步骤3 弹出"排序"对话框，在"列表"组中选择"有标题行"单选按钮，在"主要关键字"组中的下拉列表框中选择"期中成绩"选项，在"类型"下拉列表框中选择"数字"选项，再选择"降序"单选按钮，单击"确定"按钮，如图 3-88 所示。

排序后的效果如图 3-89 所示。

图 3-88 "排序"对话框

学号	姓名	性别	期中成绩	期末成绩	总成绩
00004	黄明	男	90	85	
00003	李红	女	87	89	
00002	田成	男	86	90	
00001	王刚	男	78	82	
00005	张娟	女	76	82	
00006	孟强	男	56	67	

图 3-89 排序后的效果

(2) 对表格数据求和。

用户还可以运用 WPS 文字的表格计算功能完成一些简单的表格数据计算。例如,计算图 3-90 所示的班级成绩表中每个学生的总成绩。

学号	姓名	性别	期中成绩	期末成绩	总成绩
00001	王刚	男	78	82	
00002	田成	男	86	90	
00003	李红	女	87	89	
00004	黄明	男	90	85	
00005	张娟	女	76	82	
00006	孟强	男	56	67	

图 3-90 班级成绩表

步骤1 选中第 2 行的倒数第 2、3 列的单元格。

步骤2 单击"表格工具"选项卡中的"快速计算"下拉按钮,在弹出的下拉列表框中选择"求和"选项,第 2 行的最后 1 列的单元格中出现"160",如图 3-91 所示。显然,"总成绩"的结果计算出来了。

学号	姓名	性别	期中成绩	期末成绩	总成绩
00001	王刚	男	78	82	160
00002	田成	男	86	90	
00003	李红	女	87	89	
00004	黄明	男	90	85	

图 3-91 求和

下面几行的计算方法和上面的计算方法一样,例如选中第3行倒数第2、3列的单元格,按上面的步骤2操作即可计算出"田成"的总成绩。

在WPS文字的表格中不仅可以对数据求和,还可以求平均值、最大值、最小值等。

课后总复习

1. 请用WPS文字对素材文件夹下的文档"wps.docx"进行编辑、排版和保存,具体要求如下。
(1)删除文档中的所有空段,并将文档中的"北京礼品"一词替换为"北京礼物"。
(2)将标题"北京礼物Beijing Gifts"的字号设为小二号、颜色设为红色,并居中对齐,将其中的中文"北京礼物"的字体设为黑体,英文"Beijing Gifts"的字体设为"Times New Roman",再仅为英文添加圆点型着重号。将素材文件夹下的图片"gift.jpg"插入标题左侧。
(3)设置正文("来到北京……规范化、高效化的中国礼物")的字体格式为蓝色、小四号字,段落格式为首行缩进2字符、段前间距为0.5行、1.5倍行间距。
(4)将"'北京礼物'连锁店一览表"作为表格标题,并将其居中显示,将字体格式设为小三号字、楷体、红色。将表格标题下面的用制表符分隔的文本("编号……65288866")转换为一个表格,并将该表格的外框线格式设为蓝色、双细线、0.5磅,内框线格式设为蓝色、单细线、0.75磅,为第一行和第一列填充"浅绿"色。
(5)将表格的列宽依次设为15毫米、45毫米、95毫米、20毫米,将所有行的行高均设为固定值8毫米。将表格内容整体居中显示。将表格的第1行文字设为加粗、靠下居中对齐,第1列中的编号(1、2、……、15)设为水平、垂直均居中。
2. 打开素材文件夹下的素材文档"WPS.docx",后续操作均基于此文档,否则不得分。
在过去的一年里,公司取得了优异的成绩,公司董事决定邀请合作伙伴参加年度庆典大会,一起分享去年取得的硕果,请协助秘书小王制作邀请函。
(1)设置文档的页面布局。
①设置纸张方向为横向,纸张大小为16开。
②设置上、下页边距为2厘米,左、右页边距为3厘米。
③设置页面背景颜色为主题颜色"灰色-25%,背景2"。
(2)开启"显示段落标记"功能,将文档中的"手动换行符"全部替换为"段落标记",并删除所有的无内容段落。
(3)将文档题目"邀请函"的格式按以下要求设置。
①中文字体为黑体,字号为56磅,字符间距缩放值为170%。
②对齐方式为"居中对齐",段落间距为段前0行、段后1行。
③设置以下文本效果:艺术字样式为"渐变填充-亮石板灰",阴影效果为"内部右下角",发光效果为"灰色-50%,5pt发光,着色3"。
(4)将除文档题目以外的所有内容的格式按以下要求设置。
①中文字体为楷体,四号字。
②为"尊敬的"与"先生"中间的空白区域设置下划线。
③将"昂首是春……"所在的段落格式设置为首行缩进2字符,1.5倍行距。
④在"昂首是春……"所在的段落后插入一个空白段落。
(5)文档最后两行为时间和地点(以空格分隔),请将它们转换为一个2行2列的表格,并对表格进行以下操作。
①将表格尺寸设置为指定宽度18厘米,表格的对齐方式为"左对齐",并将左缩进设置为1厘米。
②将表格的"默认单元格边距"设置为上、下0.1厘米,左1厘米,右0.2厘米。
③将表格边框线设置为"单波浪线",为其应用主题颜色"灰色-25%,背景2,深色50%",设置其宽度为

1.5磅,并将表格边框设置为不显示"内部竖框线"。
④将表格第1列的宽度设置为指定宽度4厘米。
(6)为文档添加页脚,在页脚处插入图片"页脚.png",并按以下要求设置图片格式。
①取消图片的锁定纵横比设置,将图片大小设置为高10厘米、宽10厘米。
②将图片的文字环绕方式由默认的"嵌入型"修改为"衬于文字下方"。
③将图片固定在页面上的特定位置,并修改图片布局,使水平方向上的对齐方式为"右对齐",相对于页面;垂直方向上的对齐方式为"下对齐",相对于页面。

学习效果自评

本章中有很多操作性较强的内容,建议考生根据具体的操作流程来学习。本章与考试相关的内容通常以操作题的形式出现。下表是对本章比较重要的知识点进行的小结,考生可以用它来检查自己对这些知识点的掌握情况。

掌握内容	重要程度	掌握要求	自评结果
WPS文字的基础操作	★	WPS文字的窗口组成、视图、文档的保存等	□不懂 □一般 □没问题
WPS文字的文档编辑	★★	文本输入、符号插入、内容选取等	□不懂 □一般 □没问题
	★★	复制、移动文本	□不懂 □一般 □没问题
	★★★	查找与替换	□不懂 □一般 □没问题
WPS文字的文档排版	★★★★	字体格式设置	□不懂 □一般 □没问题
	★★★★	段落格式设置	□不懂 □一般 □没问题
	★★★★	特殊格式(如分栏、编号、首字下沉等)设置	□不懂 □一般 □没问题
WPS文字的页面排版	★★★	页边距设置和插入页眉页脚、页码	□不懂 □一般 □没问题
WPS文字的图形设置	★★★	图片的插入和格式设置	□不懂 □一般 □没问题
	★★	形状的绘制和格式设置	□不懂 □一般 □没问题
	★★	文本框的绘制和格式设置	□不懂 □一般 □没问题
WPS文字的表格设置	★★★★	新建表格、将文本转换为表格和单元格的合并、拆分	□不懂 □一般 □没问题
	★★★★	设置表格的行高和列宽	□不懂 □一般 □没问题
	★★★★	设置表格的边框和底纹	□不懂 □一般 □没问题

第4章
WPS表格的使用

章前导读

通过本章，你可以学习到：

◎ WPS表格的基础知识和基本操作
◎ WPS表格中单元格的格式设置
◎ WPS表格中图表的设置
◎ WPS表格中公式、函数的使用
◎ WPS表格中的数据分析和处理

本章评估		学习点拨
重要度	★★★★	在本章中，考生将接触到构成WPS表格的基本元素：工作簿、工作表和单元格。请务必理解相关概念，掌握各类操作方法。 本章的重点有两个：一是数据的分析及处理方法，如数据的排序、筛选、使用公式进行计算等；二是创建各类图表的方法。考生应关注具体的操作步骤，不断上机练习，做到熟练掌握相关操作。
知识类型	应用	
考核类型	操作题	
所占分值	20分	
学习时间	4课时	

本章学习流程图

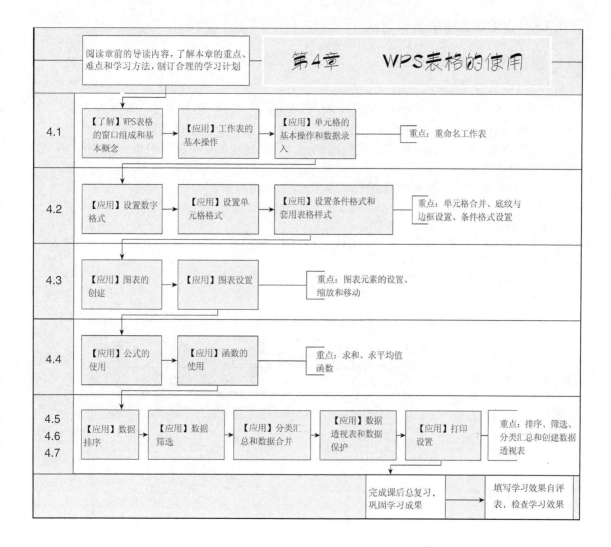

4.1 WPS表格的基本操作

本章介绍 WPS Office 的另一个重要组件——WPS 表格。WPS 表格是目前广泛使用的数据处理软件,可以用于各种数据的分析处理和打印输出等。

4.1.1 WPS表格的窗口组成

1 WPS 表格的启动和退出

(1)启动 WPS 表格。

方法 1:从"开始"菜单启动。单击"开始"按钮 ,选择"所有程序"→"WPS Office"命令,启动 WPS Office,在首页中单击"新建"→"表格"→"新建空白文档"按钮。

方法 2:双击 WPS Office 的桌面快捷图标,启动 WPS Office,在首页中单击"新建"→"表格"→"新建空白文档"按钮。

方法 3:双击已存在的 WPS 表格的文件图标。

(2)退出 WPS 表格。

退出 WPS 表格的方法也有多种。

方法 1:利用"文件"菜单。单击"文件"→"退出"命令。

方法 2:使用组合键"Alt"+"F4"。

方法 3:单击 WPS 表格标签右侧的"关闭"按钮。

2 窗口组成

WPS 表格窗口由工作簿标签栏、快速访问工具栏、选项卡、功能区和状态栏等组成,如图 4-1 所示。

图 4-1　WPS 表格的窗口组成

(1)工作簿标签栏。

工作簿标签栏位于窗口顶部,用来显示当前工作簿的名称。在标签栏的右侧是窗口控制按钮,从左到右依次为"最小化"按钮、"最大化"按钮及"关闭"按钮。

(2)快速访问工具栏。

快速访问工具栏包含用户常用的一些功能按钮,如保存、撤销、打印等按钮。用户也可以根据实际需要添加自己常用的一些功能按钮。

（3）选项卡。

WPS表格中的选项卡用来对各功能进行分类放置，默认的选项卡有"开始""插入""页面布局""公式""数据""审阅""视图"等。当在WPS表格中使用某些功能时,会激活相应的功能选项卡。

（4）功能区。

功能区是显示各选项卡所包含的具体功能项的区域,当单击某选项卡后,下方的功能区中会显示出该选项卡中的所有命令按钮,每个命令按钮用于执行不同的操作,从而实现相应的功能。

（5）数据编辑区。

数据编辑区用来输入或编辑当前单元格中的值或公式,由名称框、数据按钮和编辑栏3部分组成。在公式编辑状态和非编辑状态下,显示的数据按钮有所不同,如图4-2和图4-3所示。

图4-2　编辑状态　　　　　　图4-3　非编辑状态

（6）工作簿标签。

一个WPS表格可以包含多个工作簿,单击工作簿标签可以在不同的工作簿间切换。

（7）工作表标签栏。

工作表标签栏包括工作表标签和滚动条,单击不同的工作表标签可以切换不同的工作表。当工作表过多,窗口中无法显示全部的工作表标签时,单击工作表标签滚动按钮可以滚动显示工作表标签。

（8）状态栏。

状态栏用于显示与当前工作表中的编辑状态有关的信息,在状态栏右侧从左到右依次为5种视图模式的按钮:全屏显示、普通视图、分页预览、阅读模式和护眼模式。最右侧为当前视图模式下的显示比例和显示比例调节按钮,拖动中间的圆形滑块可以调节显示比例大小。

3　工作簿和工作表

工作簿是WPS表格中的一个名词,一个工作簿就是一个WPS表格文件,其中可以包含一个或多个表格。

什么是工作表呢？WPS表格工作簿中的一个表格就是一个工作表。工作簿就像一个本子,而工作表就是这个本子中的一页。

在WPS表格中,一个新工作簿默认只有一个工作表,WPS表格界面中的工作表标签也只有一个,名称为"Sheet1",一个工作表标签对应一个工作表。工作表标签的名称可以修改,工作表的个数也可以增减。改变新建工作簿的默认工作表数的方法:单击"文件"→"选项"命令,在弹出的"选项"对话框中单击"常规与保存"选项卡,在右侧"新工作簿内的工作表数"微调框中输入需要的工作表数。

4　单元格与当前单元格

单元格就是表格的行列交汇的区域,也就是我们平常所说的"表格中的一个格子"。单元格是WPS表格中最小、最基本的操作单位。一个工作表最多由1048576行和16384列组成。

把鼠标指针指向某个单元格并单击,此单元格四周的边框线会变成绿色粗线,此单元格就称为当前单元格。当前单元格的名称显示在上方的名称框中,当前单元格所在的行和列对应的行标和列标会变为浅绿色,当前单元格中的数据也会同时显示在编辑栏中。

4.1.2　WPS表格的基本操作

工作簿就是WPS表格文件,在WPS表格中对工作簿进行的基本操作包括新建工作簿、保存工作簿、打开工作簿和关闭工作簿,下面介绍具体的操作步骤。

① 新建工作簿

可以通过以下几种方法新建一个空白工作簿。
方法1：单击工作簿标签栏上的"新建标签"按钮 ╋ 。
方法2：单击"视图"选项卡中的"新建窗口"按钮。
方法3：单击"文件"→"新建"→"表格"→"新建空白文档"按钮。

② 保存工作簿

在WPS表格中，保存工作簿的方法有以下几种。
方法1：单击快速访问工具栏中的"保存"按钮 🖫 。
方法2：单击"文件"→"保存"命令，在弹出的"另存文件"对话框的"文件名"文本框中输入工作簿名称，再单击"位置"下拉按钮，在打开的下拉列表框中选择存放工作簿的位置，最后单击"保存"按钮。
方法3：单击"文件"→"另存为"命令，在弹出的"另存文件"对话框的"文件名"文本框中输入工作簿名称，再单击"位置"下拉按钮，在打开的下拉列表框中选择存放工作簿的位置，最后单击"保存"按钮。

③ 打开工作簿

打开工作簿的方法如下。
方法1：直接单击快速访问工具栏中的"打开"按钮（如果"打开"按钮未添加到快速访问工具栏中，可以通过"自定义快速访问工具栏"功能添加"打开"按钮）。
方法2：单击"文件"→"打开"命令。

④ 关闭工作簿

单击工作簿标签右侧的"关闭"按钮 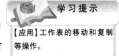，可以关闭工作簿。

4.1.3 工作表的基本操作

① 选中工作表

一个工作簿通常由多个工作表组成，但默认的工作表只有1个，用户可以根据需要自定义工作表数。方法：在"文件"菜单中选择"选项"命令，弹出"选项"对话框，单击"常规与保存"选项卡，在"新工作簿内的工作表数"微调框中输入需要的工作表数，如"3"，如图4-4所示。设置后通过"文件"菜单新建的工作簿中均有3个工作表，如图4-5所示，其中Sheet1工作表处于选中状态，如果要选中另外两个工作表，可以单击其工作表标签。

【应用】工作表的移动和复制等操作。

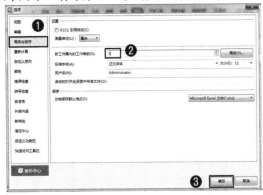

图4-4 设置新工作簿内的工作表数

图4-5 3个工作表

选中多个工作表的方法与选中多个单元格的方法类似。单击第一个工作表标签,在按住"Shift"键的同时单击最后一个工作表标签,可选中相邻的多个工作表。

按住"Ctrl"键单击要选中的工作表标签,可以选中不相邻的多个工作表。

使用鼠标右键单击工作表标签,在弹出的快捷菜单中选择"选中全部工作表"命令,可以选中全部工作表。

需要说明的是,如果同时选中的多个工作表中只有一个是当前工作表,则对当前工作表进行的编辑操作会应用到其他被选中的工作表中。如在当前工作表的某个单元格中输入了数据,或者进行了格式设置操作,则会对所有选中的工作表做相同的操作。

2 重命名工作表

重命名工作表的具体操作步骤如下。

步骤1 双击工作表标签,如双击"Sheet1",使标签文字进入可编辑状态,如图4-6所示。

步骤2 输入新工作表名称,如图4-7所示。

步骤3 单击工作表名称外的其他位置或者按"Enter"键,即可完成工作表的重命名操作。

图4-6 工作表标签文字的可编辑状态　　　　图4-7 输入新工作表名称

 请注意　也可以在工作表标签上单击鼠标右键,在弹出的快捷菜单中选择"重命名"命令来修改工作表的名称。

3 设置工作表标签的颜色

在工作表标签上单击鼠标右键,在弹出的快捷菜单中选择"工作表标签颜色",然后在"主题颜色"或"标准色"组中选择需要的颜色。

4 工作表的移动与复制

除了可以为工作表重命名和设置标签颜色外,还可以移动、复制工作表。移动或复制工作表的方法有以下两种。

(1)拖动法。

● 移动:按住鼠标左键拖动工作表标签,就可以将工作表移动到其他位置,如图4-8、图4-9和图4-10所示。

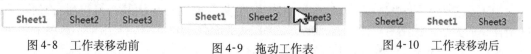

图4-8 工作表移动前　　　　图4-9 拖动工作表　　　　图4-10 工作表移动后

● 复制:在按住"Ctrl"键的同时按住鼠标左键拖动工作表标签,就可以复制该工作表,新工作表中的内容与原工作表一样。

(2)快捷菜单法。

通过工作表的快捷菜单可以完成对工作表的删除、重命名、新建、复制、移动等操作。移动工作表的具体操作步骤如下。

步骤1 用鼠标右键单击工作表标签,在弹出的快捷菜单中选择"移动或复制工作表"命令,如图4-11所示。

步骤2 弹出"移动或复制工作表"对话框,在"工作簿"下拉列表框中选择此工作表要移动到的工作簿,然后在"下列选中工作表之前"列表框中选择移动到工作簿的具体位置,单击"确定"按钮,完成工作表的移动操作,如图4-12所示。

如果勾选了"建立副本"复选框,则以上操作的结果就变成了复制工作表。

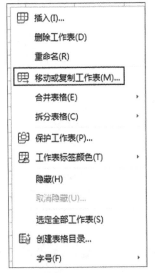
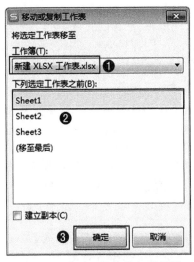

图 4-11　选择"移动或复制工作表"命令　　　图 4-12　移动工作表的相关设置

5　拆分与冻结工作表窗口

(1)拆分窗口。

在"视图"选项卡中单击"拆分窗口"按钮,即可将一个工作表窗口拆分成 4 个。

  拆分的起始位置为所选单元格的左上方。

(2)取消拆分。

在"视图"选项卡中单击"取消拆分"按钮,可以取消窗口的拆分。

(3)冻结窗口。

当工作表较大,无法显示工作表的所有内容,但是需要固定显示某些行与列时,便可采用冻结窗口的方法。冻结首行或者首列的方法如下:选中某个单元格,在"视图"选项卡中单击"冻结窗格"下拉按钮,在弹出的下拉列表框中选择"冻结首行"或者"冻结首列"选项。

如果需要同时冻结行和列,则需要选中需要冻结的行和列的相交处的右下角单元格。如果需要同时冻结首行和首列,则需要选中 B2 单元格,在"视图"选项卡中单击"冻结窗格"下拉按钮,在弹出的下拉列表框中选择"冻结至第 1 行 A 列"选项,如图 4-13 所示。

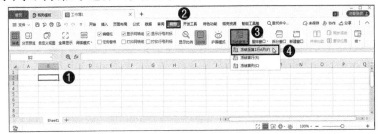

图 4-13　冻结窗格

再次在"视图"选项卡中单击"冻结窗格"下拉按钮,在弹出的下拉列表框中选择"取消冻结窗格"选项,即可取消冻结窗口。

4.1.4 单元格的基本操作

1 单元格地址

一个工作表中有很多单元格,每个单元格都有一个地址,地址由单元格的列号和行号组成,且列号在前,行号在后。列号为 A ~ Z、AA ~ AZ、BA ~ BZ、……、XFA ~ XFD,行号为 1 ~ 1048576,如 D3 就表示 D 列第 3 行的单元格。

多个连续单元格的地址可以用"最靠左上的单元格地址:最靠右下的单元格地址"的形式来表示,如 B3: C5。

多个不连续单元格的地址可以用"单元格地址 1,单元格地址 2,单元格地址 3,……"的形式来表示。

2 选中单元格

要对单元格进行操作,必须先选中单元格。选中单元格的某些方法和选中文件或文件夹的方法类似。

(1)选中单元格。

方法 1:使用鼠标和键盘。

- 单击某个单元格,可以选中这一个单元格。
- 按住鼠标左键的同时在表格中拖动鼠标指针,可以选中多个连续的单元格,如图 4-14 所示。
- 按住"Ctrl"键的同时单击单元格,可以选中多个不连续的单元格,如图 4-15 所示。
- 若要选中整个工作表的全部单元格,只需单击工作表左上角的全选按钮 。

图 4-14 选中多个连续的单元格

图 4-15 选中多个不连续的单元格

> **请注意** 选中整行或整列时相应的行号或列号会出现浅绿色底纹。

方法 2:在名称框中输入单元格地址。

有时需要快速选中一块连续的区域或某些不连续的单元格,这可以通过在名称框中输入单元格地址的方式来实现。

- 在名称框中输入连续单元格的地址,格式为"开始单元格地址:结束单元格地址",如 D4: H19,再按"Enter"键,如图 4-16 所示。
- 在名称框中输入不连续单元格的地址,格式为"单元格地址 1,单元格地址 2,单元格地址3,……",如"D4,E13,B11,F19",再按"Enter"键,如图4-17所示。

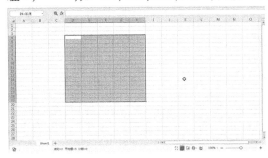

图4-16 选中连续的单元格

图4-17 选中不连续的单元格

(2)选中行和列。

选中一行(列)的方法:单击行号(列号)。

选中相邻多行(列)的方法:拖动以选中行号(列号),或选中第1行(列)的行号(列号)后按住"Shift"键,再单击最后1行(列)的行号(列号)。

选中不相邻行(列)的方法:按住"Ctrl"键,逐个单击行号(列号)(注意:与Windows 7中选中不相邻的文件或文件夹操作相似)。

(3)全选。

单击工作表A列左侧(第1行上方)的全选按钮,可以选中整个工作表。

 请注意　无论选中了什么样的单元格区域,只要单击任意一个单元格,就可以取消选中。

3 移动、复制单元格

除了前面介绍的方法外,在WPS表格中移动、复制单元格还有拖动法。

(1)使用拖动法移动单元格。

将鼠标指针移动到要移动的单元格的边框上,当鼠标指针变为"十"字形箭头时,按住鼠标左键并将其拖动到目标位置(这时会出现一个随鼠标指针移动的单元格粗线框),松开鼠标左键,即可完成单元格的移动,如图4-18和图4-19所示。

图4-18 移动单元格

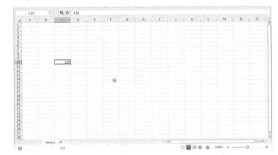

图4-19 移动单元格后的效果

(2)使用拖动法复制单元格。

在按住鼠标左键拖动单元格时按住"Ctrl"键,以上移动过程就会变成复制过程。

4 清除单元格

清除单元格不是删除单元格本身,而是清除单元格内的数据或格式。在WPS表格中清除单元格有以下 4 种选择。
- 全部。
- 格式。
- 内容。
- 批注。

如果是单纯地清除数据本身,可以在选中单元格后按"Delete"键。这种操作只清除单元格内的数据,不清除格式。若再向此单元格中输入数据,会自动为其应用未清除的格式。

有选择地清除的具体操作步骤如下。

步骤1 选中需要进行清除操作的单元格。

步骤2 单击"开始"选项卡中的"格式"下拉按钮,在弹出的下拉列表框中选择"清除"→"全部"或"格式""内容""批注"选项。这里以选择"格式"选项为例,如图 4-20 所示,清除效果如图 4-21 所示。选择不同的清除选项,产生的效果也不同。

图 4-20 清除格式

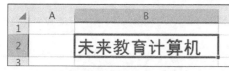
(a)原状态

(b)清除格式后

图 4-21 清除效果

5 插入行(列)和单元格

(1)插入行(列)。

插入行(列)的具体操作步骤如下。

步骤1 选中某行(列)。

步骤2 单击"开始"选项卡中的"行和列"下拉按钮,在弹出的下拉列表框中选择"插入单元格"→"插入行(列)"选项,如图 4-22 所示,可在该行(列)之前插入一行(列)。

(2)插入单元格。

插入单元格的具体操作步骤如下。

步骤1 选中某单元格。

步骤2 单击"开始"选项卡中的"行和列"下拉按钮,在弹出的下拉列表框中选择"插入单元格"→"插入单元格"选项。

步骤3 弹出"插入"对话框,如图 4-23 所示,在"插入"组中按需选择"活动单元格右移""活动单元格下移""整行"或"整列"单选按钮。

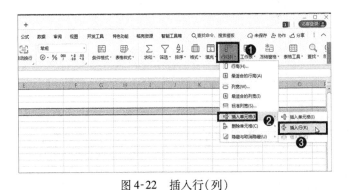

图 4-22 插入行(列)

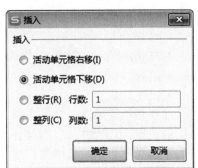

图 4-23 "插入"对话框

步骤4 单击"确定"按钮。

插入单元格和插入行(列)的操作顺序是一致的,但两者的具体操作有所区别:在插入单元格的操作中,"插入"对话框中有 4 种插入方式可以选择,选择不同的插入方式,插入效果是不同的。图 4-24(a)所示为表格的原状态,选中单元格 B2,其中的原数据为"5"。选择不同的插入方式时,对应的效果分别如图 4-24(b)~(e)所示。

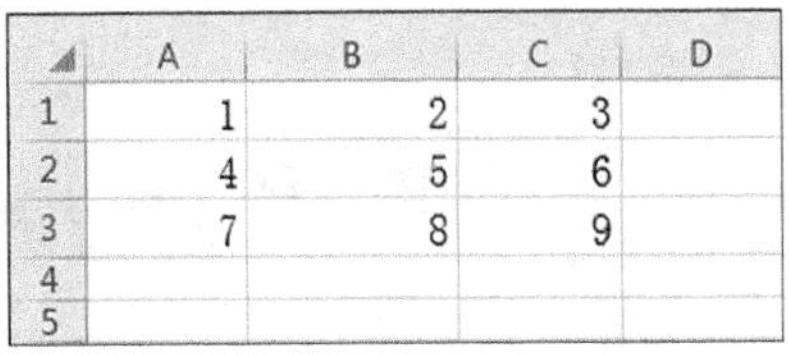

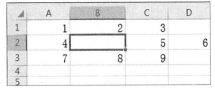

(a)原状态　　　　　　　　　　(b)选择"活动单元格右移"单选按钮

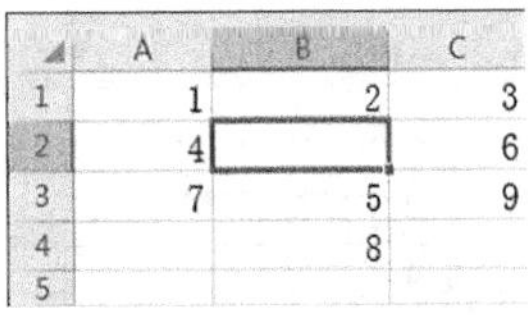

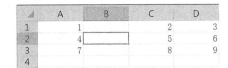

(c)选择"活动单元格下移"单选按钮 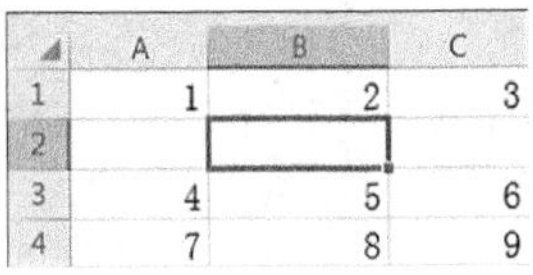　(d)选择"整行"单选按钮　(e)选择"整列"单选按钮

图 4-24 不同插入方式的效果

(3)删除单元格。

步骤1 选中需要删除的单元格。

步骤2 单击"开始"选项卡中的"行和列"下拉按钮,在弹出的下拉列表框中选择"删除单元格"→"删除单元格"选项。

步骤3 在弹出的"删除"对话框中选择"右侧单元格左移"或"下方单元格上移"单选按钮,如图 4-25 所示。

步骤4 单击"确定"按钮。

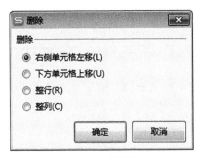

图 4-25 删除设置

6 合并与取消合并单元格

在 WPS 表格中可以将连续的单元格合并,使它们成为一个单元格,也可以将合并后的单元格取消合并。

(1)合并单元格。

步骤1 选中需要合并的单元格区域。

步骤2 单击"开始"选项卡中的"合并居中"下拉按钮,在弹出的下拉列表框中选择"合并居中""按行合并""合并单元格"或"跨列居中"等选项,如图4-26所示,完成单元格的合并。

图 4-26 选择合并选项

 请注意　如果合并的单元格包含数据,则合并后的单元格只保留合并区域左上角单元格中的数据,其他单元格中的数据会丢失。

(2)取消合并单元格。

单击"开始"选项卡中的"合并居中"下拉按钮,在弹出的下拉列表框中选择"取消合并单元格"选项即可。

7 重命名单元格

在 WPS 表格中任意选中一个单元格,其名称会自动显示在左上角的名称框中,其内容则显示在上方的编辑栏中。对当前选中的单元格或单元格区域重命名的具体操作步骤如下。

步骤1 选中单元格或单元格区域。

步骤2 直接在左上角的名称框中输入需要设置的名称。

步骤3 输入完成后,按"Enter"键确认,这样该单元格或单元格区域即被重命名。以后在引用该单元格或单元格区域时,就可以使用这个新的名称来表示该单元格或单元格区域。如将 A2:G46 单元格区域重命名为"成绩表",如图 4-27 所示。

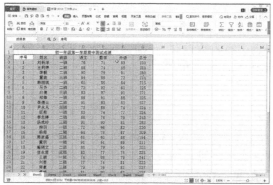

图 4-27 重命名单元格区域

8 添加、编辑或删除批注

批注是指为单元格添加注释。为一个单元格添加了批注后,该单元格的右上角会出现一个红色三角形标识,将鼠标指针指向这个单元格时会显示批注信息。

(1)添加批注。

选中要添加批注的单元格,在"审阅"选项卡中单击"新建批注"按钮,然后在弹出的批注框中输入批注文字,输入完成后,单击批注框外的工作表区域即可完成批注的添加。

(2)编辑或删除批注。

选中有批注的单元格,单击鼠标右键,在弹出的快捷菜单中选择"编辑批注"或"删除批注"命令,即可编辑或删除已有批注。

9 设置行高和列宽

设置行高和列宽的方法有很多,这里介绍两种常用的方法。

(1)拖动法。

如果对行高和列宽的尺寸没有精确要求,可以按照以下操作步骤进行设置。

步骤1 将鼠标指针移到不同行号(列号)之间,鼠标指针会变成 ✣ 或 ✥ 形状。

步骤2 按住鼠标左键左右(或上下)拖动,直到行高(或列宽)为自己满意的效果为止。拖动时会显示行高或列宽的值。

使用拖动法也可以同时设置多行(列)的行高(列宽)。操作方法是先选中多行(列),然后按照上述方法进行操作。

(2)菜单命令法。

使用菜单命令设置行高和列宽的操作步骤如下。

步骤1 选中1行(列)或多行(列)。

步骤2 单击"开始"选项卡中的"行和列"下拉按钮,在弹出的下拉列表框中选择"行高"或"列宽"选项。

步骤3 在弹出的"行高"或"列宽"对话框的微调框中输入合适的数值,单击"确定"按钮完成设置,如图4-28和图4-29所示。

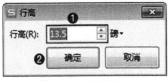
图 4-28 设置行高

图 4-29 设置列宽

请注意 在"行和列"下拉列表框中,除了有"行高""列宽"选项外,还有"最适合的行高""最适合的列宽"选项。选择这两个选项后,WPS 表格会自动为表格设置它认为最合适的行高和列宽。

4.1.5 数据输入

在 WPS 表格的工作表中输入数据时,一般只需要选中单元格,然后输入数据。下面介绍如何输入特殊数据、日期和时间、逻辑值等。

1 输入特殊数据

(1)输入长字符串。

例如,在 WPS 表格的工作表中输入"未来教育计算机等级考试",但是 WPS 表格默认的单元格宽度有限,无法显示这么多字符,需要进行相应设置才能将字符串全部显示出来。现在,在 B2 单元格中输入"1",在 A1、A2 单元格中分别输入"未来教育计算机等级考试",看一看输入这些字符后的效果。

在 WPS 表格中,当输入的字符串长度超出单元格的宽度时,存在两种显示情况。

● 如果右侧单元格无内容,长字符串的超出部分会在右侧的单元格中显示出来,如图 4-30 中的 A1 单元格。这看起来是长字符串覆盖了其他单元格,但实际上字符串还是仅在 A1 单元格中。

● 如果右侧单元格有内容,长字符串的超出部分会被隐藏起来,如图 4-30 中的 A2 单元格。

(2)输入长数值。

前面提到输入的字符串超出单元格宽度时存在两种显示情况,那么输入长数值会产生什么样的效果呢?例如我们分别输入 100、345.67、12345678901234567 这 3 个数值。前两个数值的显示没有什么问题,而最后一个长数值则显示成图 4-31 所示的效果。

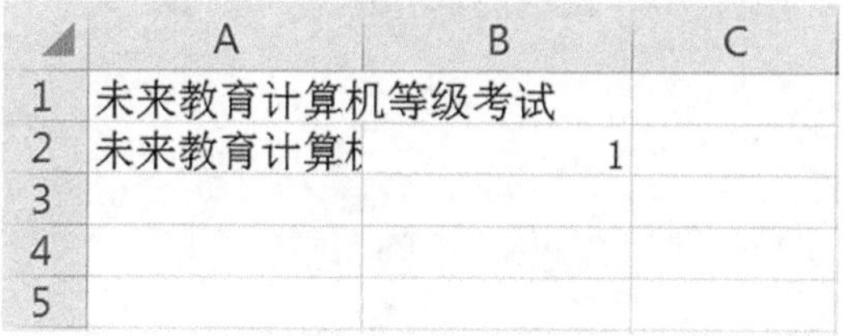

图 4-30 输入长字符串 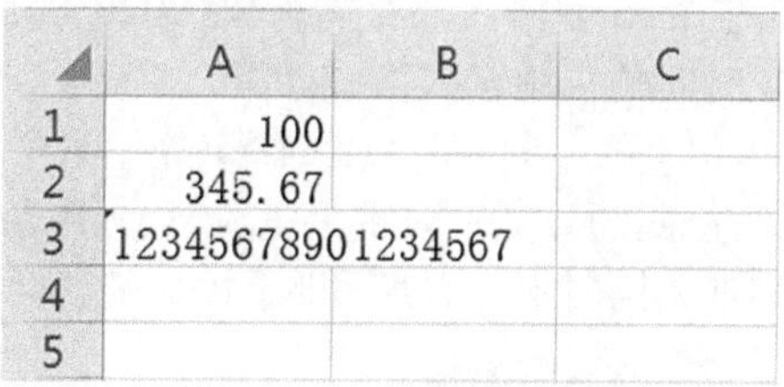　　图 4-31 输入长数值

这是怎么回事呢?在 WPS 表格中,如果输入的数值长度超过 11 位,数值就会自动转换成文本(字符串)。

数值一般由数字(0~9)、+、-、( )、E、e、%、$、¥、√、,、. 等组合而成。例如,+20、-5.24、4.23E-2、2,891、$234、30%、(863)等。其中"2,891"中的逗号","表示千位分隔符,"30%"表示 0.3,"(863)"表示 -863。

请注意　将超过 11 位的数值直接复制到单元格中,该数值会被转换为用科学计数法表示的数据。双击单元格进入编辑状态后长数值会自动转换为文本(字符串),数值中的加号、减号、逗号、括号等均为英文状态下的符号。

(3)输入数字字符串。

如果我们想要输入类似于"00001"的序号,在正常输入的情况下,前面的"0000"会被自动舍去,这样就无法实现我们的要求。下面介绍一种能避免这种问题出现的方法,那就是将数值当作字符串来输入。这样 WPS 表格就会认为这些数据是文本而不是数值,自然就不会随意"干预"了。当然这样做有一个缺点,就是这些数据无法参与计算。

在输入数值前输入一个英文状态下的单引号"'"就可以把输入的数值转换成字符串了。

在图 4-32 所示的 A1、A2 单元格中都输入"00001",其中 A1 单元格中的数据是作为字符串输入的,前面的"0000"没有被舍去;A2 单元格中的数据是作为数值输入的,前面的"0000"就被自动舍去了。

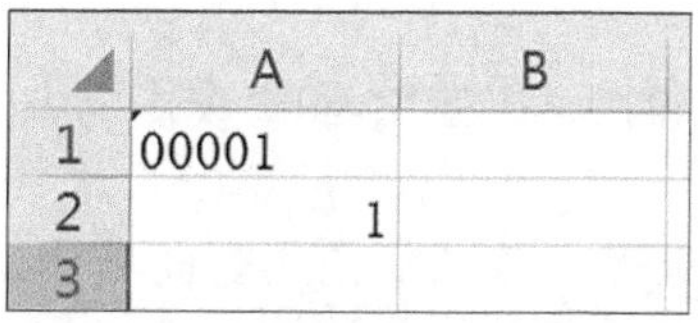

图 4-32 输入数字字符串

> 请注意
>
> 在WPS表格中，用户输入的所有要素都统称为"数据"，如汉字、英文、符号、数值等。数值和字符串在WPS表格中是有区别的：一是数值可以参与计算，而字符串不可以；二是两者显示的效果不同，数值会右对齐，而字符串是左对齐的，如图4-32所示。

② 输入日期和时间

在WPS表格中，输入的数据符合既定的日期或时间格式时，该数据将按日期或时间格式存储。以2020年8月8日为例，这个日期可以使用以下几种格式输入。

20/08/08　2020/08/08　2020 - 08 - 08　2 - Aug - 20　8/Aug/20

在WPS表格中，日期是用1900年1月1日起至该日期的天数存储的。例如，1900年1月2日在WPS表格内部存储为2，2020年5月20日在WPS表格内部存储为43971。

时间的常用输入格式如下。

20:35　7:15PM　18时55分　下午5时30分

注意：AM或A表示上午，PM或P表示下午。

如果同时输入日期和时间，系统就会将日期和时间组合起来，中间用空格分隔。

③ 输入逻辑值

逻辑值有两个：TRUE（真值）和FALSE（假值）。可以直接在单元格中输入逻辑值"TRUE"和"FALSE"，也可以输入计算结果为逻辑值的公式。

④ 检查数据的有效性

使用"数据有效性"对话框可以控制单元格可接收数据的类型和范围。

例如将学生各科考试成绩的输入范围设置为0～100的整数，设置数据有效性的具体操作步骤如下。

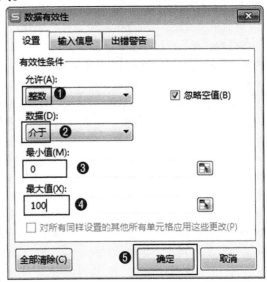

图4-33　设置数据有效性

步骤1 选中要设置数据有效性的单元格或单元格区域。

步骤2 单击"数据"选项卡中的"有效性"按钮，弹出"数据有效性"对话框。

步骤3 在"设置"选项卡中，在"有效性条件"组中的"允许"下拉列表框中设置数据类型，如设置为"整数"；在"数据"下拉列表框以及"最小值"和"最大值"文本框中设置要限定的数据范围，然后单击"确定"按钮，如图4-33所示。

用户在输入各科成绩时，如果输入的分值不是0～100的整数，系统就会弹出警告提示，阻止用户的输入。

⑤ 智能填充数据

当要输入一些有规律的数据时，可以使用WPS表格提供的智能填充功能。

（1）填充相同数据。

在A1单元格中输入"计算机等级考试"，使用智能填充功能实现数据的复制——把相邻的单元格也填充上同样的数据，具体的操作步骤如下。

步骤1 选中 A1 单元格,将鼠标指针指向单元格右下角后,鼠标指针变为黑色"十"字形状的填充句柄,如图 4-34 所示。

步骤2 按住鼠标左键拖动填充句柄到 A5 单元格。

步骤3 松开鼠标左键,填充完成,效果如图 4-35 所示。还可以横向填充,如横向拖动填充句柄到 E1 单元格,填充完成后的效果如图 4-36 所示。自动填充时,系统默认以序列的方式进行填充。

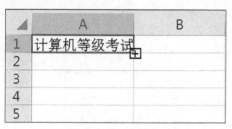
图 4-34 填充句柄

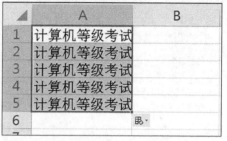
图 4-35 填充至 A5 单元格

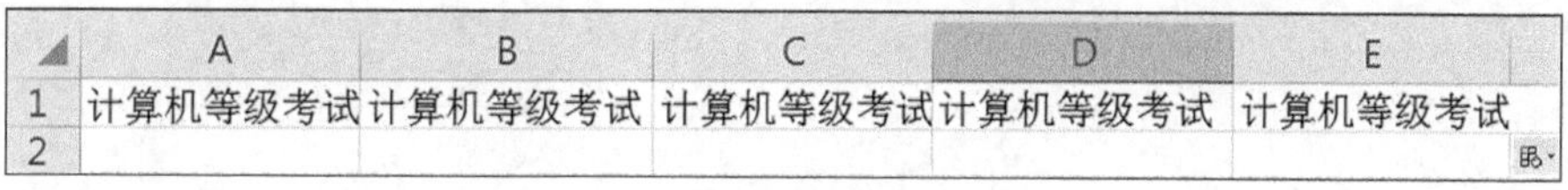

图 4-36 横向填充至 E1 单元格

(2) 设置自定义序列。

WPS 表格已经定义了一些常用的、有规律的数据。当输入一组这样的数据时,可以使用智能填充功能。例如输入"星期一",拖动填充句柄,可以在之后的单元格中按顺序智能填充"星期二""星期三"等。

像这样定义好的序列数据还有很多,如月份、季度、天干地支等。当然,还可以定义一些自己常用的序列数据,具体的操作步骤如下。

步骤1 单击"文件"→"选项"命令。

步骤2 在弹出的"选项"对话框中单击"自定义序列"选项卡。

步骤3 在"自定义序列"列表框中选择"新序列"选项,再在右侧的"输入序列"文本框中输入"红""橙""黄""绿""青""蓝""紫",每输入一个数据就执行一次换行命令,如图 4-37 所示。

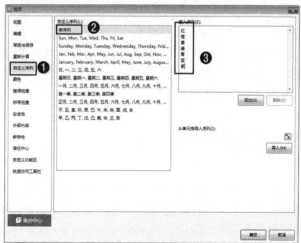
图 4-37 设置自定义序列

步骤4 单击"添加"按钮后,"自定义序列"列表框的最后一行就会显示刚输入的序列数据,单击"确定"

按钮,完成设置,效果如图 4-38 所示。

最后,在工作表中检验一下设置的效果:先在 A1 单元格中输入"红",拖动填充句柄至 A7 单元格,结果是 A2 到 A7 单元格分别被填充上了"橙""黄""绿""青""蓝""紫",表示设置成功,如图 4-39 所示。

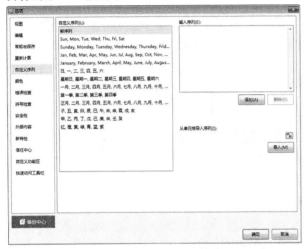

图 4-38　自定义序列设置结果　　　　图 4-39　自定义序列的填充效果

(3) 其他智能填充。

除了上面介绍的智能填充方法之外,还可以按照某种指定的规律(如等差规律)进行数据的智能填充。例如,在 A1 单元格中输入"1",在 A2 单元格中输入"2"。选中以上两个单元格后向下拖动填充句柄,此时系统会按照等差规律进行填充,在之后的单元格中输入 3、4、5、6……

选中两个单元格,在按住"Ctrl"键的同时拖动填充句柄,系统会反复填充 1、2、1、2……

4.2　WPS 表格的格式设置

4.2.1　设置数字格式

在 WPS 表格中,数字有不同的类型,如货币型、日期型、百分比型等,不同类型的数字的格式也不同。当输入数字时,WPS 表格会自动判断数字的类型,并为其设置相应的格式。如输入"＄1234",系统就会认为这是一个货币型数字,并将其格式设置为"＄1,234"。

【应用】设置数字格式。

下面介绍几种常用的数字类型及对应的格式。

- 常规格式:没有任何格式的数字。
- 数值格式:用于一般数字的表示,可以设置小数位数、千位分隔符、负数的不同表现形式,如 -123.45 或 (123.45)、3,456。
- 货币格式:可以为数字设置货币单位,如 ¥456、＄23,456。
- 日期、时间格式:可以选择不同的日期、时间格式,如 2008-08-08 17:15。
- 百分比格式:设置数字为百分比格式,如 100%。
- 文本格式:设置数字为文本。此类数字不可以参与计算。
- 特殊格式:可以将数字格式设置为常用的中文大小写数字、邮政编码或人民币大写格式。

在图 4-40 所示的工作表中,"单价(元)"列、"金额(元)"列中的数字要设置为货币格式(人民币),并且要保留两位小数,具体的操作步骤如下。

步骤1 同时选中"单价(元)"列和"金额(元)"列中相应的单元格区域,如图 4-40 所示。

图 4-40 设置货币格式步骤 1

步骤2 使用鼠标右键单击选中的区域,在弹出的快捷菜单中选择"设置单元格格式"命令,如图 4-41 所示。

图 4-41 设置货币格式步骤 2

步骤3 弹出"单元格格式"对话框,在"数字"选项卡中的"分类"列表框中选择"货币"选项,在"小数位数"微调框中输入"2",并在"货币符号"下拉列表框中选择"¥"选项,最后单击"确定"按钮,如图 4-42 所示。

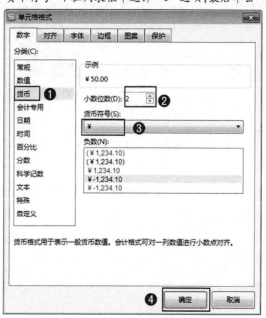

图 4-42 设置货币格式步骤 3

设置货币格式后的效果如图 4-43 所示。

	A	B	C	D	E
1	一季度销售情况表				
2	商品名称	单价（元）	数量（件）	金额（元）	
3	鼠标	￥50.00	150		
4	键盘	￥60.00	100		
5	显示器	￥700.00	20		
6					

图 4-43　设置货币格式后的效果

设置格式后发现"金额（元）"列的数据还是空白的，是没有成功为它设置数字格式吗？带着这个疑问我们实际操作看看。我们把计算得到的金额数值输入相应的单元格，发现输入的数字自动转换成货币型了，如图 4-44 所示。

	A	B	C	D	E
1	一季度销售情况表				
2	商品名称	单价（元）	数量（件）	金额（元）	
3	鼠标	￥50.00	150	￥7,500.00	
4	键盘	￥60.00	100	￥6,000.00	
5	显示器	￥700.00	20	￥14,000.00	
6					

图 4-44　填入数值后的效果

这是怎么回事呢？原来，若已为单元格设置了格式，不管单元格中有没有数据，设置的格式都是存在的。输入的新数据会默认应用为单元格设置的格式。即使该单元格中有数据，数据改变后，格式依然保留。

4.2.2　设置单元格格式

1　设置字符格式

在 WPS 表格中设置字符格式的方式和在 WPS 文字中的相似，选中单元格后，可以在"开始"选项卡中设置字符的字体、字号、颜色、粗体、斜体等格式，如图 4-45 所示。

【应用】设置字符格式、居中显示、底纹和边框。

图 4-45　设置字符格式

2　设置标题居中

一般而言，表格的第一行为标题行。在图 4-46 所示的表格中，"一季度销售情况表"就是这个表格的标题。标题一般位于表格的正中间，且文字在一个单元格中。

	A	B	C	D	E
1	一季度销售情况表				
2	商品名称	单价（元）	数量（件）	金额（元）	
3	鼠标	￥50.00	150	￥7,500.00	
4	键盘	￥60.00	100	￥6,000.00	
5	显示器	￥700.00	20	￥14,000.00	
6					

图 4-46　一季度销售情况表

(1) 合并居中单元格。

以图 4-46 所示的表格为例，将标题设置为居中的具体操作步骤如下。

步骤1 选中表格范围内的第一行单元格，这里选中 A1：D1 单元格区域。

步骤2 单击"开始"选项卡中的"合并居中"按钮，如图 4-47 所示。

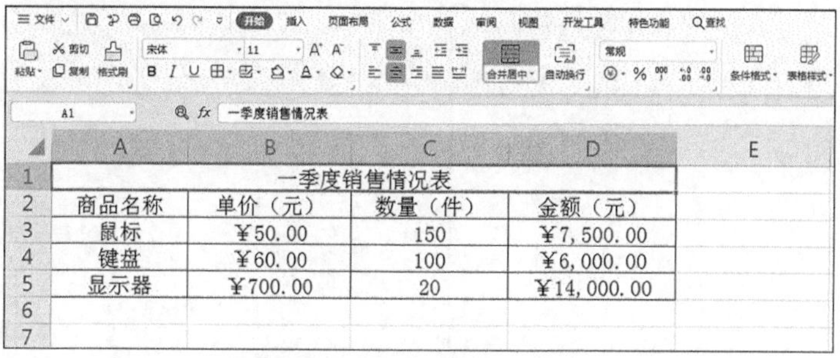

图 4-47　单击"合并居中"按钮

如果合并的多个单元格区域中有两个以上的单元格中有数据，WPS 表格会弹出对话框，要求用户根据需要选择合并方式，如图 4-48 所示。

(2) 取消合并单元格。

单击"开始"选项卡中的"合并居中"下拉按钮，在弹出的下拉列表框中选择"取消合并单元格"选项，即可取消合并单元格。

(3) 合并后单元格的地址。

如果把 A1、B1、C1 单元格合并，那么合并后就只有一个单元格，其单元格地址就是第一个单元格的地址，即 A1，如图 4-49 所示。

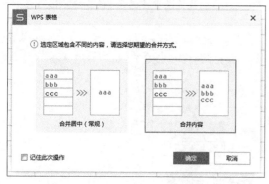

图 4-48　选择合并方式

图 4-49　合并后单元格的地址

3　设置数据对齐

与 WPS 文字中的表格一样，WPS 表格中的数据对齐方式也分为水平对齐和垂直对齐两种。水平对齐可以通过"开始"选项卡中的 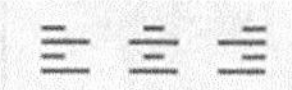 按钮设置，垂直对齐可以通过"开始"选项卡中的 按钮设置。数据对齐的方式还可以通过"单元格格式"对话框中的"对齐"选项卡来设置，如图 4-50 所示。

设置的垂直、水平对齐方式不同，其效果也不相同，如图 4-51 所示。

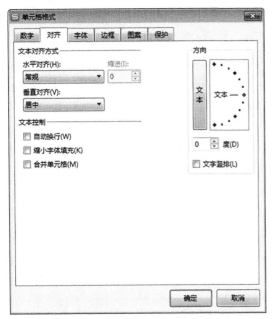

图 4-50 "对齐"选项卡　　　　图 4-51 不同的对齐效果

4 设置底纹

为了使表格更加美观,可以为表格添加颜色或图案,也就是常说的"底纹"。底纹同样要在"单元格格式"对话框中设置,具体的操作步骤如下。

步骤1 选中要添加颜色或图案的单元格,单击鼠标右键,在弹出的快捷菜单中选择"设置单元格格式"命令,弹出"单元格格式"对话框。

步骤2 单击"图案"选项卡,在"颜色"中选择相应的填充颜色,在"图案样式"下拉列表框中选择合适的图案,在"图案颜色"下拉列表框中选择合适的图案颜色,单击"确定"按钮,完成设置,如图4-52所示。

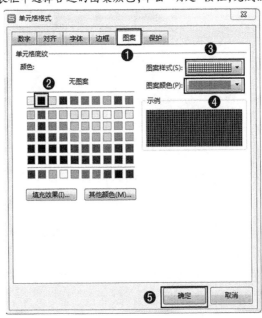

图 4-52 设置单元格的图案和颜色

5 设置边框

现在，工作表的数据已经输入完成了，格式也设置完毕了。但在打印表格时却惊讶地发现表格没有边框。我们在 WPS 表格中看到的一个个单元格不是由框线构成的吗？

其实，WPS 表格中原始的单元格框线只是虚拟线条，不是实实在在的框线，要进行相应的设置才能为表格加上框线。

设置表格框线的方法有以下两种。

（1）使用下拉列表框简单设置。

步骤1 选中需要设置框线的单元格区域，单击“开始”选项卡中的“边框”下拉按钮 ，弹出下拉列表框，如图 4-53 所示。

步骤2 在“边框”下拉列表框中可以选择不同的框线类型，为表格设置不同的框线效果。一般情况下选择“所有框线”选项。选择“所有框线”选项后，表格的框线就出现了。

（2）在对话框中详细设置。

上述设置方法虽然操作简单，却无法用来设置复杂的框线，如为不同框线设置不同的颜色和线型等。要完成这些复杂的设置，就必须使用“单元格格式”对话框。

例如，制作图 4-54 所示的表格，要求将外框线设置为红色粗实线，内框线设置为蓝色细实线，具体的操作步骤如下。

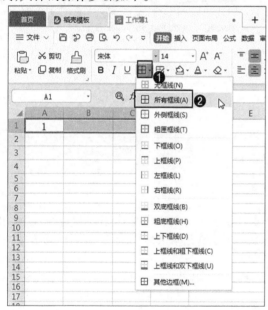

图 4-53 “边框”下拉列表框

初一年级第一学期期中测试成绩						
序号	姓名	班级	语文	数学	外语	总分
1	刘杨洋	一班	76	71	83	230
2	王莉婷	二班	88	74	88	250
3	李毓	二班	90	79	91	260
4	董旎	三班	54	88	72	214
5	韩丽琪	一班	65	86	64	215
6	马齐	二班	72	92	61	225
7	白倩	三班	83	97	91	271
8	郑锋	一班	88	51	86	225
9	李倩云	二班	91	83	83	257
10	尹永凡	三班	72	88	74	234

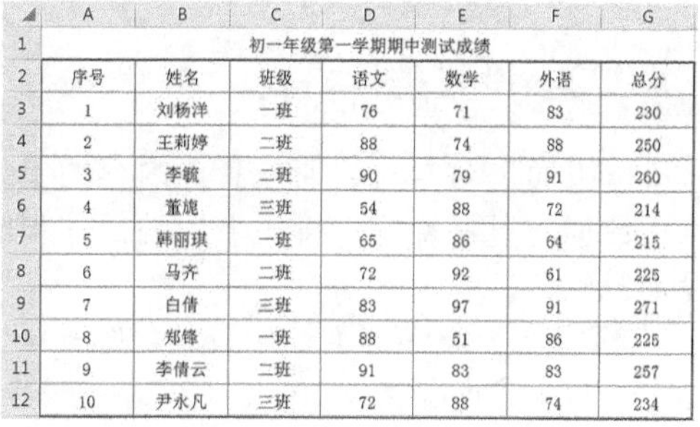

图 4-54 设置边框后的效果

步骤1 选中需要设置边框的单元格区域，如图 4-55 所示。

初一年级第一学期期中测试成绩						
序号	姓名	班级	语文	数学	外语	总分
1	刘杨洋	一班	76	71	83	230
2	王莉婷	二班	88	74	88	250
3	李毓	二班	90	79	91	260
4	董旎	三班	54	88	72	214
5	韩丽琪	一班	65	86	64	215
6	马齐	二班	72	92	61	225
7	白倩	三班	83	97	91	271
8	郑锋	一班	88	51	86	225
9	李倩云	二班	91	83	83	257
10	尹永凡	三班	72	88	74	234

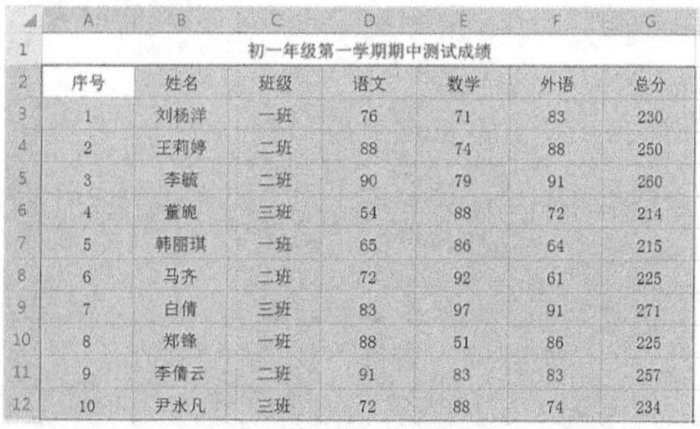

图 4-55 选中需要设置边框的单元格区域

步骤2 使用鼠标右键单击选中的单元格区域,在弹出的快捷菜单中选择"设置单元格格式"命令,打开"单元格格式"对话框。

步骤3 单击"边框"选项卡,在"线条"组的"样式"列表框中选择"粗实线"选项,在"颜色"下拉列表框中选择"红色"选项,单击"预置"组中的"外边框"按钮,这时在"边框"组中可以看到外框线的变化效果,如图4-56所示。

步骤4 在"线条"组的"样式"列表框中选择"细实线"选项,在"颜色"下拉列表框中选择"蓝色"选项,单击"预置"组中的"内部"按钮,这时在"边框"组中可以看到内外框线的设置效果,如图4-57所示。最后单击"确定"按钮,完成设置。

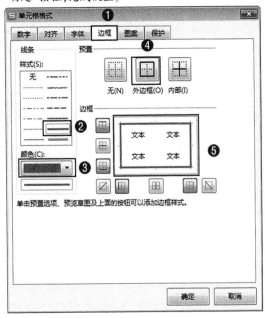
图4-56 设置外框线效果

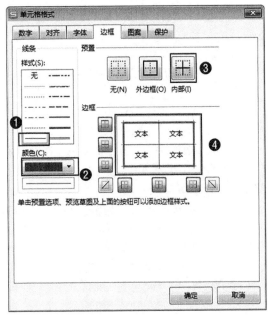
图4-57 设置内框线效果

4.2.3 设置条件格式

可以通过对含有数值或其他内容的单元格,或者含有公式的单元格应用某种条件,设置单元格数据的显示格式。按照下面的操作步骤,将D3:D12单元格区域中大于或等于90的数字设置成红色。

步骤1 选中D3:D12单元格区域,单击"开始"选项卡中的"条件格式"下拉按钮,在弹出的下拉列表框中选择"突出显示单元格规则"选项,在弹出的子下拉列表框中选择"其他规则"选项,如图4-58所示。

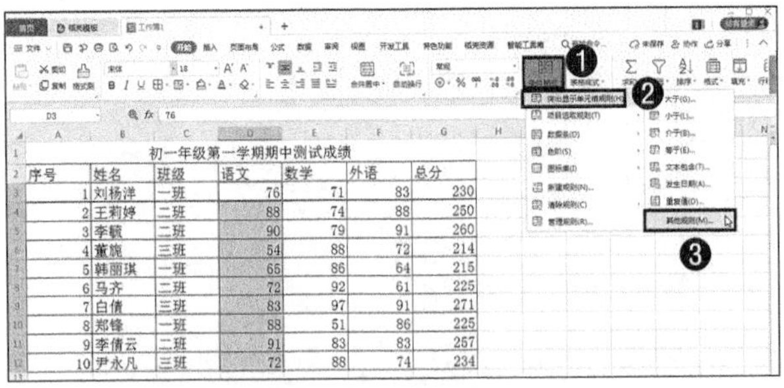

图4-58 条件格式设置步骤1

步骤2 弹出"新建格式规则"对话框,在"只为满足以下条件的单元格设置格式"下方的第一个下拉列表框中保持"单元格值"的默认设置,在第二个下拉列表框中选择"大于或等于"选项,在最后的文本框中输入"90",如图4-59所示。

图 4-59　条件格式设置步骤 2

步骤3 单击"格式"按钮,在弹出的"单元格格式"对话框的"字体"选项卡中将"颜色"设置为"红色",单击"确定"按钮,返回到"新建格式规则"对话框,再单击"确定"按钮。

4.2.4　套用表格样式

套用表格样式是指把 WPS 表格提供的样式套用到用户选择的单元格区域中,使表格更加美观,易于浏览。

套用表格样式的具体操作步骤如下。

步骤1 选中单元格区域(如 A2:G46 单元格区域),单击"开始"选项卡中的"表格样式"下拉按钮,在弹出的下拉列表框中选择一种预设样式,如图 4-60 所示。

步骤2 在弹出的"套用表格样式"对话框中保持默认设置,直接单击"确定"按钮,如图 4-61 所示。

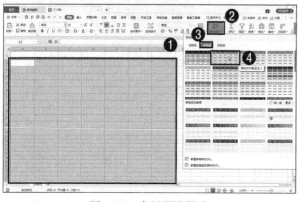

图 4-60　套用预设样式

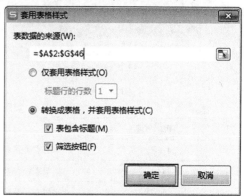

图 4-61　套用表格样式设置

请注意　"仅套用表格样式"是只使用表格样式,而"转换成表格,并套用表格样式"是将单元格区域转换为表格并套用样式。

4.3 WPS 表格中的图表设置

用户在日常工作中有时会遇到这样的情况:把几个月的产品销量进行对比,或者展示产品在不同区域的销售额。表格可以完成这些任务,但表格的表现形式不够直观。我们可以把数据制作成图表,以更直观的方式表现数据,以引起人们的观看兴趣。

本节将介绍如何制作和修饰图表。

4.3.1 图表的基本概念

1 图表简介

先来看看 WPS 表格能提供什么类型的图表,它们各自的特点是什么。WPS 表格提供了 11 类图表,每一类图表中都有若干种图表类型。图 4-62 ~ 图 4-65 列出了 4 种常用的图表,表 4-1 对这些图表的功能进行了简单说明。

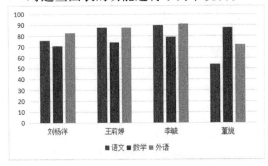

图 4-62　柱形图示例

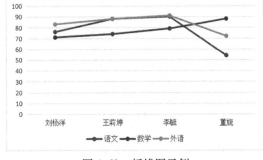

图 4-63　折线图示例

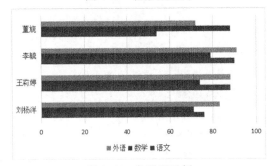

图 4-64　条形图示例

图 4-65　饼图示例

表 4-1　　　　　　　　　　常用图表类型及功能说明

图表类型	功能说明
柱形图	此图表强调各项之间的不同
折线图	此图表强调数值的变化趋势
条形图	此图表是柱形图的水平表示形式
饼图	此图表显示一个整体中各部分所占的比例

2 图表和工作表之间的关系

图表是工作表中全部或部分数据的另一种表现形式,它是以工作表中的数据为依据创建的一种图形。没有工作表中的数据,图表就没有实际意义,所以创建图表的前提是工作表中已有数据，且准确无误。

一个工作表可以有多个图表。图表既可以作为工作表的一部分插入提供数据的工作表，也可以作为一个独立的工作表插入工作簿。

数据源于工作表，图表又因数据不同而形状各异，图表不是“死”的图形，它会根据工作表中的数据变化自动进行调整。

3 图表中的重要名词

(1)数据源。

数据源是指创建图表时所需的数据的来源。

(2)数据系列。

数据系列是一组有关联的数据，来源于工作表中的一行或一列，如图 4-66 所示的“语文”“数学”“外语”，“刘杨洋”“王莉婷”“李毓”等。在图表中，同一系列的数据用同一种形式表示。

(3)数据点。

数据点是数据系列中一个独立的数据，通常来自一个单元格，如“姓名”系列中的“刘杨洋”“王莉婷”等。

	A	B	C	D
1	初一年级第一学期期中测试成绩			
2	姓名	语文	数学	外语
3	刘杨洋	76	71	83
4	王莉婷	88	74	88
5	李毓	90	79	91
6	董旎	54	88	72
7	韩丽琪	65	86	64

图 4-66　图表示例

4 嵌入式图表与独立图表

(1)嵌入式图表。

嵌入式图表作为一个对象，和相关的工作表数据存放在同一个工作表中。

(2)独立图表。

独立图表是以一个工作表的形式插入工作簿的图表。打印输出时，独立图表占一个页面。

4.3.2 创建图表

在 WPS 表格中，创建图表的方法有多种，最常用的是利用“插入”选项卡中的“全部图表”按钮。下面以图 4-67 所示的工作表为例说明创建图表的方法。

> **学习提示**
>
> 【应用】图表的创建方法。

步骤1 选择图表的数据源，本例选择单元格区域 A2: E7。

步骤2 单击“插入”选项卡中的“全部图表”按钮，弹出“插入图表”对话框。

步骤3 在“柱形图”选项卡中选择一种簇状柱形图，再单击下方的“插入”按钮，如图 4-68 所示。新创建的图表效果如图 4-69 所示。

	A	B	C	D	E	F
1	2020年全年销售情况表					
2	季度 品名	一季度	二季度	三季度	四季度	
3	笔记本电脑	85410	101589	98552	75820	
4	台式机	135412	105996	105840	154750	
5	鼠标	18560	23574	35280	24780	
6	键盘	22570	35410	25876	31016	
7	移动硬盘	35875	28950	31159	24775	
8						

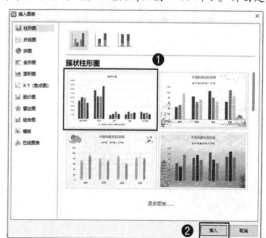

图 4-67　工作表示例

图 4-68　选择一种簇状柱形图

插入的图表一般包括以下元素：数据系列（产生在行/列）、标题（包括图表标题、横坐标轴标题、纵坐标轴标题）、图例、数据标签、坐标轴、网格线等。这些都可在"图表工具"选项卡中进行设置与修改。

以图 4-69 所示的簇状柱形图为例，设置数据系列产生在列、图表标题为"2020 年全年销售情况表"、横坐标轴标题为"品名"、纵坐标轴标题为"销售额"，具体操作步骤如下。

步骤1 插入的图表数据系列默认产生在列，如果要切换成数据系列产生在行，可以在"图表工具"选项卡中单击"切换行列"按钮 ，切换行列后的效果如图 4-70 所示。

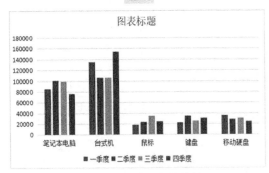
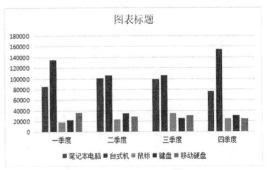

图 4-69　新建图表的效果　　　　　　　图 4-70　切换行列后的效果

步骤2 插入的图表标题默认显示在图表上方，如果没有显示图表标题，可以单击"图表工具"选项卡中的"添加元素"下拉按钮，在弹出的下拉列表框中选择"图表标题"→"图表上方"选项。

步骤3 将图表上方的"图表标题"改为"2020 年全年销售情况表"，如图 4-71 所示。

步骤4 单击"图表工具"选项卡中的"添加元素"下拉按钮，在弹出的下拉列表框中选择"轴标题"→"主要横向坐标轴"选项，此时在图表的横坐标轴下方出现了"坐标轴标题"，将"坐标轴标题"改为"品名"，如图 4-72 所示。

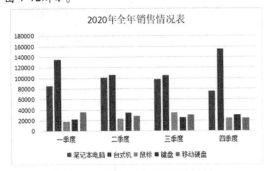
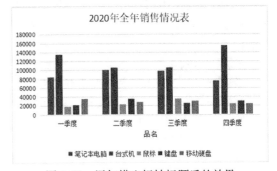

图 4-71　添加图表标题后的效果　　　　　图 4-72　添加横坐标轴标题后的效果

步骤5 单击"图表工具"选项卡中的"添加元素"下拉按钮，在弹出的下拉列表框中选择"轴标题"→"主要纵向坐标轴"选项。此时在图表的纵坐标轴左侧出现了"坐标轴标题"，将"坐标轴标题"改为"销售额"，如图 4-73 所示。

在默认情况下，WPS 表格中的图表为嵌入式图表，用户不仅可以在同一个工作表中调整图表的位置，还可以将图表放置在单独的工作表中。单击"图表工具"选项卡中的"移动图表"按钮，弹出"移动图表"对话框，如图 4-74 所示，选择放置图表的位置，最后单击"确定"按钮，完成移动。

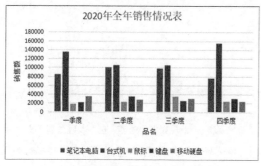

图 4-73　添加纵坐标轴标题后的效果

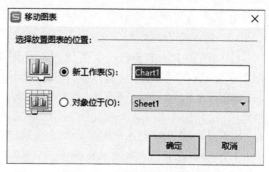

图 4-74　"移动图表"对话框

4.3.3　图表设置

新建的图表通常不够美观,例如图表的主体图案比较小、坐标轴的文字过大等。下面简单介绍图表的组成要素和设置图表的方法。

学习提示

【应用】缩放和移动图表。

1　图表的组成要素

一个图表主要由以下几个要素组成,如图 4-75 所示。

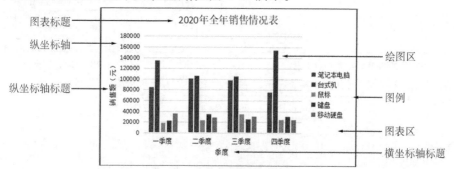

图 4-75　图表的组成要素

- 图表区:图表所在的区域,其他各个要素都放置在图表区中,图表区相当于图表的一个"桌面"。
- 绘图区:图表的主体部分,用于放置表现数据的图形。
- 图例:对绘图区中的图形进行说明。
- 坐标轴标题:坐标轴标题是指横坐标轴和纵坐标轴的名称,不是图表的必备要素。

2　修改图表

选中图表后,会激活"图表工具"选项卡,如图 4-76 所示。利用"图表工具"选项卡中的功能按钮或者在图表区中单击鼠标右键,利用弹出的快捷菜单中的命令,可以对图表进行修改和编辑。

图 4-76　"图表工具"选项卡

(1)修改图表类型。

选中图表,单击"图表工具"选项卡中的"更改类型"按钮,弹出"更改图表类型"对话框,可以在其中修改图表类型。

(2) 修改图表源数据。

①向图表中添加源数据。假设没有将图4-79所示的工作表中的"主板"系列的数据添加到图表中,现在需要加上,具体操作步骤如下。

步骤1 选中图表,单击"图表工具"选项卡中的"选择数据"按钮,弹出"编辑数据源"对话框,如图4-77所示。

步骤2 单击"图例项(系列)"组中的"添加"按钮 ➕,弹出"编辑数据系列"对话框,在"系列名称"文本框中输入要添加的系列的名称,将光标置于"系列值"文本框中,再选择单元格区域,最后单击"确定"按钮,如图4-78所示。

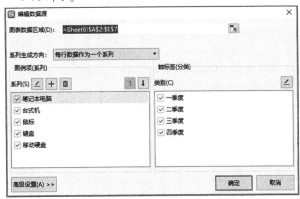

图4-77 "编辑数据源"对话框

图4-78 编辑数据系列

步骤3 在"编辑数据源"对话框中单击"确定"按钮,最终的图表效果如图4-79所示。

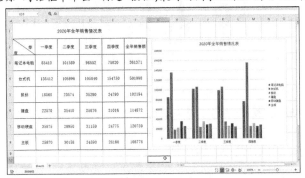

图4-79 添加源数据后的图表效果

②删除图表中的数据。如果要同时删除工作表和图表中的数据,只需删除工作表中的数据,图表将会自动更新。如果只从图表中删除数据,在图表中单击要删除的数据系列后按"Delete"键即可。利用"编辑数据源"对话框的"图例项(系列)"组中的"删除"按钮 🗑 也可以删除图表数据。

3 修饰图表

用户可以修饰图表,以更好地表现数据。利用"图表工具"选项卡中的功能按钮可以对图表的图表区、绘图区、坐标轴等要素的颜色、图案、线型、填充效果等进行设置。除此之外,还可以利用图表要素的设置窗格对图表要素进行属性设置。

(1) 利用"设置图表区域格式"命令。

步骤1 选中图表的图表区,单击鼠标右键,在弹出的快捷菜单中选择"设置图表区域格式"命令,在右侧打开"属性"窗格。

步骤2 在"图表选项"的"填充与线条"选项卡中单击"线条"按钮,以展开"线条"组,选择"实线"单选按钮,在"颜色"下拉列表框中选择"白色,背景1,深色25%"选项,如图4-80所示。设置完成后的图表区效果如图4-81所示。

图4-80 设置图表属性

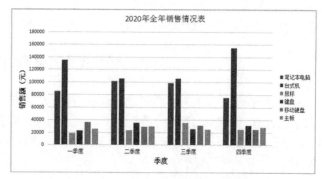

图4-81 图表区格式设置后的效果

（2）利用"设置绘图区格式"命令。

选中图表的绘图区,单击鼠标右键,在弹出的快捷菜单中选择"设置绘图区格式"命令,打开"属性"窗格,在其中可以设置绘图区的填充效果、线条样式等。

（3）利用"设置坐标轴格式"命令。

选中图表的坐标轴,单击鼠标右键,在弹出的快捷菜单中选择"设置坐标轴格式"命令,打开"属性"窗格,在其中可设置坐标轴的填充效果、线条样式、对齐方式等。

例如,在图4-81所示的图表中,纵坐标轴的刻度间隔值过小,内容过于拥挤,不太美观,可以按以下操作步骤修改刻度间隔值。

步骤1 使用鼠标右键单击图表的纵坐标轴,在弹出的快捷菜单中选择"设置坐标轴格式"命令,打开"属性"窗格。

步骤2 在"坐标轴"选项卡的"坐标轴选项"组的"主要"文本框中输入"40000",如图4-82所示。

最终设置效果如图4-83所示。同理,还可以设置其他要素的格式,让整个图表变得更加美观。

图 4-82 设置纵坐标轴刻度间隔值

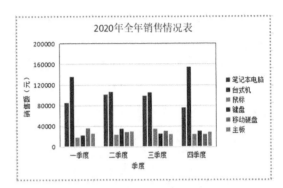

图 4-83 设置纵坐标轴刻度间隔值后的效果

4.4 公式和函数的使用

WPS 表格最大的特色不是创建和修饰表格,而是可以对数据进行处理。我们经常需要对数据进行计算,如求和、求平均值等。对于一两个数据,我们还可以从容应对,但当数据增多时,工作量就增大了。利用本节学习的公式和函数知识,我们可以方便、快速并准确地计算大量数据。

4.4.1 公式的使用

1 公式的格式

公式就是 WPS 表格工作表中的计算式,也叫作等式。在图 4-84 所示的工作表中,考生总分的计算式为"总分 = 语文 + 数学 + 外语"。

【应用】公式的使用方法。

图 4-84 计算考生总分

这样的计算式在 WPS 表格中是无法使用的,我们要将它转换成 WPS 表格可以识别的形式。上述计算式在 WPS 表格中可以表示为"= B3 + C3 + D3"。

把这个公式输入 E3 单元格,再按"Enter"键或单击 E3 单元格外的区域,该单元格中会显示自动计算出的 B3 单元格、C3 单元格和 D3 单元格中的数值之和。

公式的一般格式为"= 表达式"。

表达式由运算符(如 +、-、*、/等)、常量、单元格地址、函数名称及括号组成。

请注意
- 公式中的表达式前面必须要有等号"=";
- 公式中不能有空格。

2 输入公式

输入公式的方法有两种。

方法 1:双击要产生结果的单元格,在光标处输入公式,如"= A1 + B1",再按"Enter"键或单击单元格以外的区域确认。

方法 2:单击要产生结果的单元格,再单击数据编辑区中的编辑栏,在光标处输入公式,按"Enter"键或者单击编辑栏左侧的"输入"按钮 ✓ 确认。

输入单元格地址时,可以手动输入,也可以单击该单元格,如要在 E3 单元格中输入"= B3 + C3 + D3",操作步骤如下。

步骤1 双击 E3 单元格,在光标处输入等号"=",如图 4-85(a)所示。

步骤2 单击 B3 单元格,这时在 E3 单元格中会输入"B3",如 4-85(b)所示。

步骤3 在 E3 单元格中输入运算符"+",如图 4-85(c)所示。

步骤4 单击 C3 单元格,这时 E3 单元格中会输入"C3",在 E3 单元格中再输入"+",然后单击 D3 单元格,如图 4-85(d)所示。最后按"Enter"键或单击 E3 单元格以外的区域,完成操作。

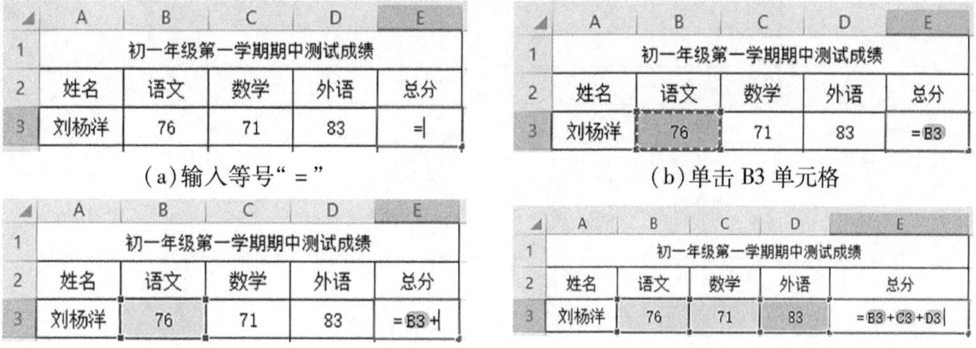

(a)输入等号"="

(b)单击 B3 单元格

(c)输入运算符"+"

(d)单击 D3 单元格

图 4-85 输入公式步骤

如果在输入公式的过程中,单击了编辑栏左侧的"取消"按钮 ×,则输入的公式会被全部删除。如果输入公式后要修改,可以单击公式所在的单元格,然后在编辑栏中修改;也可以双击单元格,在单元格内进行修改。

3 运算符

WPS 表格中的运算符不仅有加、减、乘、除等算术运算符,还有字符连接运算符和关系运算符。其中比较常用的是算术运算符。

在数学中，当加、减、乘、除同时出现在一个式子中时，这个式子有一定的运算先后顺序，如先算乘除，再算加减。WPS 表格中的运算符也具有优先级，表 4-2 中按优先级从高到低的顺序列出了常用的运算符及其功能说明。

表 4-2　常用的运算符及其功能说明

运算符	功能	举例
-	负号	-3，-A1
%	百分号	10%（0.1）
^	乘方	4^2（$4^2=16$）
*、/	乘、除	4*3、16/4
+、-	加、减	5+3、10-6
&	字符串连接符	“未来”&“教育”（“未来教育”）
=、<>	等于、不等于	1=2 结果为假，1<>2 结果为真
>、>=	大于、大于等于	2>1 结果为真，5>=2 结果为真
<、<=	小于、小于等于	2<1 结果为假，5<=2 结果为假

4.4.2 复制公式

前面介绍了输入公式的基本操作，但是我们只为表格设置了一个公式，解决了一个数据计算问题。如果需要计算很多数据，我们还是一个个地输入公式吗？

学习提示

【应用】公式的复制。

当然不是！一个个地输入公式还不如我们自己用计算器算得快。其实公式是可以复制的。下面以图 4-86 所示的工作表为例介绍公式的复制方法，并用公式求出各学生的总分。

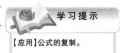

初一年级第一学期期中测试成绩				
姓名	语文	数学	外语	总分
刘杨洋	76	71	83	
王莉婷	88	74	88	
李毓	90	79	91	
董旎	54	88	72	
韩丽琪	65	86	64	

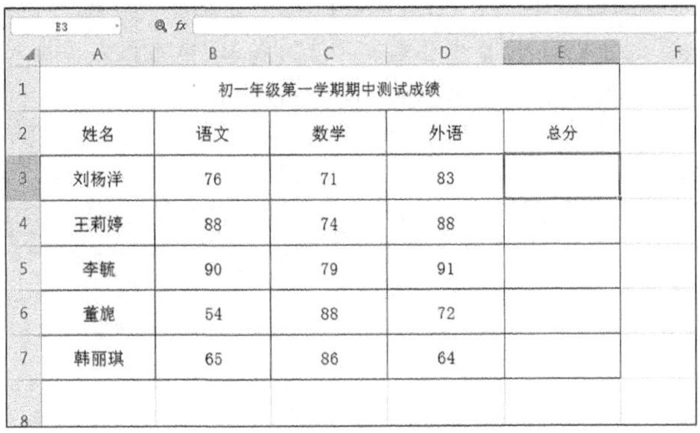

图 4-86　例表

按前面介绍的方法，在 E3 单元格中输入刘杨洋的总分公式“=B3+C3+D3”。下面我们把公式复制到 E4 单元格中。有的读者可能要问，我们复制的公式是“=B3+C3+D3”，如果复制过去岂不是又在计算 B3 单元格、C3 单元格和 D3 单元格的和了吗？我们先不管这个问题，操作一下试一试。

使用鼠标右键单击含有公式的单元格，在弹出的快捷菜单中选择“复制”命令，将鼠标指针移至目标单元格，单击鼠标右键，在弹出的快捷菜单中选择“粘贴”命令，此时，王莉婷的总分竟然也被准确地计算出来了。细心的读者可以看出：E4 单元格中的公式自动变成了“=B4+C4+D4”。

这是怎么回事呢？我们复制的明明是“=B3+C3+D3”，粘贴后竟然变成了“=B4+C4+D4”。

这个问题涉及 WPS 表格公式中的两个重要概念：相对地址和绝对地址。

1 相对地址

在 WPS 表格中,单元格地址表示一个单元格的位置,如 A1 单元格就表示 A 列与第 1 行交叉处的单元格。当我们复制公式时,WPS 表格会根据公式的原来位置和复制后的位置的变化自动调整公式中的单元格地址。

例如,上面提到的公式"= B3 + C3 + D3"原来在 E3 单元格中,现在要将它复制到 E4 单元格中,E4 相对 E3 来说,列号没变,而行号加 1。所以,WPS 表格就会把所复制的公式中的单元格地址的行号加 1,而列号不变,于是 B3 变成了 B4,C3 变成了 C4,D3 变成了 D4。

随公式所在的单元格位置变化而变化的单元格地址称为相对地址,如公式"= B3 + C3 + D3"中的 B3、C3、D3。

2 绝对地址

有时,我们需要引用一个固定的单元格地址,不希望该地址在复制公式时自动更改。在图 4-87 所示的工作表中,我们在计算每种电器的一季度销售量的时候,使用相对地址会很方便。但当我们要计算每种电器的一季度销售量占全部电器销售总量的百分比时,全部电器销售总量的单元格地址是 E8,如果公式中的 E8 变成 E9,公式计算的结果显然就是错误的。

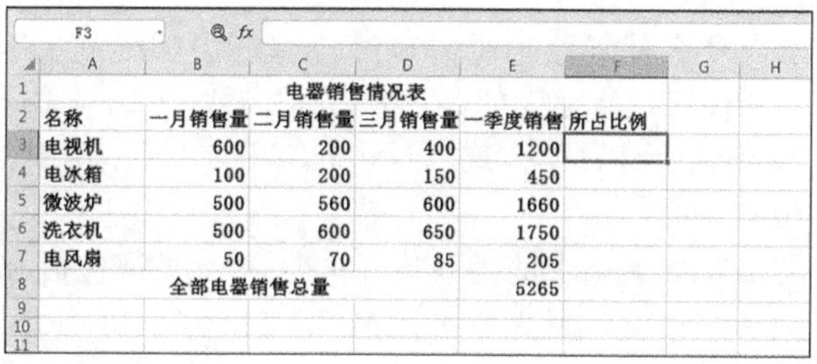

图 4-87 例表

这时,全部电器销售总量的单元格地址就必须使用绝对地址来表示。在 WPS 表格中,无论将公式复制到哪一个单元格中,绝对地址都是不变的。

为区别相对地址和绝对地址,通常会在单元格地址的列号或行号前加上"$"来表示绝对地址。

- A1:相对地址。
- $A1:列号 A 是绝对地址,行号 1 为相对地址。
- $A$1:列号 A 和行号 1 都是绝对地址。
- A$1:列号 A 是相对地址,行号 1 为绝对地址。

3 混合地址

混合地址的形式如 D$3、$A8 等,当含有该地址的公式被复制到目标单元格时,相对地址部分会根据公式的原位置和目标位置推算出公式中单元格地址相对于原位置的变化,而绝对地址部分不变。例如,将 D1 单元格中的公式"= ($A1 + B$1 + C1)/3"复制到 E3 单元格,则公式变为"= ($A3 + C$1 + D3)/3"。

4 跨工作表的单元格地址引用

单元格地址的一般引用形式:

[工作簿文件名]工作表名! 单元格地址

在引用当前工作簿的各工作表中的单元格地址时,"[工作簿文件名]"可以省略;在引用当前工作表中的单元格地址时,"工作表名!"可以省略。例如,某个单元格中的公式为"= (C4 + D4 + E4) * Sheet2! B1",其中"Sheet2! B1"表示当前工作簿的 Sheet2 工作表中的 B1 单元格地址,而 C4 表示当前工作表中 C4 单元格的地址。

用户可以引用当前工作簿的另一工作表中的单元格,也可以引用另一工作簿中多个工作表的单元格。例如"= SUM(\[Book1.xlsx\]Sheet2:Sheet4!$A$5)"表示对 Book1 工作簿的

Sheet2～Sheet4 共 3 个工作表的 A5 单元格中的数据求和。这种引用同一个工作簿的多个工作表中的相同单元格或单元格区域中数据的方法称为三维引用。

5 另一种复制公式的方法

除前面介绍的复制、粘贴公式的方法之外，还可以使用拖动单元格填充句柄的方法复制公式，具体的操作步骤如下。

步骤1 在某单元格中输入公式。

步骤2 向下（右）拖动此单元格的填充句柄，将公式填充至其他单元格，即可完成公式的复制。

4.4.3 函数的使用

什么是函数？通俗地讲，函数就是常用公式的简化形式。例如求 A1、B1、C1 单元格的和，公式为"= A1 + B1 + C1"。也可以表示为"= SUM(A1,B1,C1)"或"= SUM(A1:C1)"，其中"SUM"就是一个求和函数。

【应用】求和、求平均值等函数。

WPS 表格中的函数共有 9 类，每一类都包括若干不同的函数，如求和函数 SUM、平均值函数 AVERAGE、最大值函数 MAX 等。

1 函数的格式

函数的一般格式如下：

函数名(参数1,参数2,……)

如上面提到的：

$\underset{\text{函数名}}{\text{SUM}}(\underset{\text{参数1}}{\text{A1:C1}})$ 或 $\underset{\text{函数名}}{\text{SUM}}(\underset{\text{参数1}}{\text{A1}},\underset{\text{参数2}}{\text{B1}},\underset{\text{参数3}}{\text{C1}})$

在 WPS 表格中，函数的使用有以下几点要求。

- 函数必须有函数名，如 SUM。
- 函数名后面必须有一对括号。
- 参数可以是数值、单元格引用、文字、其他函数的计算结果。
- 各参数之间用逗号分隔。
- 参数可以有，也可以没有；可以有 1 个参数，也可以有多个参数。

2 常用函数

WPS 表格中的函数有很多，有些是经常使用的，有些则不常用。表 4-3 列出了几个常用的函数及其功能说明。

表 4-3　　　　　　　　　　常用的函数及其功能说明

函数形式	功能说明
SUM(A1,A2,……)	求各参数的和
AVERAGE(A1,A2,……)	求各参数的平均值
MAX(A1,A2,……)	求各参数中的最大值
MIN(A1,A2,……)	求各参数中的最小值
COUNT(A1,A2,……)	求各参数中数值型参数的个数
ABS(A1)	求参数的绝对值
ROUND(A1,2)	求参数四舍五入后保留 2 位的小数

3 引用函数

例如，要在某个单元格中输入公式"=AVERAGE(A2:A5)"，可以采用以下方法。

方法1：直接在单元格中输入公式"=AVERAGE(A2:A5)"。

方法2：选中单元格，单击"公式"选项卡中的"插入函数"按钮（或者单击"常用函数"下拉按钮，在弹出的下拉列表框中选择"插入函数"选项），弹出"插入函数"对话框，在"全部函数"选项卡中的"查找函数"文本框中输入"aver"，在"选择函数"列表框中选择"AVERAGE"选项，单击"确定"按钮，如图4-88所示，打开"函数参数"对话框，如图4-89所示。

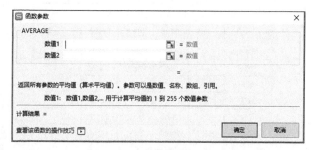

图4-88　"插入函数"对话框中的操作　　　　图4-89　"函数参数"对话框

在"函数参数"对话框的"数值1"文本框中输入"A2:A5"，单击"确定"按钮；也可以单击"切换"按钮，然后在工作表中选中A2:A5单元格区域，再单击"引用返回"按钮，弹出"函数参数"对话框，结果如图4-90所示，最后单击"确定"按钮。

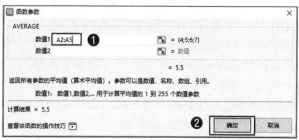

图4-90　"函数参数"对话框中的操作

4 嵌套函数

函数的嵌套是指一个函数可以作为另一个函数的参数。例如：

ROUND(AVERAGE(A1:C3),1)

其中ROUND作为一级函数，AVERAGE作为二级函数。在计算时先执行AVERAGE函数，再执行ROUND函数。

二级函数的返回值必须和一级函数的参数类型相同,在 WPS 表格中函数最多可以嵌套 65 级。

5. 自动求和

求和是我们在 WPS 表格中常用的操作。除了可以使用公式、函数求多个单元格中数值的和之外,还可以使用"开始"选项卡中的"求和"按钮 Σ 求和,具体操作步骤如下。

步骤1 选中要参加求和的单元格及存放结果的单元格。

步骤2 单击"开始"选项卡中"求和"按钮,即可完成求和计算。

实际上,"求和"按钮相当于求和函数 SUM。

还可以使用"求和"按钮一次求多组数据的和。例如,在图 4-91 所示的工作表中,求每种商品的全年销售额,具体操作步骤如下。

步骤1 选中要参加求和的单元格区域及存放结果的单元格区域,这里选中 B3:F8 单元格区域。

步骤2 单击"开始"选项卡中的"求和"按钮,可以一次完成 6 组数据的求和计算,求和计算完成后的结果如图 4-92 所示。

	A	B	C	D	E	F
1			2020年全年销售情况表			
2	季度 品名	一季度	二季度	三季度	四季度	全年销售额
3	笔记本电脑	85410	101589	98552	75820	
4	台式机	135412	105996	105840	154750	
5	鼠标	18560	23574	35280	24780	
6	键盘	22570	35410	25876	31016	
7	移动硬盘	35875	28950	31159	24775	
8	主板	25870	30158	24590	28160	

图 4-91 自动求和例表

图 4-92 求和计算结果

4.5 数据分析和处理

前面介绍了 WPS 表格的基本操作、数据计算、表格修饰、图表设置以及公式和函数的使用,下面介绍 WPS 表格的数据分析和处理功能。

WPS 表格允许用户采用数据库管理的方式管理工作表中的数据。工作表中的数据由标题行(表头)和数据部分组成。数据中的行相当于数据库中的记录,行标题相当于记录名;数据中的列相当于数据库中的字段,列标题相当于字段名。用户可以用数据库管理方式方便地在工作表中对数据进行输入、修改、删除和移动。

4.5.1 排序

排序就是通常所说的"排名",如产品销量排行、考生成绩排名等。排序是以某一个或几个关键字为依据,按一定的排序原则重新排列数据。例如产品销量排行就是以"产品的销量"为关键字,按销量额由高到低排列;而考生成绩排名是以"分数"为关键字,按分数数值由高到低排列。

【应用】对数据进行排序。

下面以图 4-93 所示的表格为例，介绍 WPS 表格的排序功能。

	A	B	C	D	E	F	G
1	初一年级第一学期期中测试成绩						
2	学号	姓名	班级	语文	数学	外语	总分
3	9901001	刘杨洋	一班	76	71	83	230
4	9902001	王莉婷	二班	88	74	88	250
5	9902002	李毓	二班	90	79	91	260
6	9903001	董旎	三班	54	88	72	214
7	9901002	韩丽琪	一班	65	86	64	215
8	9902003	马齐	二班	72	92	61	225
9	9903002	白倩	三班	83	97	91	271
10	9901003	郑锋	一班	88	51	86	225
11	9902004	李倩云	二班	91	83	83	257
12	9903003	尹永凡	三班	72	88	74	234

图 4-93　排序例表

1 简单排序

将表中数据按照“总分”的高低排序，成绩高的排在前面，成绩低的排在后面，具体的操作步骤如下。

步骤1 单击表格中“总分”列的任意一个单元格。

步骤2 单击“数据”选项卡中的“降序”按钮，完成总分的降序排列，结果如图 4-94 所示。

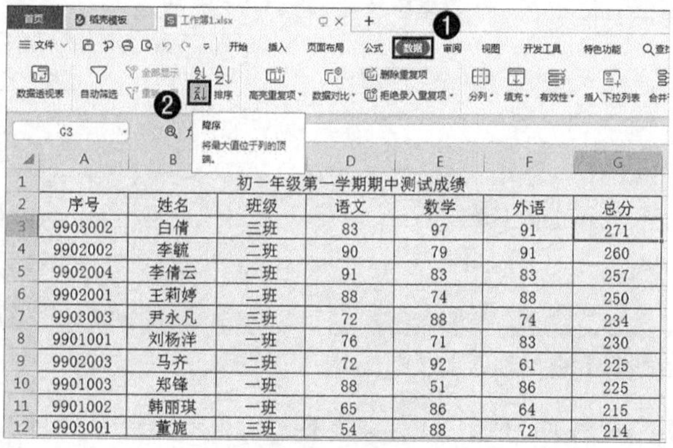

	A	B	C	D	E	F	G
1	初一年级第一学期期中测试成绩						
2	序号	姓名	班级	语文	数学	外语	总分
3	9903002	白倩	三班	83	97	91	271
4	9902002	李毓	二班	90	79	91	260
5	9902004	李倩云	二班	91	83	83	257
6	9902001	王莉婷	二班	88	74	88	250
7	9903003	尹永凡	三班	72	88	74	234
8	9901001	刘杨洋	一班	76	71	83	230
9	9902003	马齐	二班	72	92	61	225
10	9901003	郑锋	一班	88	51	86	225
11	9901002	韩丽琪	一班	65	86	64	215
12	9903001	董旎	三班	54	88	72	214

图 4-94　降序排列结果

WPS 表格精确地列出了总分排行榜，总分最高的“白倩”由排序前的第 7 位上升到第 1 位，而总分最低的“董旎”由原来的第 4 位下降至最后一位。

这里有一个细节，排序使数据顺序发生变动，但不是简单地把“白倩”“271”这两个数据调到了第 1 位，还调动了和“白倩”同一行的所有数据。WPS 表格的排序功能将每一行的数据（一条记录）作为一个单位，对某一列数据排序后一行数据会整体发生变动。

2 高级排序

下面介绍较为复杂的排序方法——高级排序。以图 4-93 所示的表格为例，要求对数据按照班级顺序进行排列（按照一班、二班、三班的次序），同一班级内的数据按总分由高至低排列，具体的操作步骤如下。

步骤1 单击表格中的 A2: G12 单元格区域的任意一个单元格。

步骤2 单击“数据”选项卡中的“排序”按钮，弹出“排序”对话框，如图 4-95 所示。

步骤3 在“主要关键字”下拉列表框中选择“班级”选项，在“次序”下拉列表框中选择“自定义序列”选项。弹出“自定义序列”对话框，在右侧的“输入序列”文本框中输入“一班”“二班”“三班”，单击“添加”按钮，再单击“确定”按钮，关闭“自定义序列”对话框，如图 4-96 所示。

图 4-95 "排序"对话框

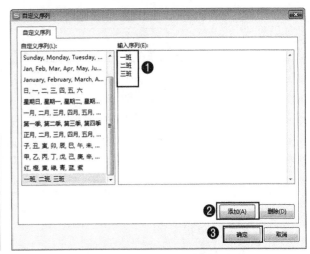

图 4-96 自定义序列

步骤4 返回"排序"对话框,单击"添加条件"按钮,在出现的"次要关键字"下拉列表框中选择"总分"选项,在"次序"下拉列表框中选择"降序"选项,如图 4-97 所示。

步骤5 单击"确定"按钮完成排序。排序后的结果如图 4-98 所示。

图 4-97 添加排序条件

	A	B	C	D	E	F	G
1	初一年级第一学期期中测试成绩						
2	学号	姓名	班级	语文	数学	外语	总分
3	9901001	刘杨洋	一班	76	71	83	230
4	9901003	郑锋	一班	88	51	86	225
5	9901002	韩丽琪	一班	65	86	64	215
6	9902002	李毓	二班	90	79	91	260
7	9902004	李倩云	二班	91	83	83	257
8	9902001	王莉婷	二班	88	74	88	250
9	9902003	马齐	二班	72	92	61	225
10	9903002	白倩	三班	83	97	91	271
11	9903003	尹永凡	三班	72	88	74	234
12	9903001	董旎	三班	54	88	72	214

图 4-98 高级排序结果

可以看出,WPS 表格先按照班级(自定义序列:一班、二班、三班)的次序对数据进行排列,在班级相同的情况下再按照总分降序排列。

> **请注意**
> 如果一次排序有两个排序依据(关键字),会先按"主要关键字"排序,"主要关键字"相同才会按"次要关键字"排序;如果数据不相同,也就是按第一个关键字排序后已经分出全部"名次",那么再按第二个关键字排序就没有任何意义。

4.5.2 数据筛选

筛选数据就是把符合条件的数据显示出来,不符合条件的不显示。例如,在图 4-99 所示的表格中,将"班级"为"一班"的所有人员的记录显示出来,而其他人员的记录不显示。在 WPS 表格中,筛选数据有两种方法:自动筛选和高级筛选。

【应用】筛选数据。

	A	B	C	D	E	F	G
1	学号	姓名	班级	语文	数学	外语	总分
2	9901001	刘杨洋	一班	76	71	83	230
3	9902001	王莉婷	二班	88	74	88	250
4	9902002	李毓	二班	90	79	91	260
5	9903001	董旋	三班	54	88	72	214
6	9901002	韩丽琪	一班	65	86	64	215
7	9902003	马齐	二班	72	92	61	225
8	9903002	白倩	三班	83	97	91	271
9	9901003	郑锋	一班	88	51	86	225
10	9902004	李倩云	二班	91	83	83	257
11	9903003	尹永凡	三班	72	88	74	234

图 4-99　例表

1 自动筛选

（1）自动筛选数据。

下面以图 4-99 所示的工作表为例，介绍如何使用 WPS 表格的"自动筛选"功能筛选数据。

步骤1 单击工作表数据区域中的任意单元格。

步骤2 单击"数据"选项卡中的"自动筛选"按钮，如图 4-100（a）所示。此时，工作表标题行的单元格中出现了下拉按钮▼，单击"班级"单元格的下拉按钮▼，弹出下拉列表框。

步骤3 将鼠标指针移动到"一班"所在行，单击所出现的"仅筛选此项"，再单击"确定"按钮，如图 4-100（b）所示。

（a）单击"自动筛选"按钮

（b）自动筛选设置

图 4-100　自动筛选步骤

这时工作表发生了变化：很多行的数据不见了，只显示"班级"为"一班"的 3 条记录。这证明筛选数据的操作成功了，筛选结果如图 4-101 所示。

	A	B	C	D	E	F	G
1	学号	姓名	班级	语文	数学	外语	总分
2	9901001	刘杨洋	一班	76	71	83	230
6	9901002	韩丽琪	一班	65	86	64	215
9	9901003	郑锋	一班	88	51	86	225

图 4-101　自动筛选结果

其实,其他数据依然存在,只是没有显示出来,筛选操作只是将符合条件的数据显示出来,将不符合条件的数据隐藏。

再次单击"班级"单元格的下拉按钮,在弹出的下拉列表框中勾选"全选"复选框,再单击"确定"按钮,这样原来的数据就显示出来了。

(2)自定义筛选数据。

当筛选条件比较独特,在下拉列表框中没有相应的选项时,就可以使用"自定义筛选"功能来筛选数据。还是以图4-99中的表格为例,筛选"总分"在230以上(含230分)的所有人的记录,具体操作步骤如下。

步骤1 单击工作表数据区域中的任意单元格。

步骤2 单击"数据"选项卡中的"自动筛选"按钮,此时工作表标题行的单元格中出现了下拉按钮。

步骤3 单击"总分"单元格的下拉按钮,在弹出的下拉列表框中单击"数字筛选"→"自定义筛选"选项,如图4-102(a)所示。

步骤4 在弹出的"自定义自动筛选方式"对话框中,在"总分"组的下拉列表框中选择"大于或等于"选项,在其右侧的文本框中输入"230",单击"确定"按钮,完成自定义筛选,如图4-102(b)所示。筛选结果如图4-103所示。

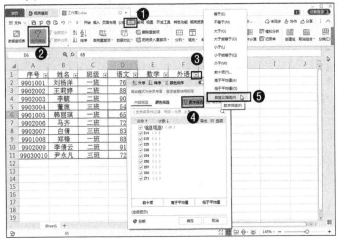

(a)单击"自定义筛选"选项

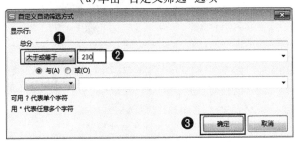

(b)自定义自动筛选方式

图4-102 自定义筛选步骤

	A	B	C	D	E	F	G
1	学号	姓名	班级	语文	数学	外语	总分
2	9901001	刘杨洋	一班	76	71	83	230
3	9902001	王莉婷	二班	88	74	88	250
4	9902002	李毓	二班	90	79	91	260
8	9903002	白倩	三班	83	97	91	271
10	9902004	李倩云	二班	91	83	83	257
11	9903003	尹永凡	三班	72	88	74	234

图4-103 自定义筛选结果

（3）取消筛选。

取消筛选的方法有以下两种。

方法1：单击"数据"选项卡中的"全部显示"按钮。

方法2：再次单击"数据"选项卡中的"自动筛选"按钮。

 请注意　使用方法1虽然能让不符合筛选条件的数据显示出来，但表格还是处于筛选状态；使用方法2可以退出筛选状态。

2 多条件筛选

通过对多重条件的灵活组合，用户可以较为轻松地对复杂的数据进行统计、分析。例如，若只显示"班级"为"二班"或"总分"大于等于230的数据，就可以通过WPS表格的"多条件筛选"功能来实现。而多条件筛选按筛选要素，又分为同要素多条件筛选和不同要素多条件筛选。

（1）同要素多条件筛选。

例如，现在需要同时显示"一班"和"二班"学生的信息，这里的"一班"和"二班"都是"班级"列中的数据，处于同列中的数据称为同要素。针对同要素进行多条件筛选的具体操作步骤如下。

步骤1 单击筛选区域中的任意单元格。

步骤2 单击"数据"选项卡中的"自动筛选"按钮。

步骤3 单击"班级"单元格的下拉按钮，打开下拉列表框，取消"三班"复选框的勾选，保持"一班"和"二班"复选框的勾选，如图4-104所示。

步骤4 单击"确定"按钮，筛选结果如图4-105所示。

图4-104　同要素多条件筛选下拉列表框　　图4-105　同要素多条件筛选结果

（2）不同要素多条件筛选。

例如，要筛选出"一班"和"二班"中总分在230分以上的（含230分）学生信息，这里"一班"和"二班"都是"班级"列中的数据，"230"是"总分"列中的数据，处于不同列中的数据称为不同要素。针对不同要素进行多条件筛选的具体操作步骤如下。

步骤1 单击筛选区域中的任意单元格。

步骤2 单击"数据"选项卡中的"自动筛选"按钮。

步骤3 单击"班级"单元格的下拉按钮，打开下拉列表框，取消"三班"复选框的勾选，保持"一班"和"二班"复选框的勾选。

步骤4 单击"总分"单元格的下拉按钮，在弹出的下拉列表框中单击"数字筛选"→"自定义筛选"选项，弹出"自定义自动筛选方式"对话框。

步骤5 在"总分"组的下拉列表框中选择"大于或等于"选项，在其右侧的文本框中输入"230"，最后单击

"确定"按钮，完成筛选，筛选结果如图 4-106 所示。

	A	B	C	D	E	F	G
1	学号	姓名	班级	语文	数学	外语	总分
2	9901001	刘杨洋	一班	76	71	83	230
3	9902001	王莉婷	二班	88	74	88	250
4	9902002	李毓	二班	90	79	91	260
10	9902004	李倩云	二班	91	83	83	257

图 4-106　不同要素多条件筛选结果

4.5.3 数据合并

利用数据合并功能可以对来自不同源数据区域中的数据进行合并运算、分类汇总等操作。不同源数据区域包括在同一工作表中、同一工作簿的不同工作表中或不同工作簿中的数据区域。数据合并是通过建立合并表的方式完成的，合并表可以建立在某源数据区域所在的工作表中，也可以建立在其他工作表中。

例如，"小松山店"和"文汇店"的 6 种商品一季度、二季度、三季度和四季度的销售量统计数据分别位于同一工作簿中的不同工作表"小松山店"和"文汇店"中，如图 4-107 和图 4-108 所示。现需在"合计销售单"工作表中计算两个分店 6 种商品每季度的销售量总和。

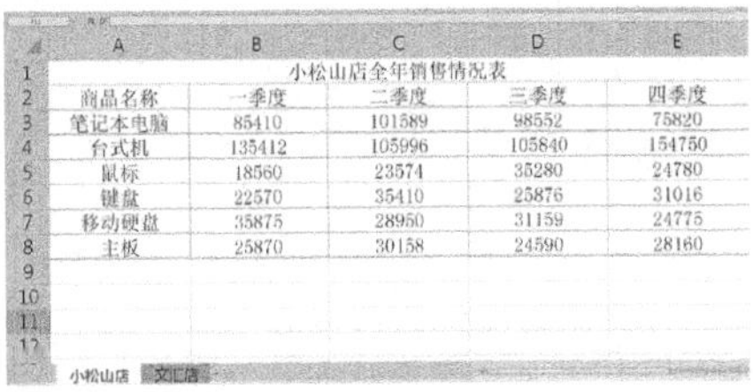

	A	B	C	D	E
1	小松山店全年销售情况表				
2	商品名称	一季度	二季度	三季度	四季度
3	笔记本电脑	85410	101589	98552	75820
4	台式机	135412	105996	105840	154750
5	鼠标	18560	23574	35280	24780
6	键盘	22570	35410	25876	31016
7	移动硬盘	35875	28950	31159	24775
8	主板	25870	30158	24590	28160

图 4-107　"小松山店"销售情况表

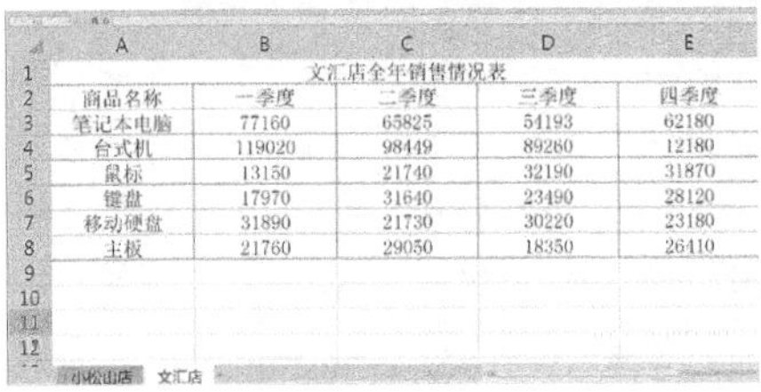

	A	B	C	D	E
1	文汇店全年销售情况表				
2	商品名称	一季度	二季度	三季度	四季度
3	笔记本电脑	77160	65825	54193	62180
4	台式机	119020	98449	89260	12180
5	鼠标	13150	21740	32190	31870
6	键盘	17970	31640	23490	28120
7	移动硬盘	31890	21730	30220	23180
8	主板	21760	29050	18350	26410

图 4-108　"文汇店"销售情况表

步骤1 在工作簿中新建用于存放合并数据的工作表"合计销售单"。

步骤2 在"合计销售单"工作表中选中 A2 单元格。

步骤3 单击"数据"选项卡中的"合并计算"按钮，弹出"合并计算"对话框，在"函数"下拉列表框中选择"求和"选项，单击"引用位置"右侧的"切换"按钮，选中"小松山店"工作表中的 A2: E8 单元格区域，再次单击"切换"按钮返回"合并计算"对话框，单击"添加"按钮，将"小松山店"的数据添加到"所有引用位置"列表框中。

步骤4 单击"引用位置"右侧的"切换"按钮，选中"文汇店"工作表中的 A2: E8 单元格区域，再次单击"切换"按钮返回"合并计算"对话框，单击"添加"按钮，将"文汇店"的数据添加到"所有引用位置"列表框中，然后勾选下方"标签位置"组中的"首行"和"最左列"复选框，最后单击"确定"按钮，如图 4-109 所示。

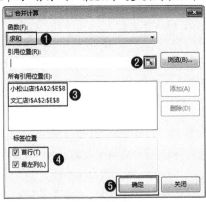

图 4-109　合并计算操作步骤

步骤5 为了保证数据的完整性,需要在 A2 单元格中手动输入标题"商品名称",同时在 A1 单元格中输入表格标题,并将 A1:E1 单元格区域合并,合并结果如图 4-110 所示。

	A	B	C	D	E	F	G
1			合计销售情况表				
2	商品名称	一季度	二季度	三季度	四季度		
3	笔记本电脑	162570	167414	152745	138000		
4	台式机	254432	204445	195100	166930		
5	鼠标	31710	45314	67470	56650		
6	键盘	40540	67050	49366	59136		
7	移动硬盘	67765	50680	61379	47955		
8	主板	47630	59208	42940	54570		
9							
10							

图 4-110 合并结果

4.5.4 分类汇总

分类汇总包括两种操作:一种是分类,即将相同数据分类集中放置;另一种是汇总,即对每个类别的指定数据进行计算,如求和、求平均值等。

【应用】分类汇总数据。

以图 4-99 所示的表格为例,我们可以把"班级"是"一班"的记录归为一类,是"二班"的记录归为一类,依次类推,然后分别计算出每个班级各个科目的平均分。下面通过实际操作介绍 WPS 表格的分类汇总功能。

在分类汇总之前需要对相关数据进行排序。这里需要对"班级"列的数据进行分类汇总,在进行分类汇总前需要对"班级"列的数据进行排序,具体的操作步骤如下。

步骤1 选中"班级"列中的任意单元格,单击"数据"选项卡中的"升序"按钮。

步骤2 单击"数据"选项卡中的"分类汇总"按钮,弹出"分类汇总"对话框。

步骤3 在"分类字段"下拉列表框中选择"班级"选项;在"汇总方式"下拉列表框中选择"平均值"选项,这是在选择汇总数据的计算方式,除"平均值"之外还可以选择"求和""计数""最大值"等选项;在"选定汇总项"列表框中选择要参与汇总计算的数据列,可以选择多个,这里勾选"语文""数学""外语"3 个复选框,如图 4-111 所示。

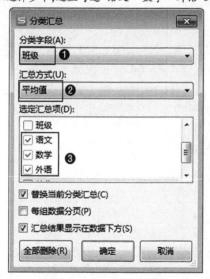

图 4-111 分类汇总设置

步骤4 单击"确定"按钮,完成分类汇总操作,结果如图 4-112 所示。

	A	B	C	D	E	F	G
1	学号	姓名	班级	语文	数学	外语	总分
2	9902001	王莉婷	二班	88	74	88	250
3	9902002	李毓	二班	90	79	91	260
4	9902003	马齐	二班	72	92	61	225
5	9902004	李倩云	二班	91	83	83	257
6			二班 平均值	85.25	82	80.75	
7	9903001	董旎	三班	54	88	72	214
8	9903002	白倩	三班	83	97	91	271
9	9903003	尹永凡	三班	72	88	74	234
10			三班 平均值	69.66666667	91	79	
11	9901001	刘杨洋	一班	76	71	83	230
12	9901002	韩丽琪	一班	65	86	64	215
13	9901003	郑锋	一班	88	51	86	225
14			一班 平均值	76.33333333	69.33333333	77.66666667	
15			总平均值	77.9	80.9	79.3	

图 4-112 分类汇总结果

"分类汇总"对话框中其他选项的含义如下。

- 替换当前分类汇总:如果此前做过分类汇总操作,此时不勾选此复选框,则原来的分类汇总结果会保留。
- 每组数据分页:勾选该复选框后,打印时,每类汇总数据(如"一班"为一类、"二班"为一类)都单独为一页。
- 汇总结果显示在数据下方:勾选该复选框后,汇总计算的结果放置在每个分类的下面。
- 全部删除:若要取消分类汇总,则单击此按钮。

分类汇总后的表格的左侧有一些按钮,以图 4-112 为例,这些按钮的功能如下。

- 按钮:单击 - 按钮,会隐藏该分类的数据记录,只显示该分类的汇总结果。单击之后, - 按钮变成 + 按钮。单击 + 按钮,可将隐藏的数据记录显示出来。

1 2 3 按钮:层次按钮,分别代表 3 个层次的显示效果。

- 单击 1 按钮,只显示全部数据的汇总结果,即总计。
- 单击 2 按钮,只显示每组数据的汇总结果,即小计。
- 单击 3 按钮,显示全部数据及全部汇总结果,即初始显示效果。

4.5.5 数据透视表

数据透视表是一种交互式图表,可以快速汇总和比较大量数据,也可以动态地改变它们的版面布局,以不同方式分析数据。

学习提示

【应用】数据透视表的创建方法。

例如,要对图 4-113 所示的工作表中的数据创建数据透视表,在数据透视表中显示各班级各科目的平均分,具体的操作步骤如下。

	A	B	C	D	E	F	G
1	学号	姓名	班级	语文	数学	外语	总分
2	9901001	刘杨洋	一班	76	71	83	230
3	9902001	王莉婷	二班	88	74	88	250
4	9902002	李毓	二班	90	79	91	260
5	9903001	董旎	三班	54	88	72	214
6	9901002	韩丽琪	一班	65	86	64	215
7	9902003	马齐	二班	72	92	61	225
8	9903002	白倩	三班	83	97	91	271
9	9901003	郑锋	一班	88	51	86	225
10	9902004	李倩云	二班	91	83	83	257
11	9903003	尹永凡	三班	72	88	74	234

图 4-113 工作表示例

步骤1 单击工作表数据区域中的任意单元格,单击"插入"选项卡中的"数据透视表"按钮,打开"创建数据透视表"对话框。

步骤2 在"请选择要分析的数据"组中选择"请选择单元格区域"单选按钮,并选中数据源中的单元格区域 A1:G11，在"请选择放置数据透视表的位置"组中选择"新工作表"单选按钮（如果要将数据透视表放置在当前工作表中，则选择"现有工作表"单选按钮，并指定单元格位置），如图 4-114 所示。

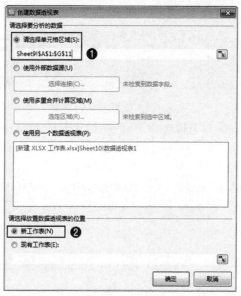

图 4-114 选择要分析的数据和放置数据透视表的位置

步骤3 单击"确定"按钮，在新工作表中创建数据透视表。

步骤4 在"数据透视表"窗格的"字段列表"组中，拖动"班级"字段到"行"列表框中，拖动"语文""数学""外语"字段到"值"列表框中。单击"值"列表框中"语文"字段右侧的下拉按钮，在弹出的下拉列表框中选择"值字段设置"选项，如图 4-115（a）所示。

步骤5 弹出"值字段设置"对话框，在下方的"选择用于汇总所选字段数据的计算类型"列表框中选择"平均值"选项，并在"自定义名称"文本框中输入字段名称"语文平均分"，再单击"确定"按钮，如图 4-115（b）所示。

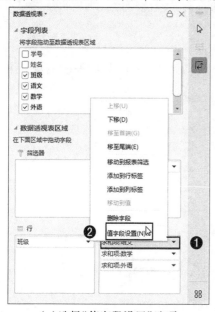

（a）选择"值字段设置"选项　　　　（b）在"值字段设置"对话框中进行相关设置

图 4-115 值字段设置步骤

步骤6 按照上述方法,修改"数学""外语"的字段名称和汇总方式,最终效果如图4-116所示。

	A	B	C	D
3	班级	语文平均分	数学平均分	外语平均分
4	一班	76.33333333	69.33333333	77.66666667
5	二班	85.25	82	80.75
6	三班	69.66666667	91	79
7	总计	77.9	80.9	79.3

图4-116 数据透视表效果

单击数据行标题和列标题的下拉按钮,在弹出的下拉列表框中可以进一步选择要在数据透视表中显示的数据。

> **请注意** 如果要设置数据透视表中的数据格式,可以在"值字段设置"对话框中单击左下角的"数字格式"按钮,在弹出的"单元格格式"对话框中进行设置。

4.6 WPS表格的数据安全

使用 WPS 表格可以有效地保护工作簿中的数据,禁止无关人员访问或非法修改数据;还可以把工作簿、工作表、工作表某行(列)以及单元格中的重要公式隐藏起来。

4.6.1 保护工作簿、工作表和单元格

  保护工作簿

保护工作簿包括两个方面:一方面是保护工作簿,防止他人非法访问;另一方面是保护工作簿的结构,禁止他人对工作簿中的工作表或工作簿进行非法操作。

(1)对工作簿的保护。

防止他人非法访问工作簿的具体操作步骤如下。

步骤1 打开工作簿,单击"文件"→"另存为"命令,打开"另存文件"对话框,单击"加密"按钮,如图4-117所示。

图4-117 在"另存文件"对话框中单击"加密"按钮

步骤2 打开"密码加密"对话框,在"打开文件密码"文本框中输入密码,在下方的"再次输入密码"文本

框中再次输入相同的密码,单击"应用"按钮,如图 4-118 所示。

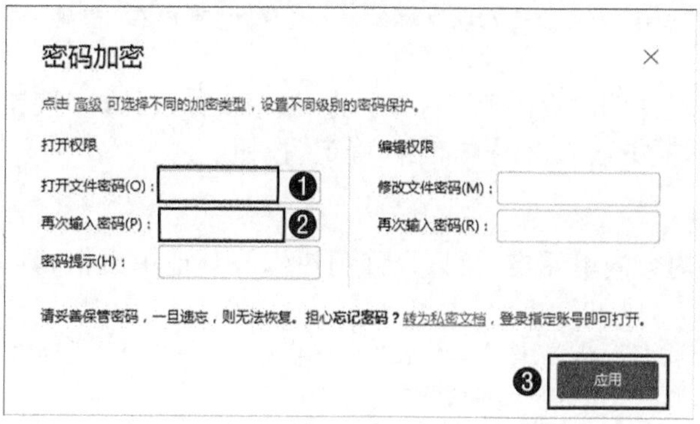

图 4-118　密码加密设置

步骤3 返回"另存文件"对话框,单击"保存"按钮。

要打开设置了密码的工作簿,必须要输入正确密码。如果工作簿已经设置了打开密码,用户想修改此密码,在打开的"密码加密"对话框的"打开文件密码"文本框中输入新密码并确认新密码即可;如果要取消密码,则在"打开文件密码"文本框中删除密码并确认即可。

(2) 对工作簿的结构的保护。

如果不允许他人对工作簿的结构进行更改,如对工作表进行移动、插入、删除、隐藏、取消隐藏、重新命名等操作,则需要对工作簿的结构进行保护,具体的操作步骤如下。

步骤1 单击"审阅"选项卡中的"保护工作簿"按钮。

步骤2 在弹出的"保护工作簿"对话框中输入密码,单击"确定"按钮,如图 4-119 所示。

步骤3 在弹出的"确认密码"对话框中再次输入相同的密码,单击"确定"按钮。

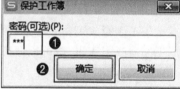

图 4-119　设置密码

如果需要撤销对工作簿的保护,在"审阅"选项卡中单击"撤销工作簿保护"按钮,在弹出的"撤销工作簿保护"对话框中输入密码,再单击"确定"按钮即可撤销对当前工作簿的保护。

2　保护工作表

保护工作表的具体操作步骤如下。

步骤1 选中要保护的工作表。

步骤2 单击"审阅"选项卡中的"保护工作表"按钮,弹出"保护工作表"对话框,如图 4-120 所示。

图 4-120　"保护工作表"对话框

步骤3 在"允许此工作表的所有用户进行"列表框中勾选允许用户进行的操作。

步骤4 与保护工作簿一样,为防止他人取消对工作表的保护,可以在"密码"文本框中输入密码,然后单击"确定"按钮。

要取消保护工作表,单击"审阅"选项卡中的"撤销工作表保护"按钮即可。如果设置了密码,需要在弹出的对话框中输入密码并单击"确定"按钮。

③ 保护单元格

要保护存有重要内容的单元格,而只允许用户修改其他单元格,具体的操作步骤如下。

步骤1 使工作表处于非保护状态,选中工作表的所有单元格,单击"审阅"选项卡中的"锁定单元格"按钮,取消对所有单元格的锁定。

步骤2 选中要保护的单元格或单元格区域,再次单击"审阅"选项卡中的"锁定单元格"按钮。

步骤3 单击"审阅"选项卡中的"保护工作表"按钮,弹出"保护工作表"对话框,在"允许此工作表的所有用户进行"列表框中取消勾选"选定锁定单元格"复选框,在"密码"文本框中还可设置密码,单击"确定"按钮,如图 4-121 所示。

图 4-121　锁定单元格

此时,工作表中锁定的单元格为被保护的单元格。

4.6.2　隐藏工作簿或工作表

当工作簿或工作表可以使用而内容不可见时,工作簿或工作表便具有了"隐藏"属性。隐藏工作簿或工作表,也可以使工作簿或工作表中的数据得到一定程度的保护。

① 隐藏工作簿

当工作簿中的数据被其他工作簿引用之后,如果关闭了当前工作簿,那么当前工作簿中的数据还是可以被引用。这样就起到了保护数据源的作用。

② 隐藏与取消隐藏工作表

(1)隐藏工作表。

在要隐藏的工作表的标签上单击鼠标右键,在弹出的快捷菜单中选择"隐藏"命令;隐藏工作表后,屏幕上不再显示该工作表,但用户可以引用该工作表中的数据。

(2)取消工作表的隐藏。

在工作簿的工作表标签上单击鼠标右键,在弹出的快捷菜单中选择"取消隐藏"命令,打开"取消隐藏"对话框,单击要取消隐藏的工作表,再单击"确定"按钮。

 请注意　使用"开始"选项卡中"工作表"下拉列表框中的"隐藏与取消隐藏"选项也可以隐藏或者取消隐藏工作表。

③ 隐藏与取消隐藏单元格内容

隐藏单元格内容可以使单元格中的内容不在编辑栏中显示。例如,存有重要公式的单元格被隐藏后,只能在单元格中看到计算结果,而在编辑栏中看不到公式本身。

(1)隐藏单元格内容。

隐藏单元格内容的具体操作步骤如下。

步骤1 选中要隐藏的单元格区域,单击鼠标右键,在弹出的快捷菜单中选择"设置单元格格式"命令,弹出"设置单元格格式"对话框,单击"保护"选项卡,勾选"隐藏"复选框,再单击"确定"按钮,如图4-122所示。

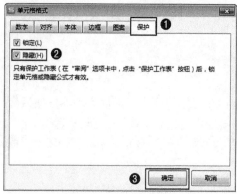

图4-122 保护设置

步骤2 单击"审阅"选项卡中的"保护工作表"按钮,使隐藏设置起作用。单元格区域被隐藏后,相应的编辑栏中将不再显示单元格的内容。

(2)取消单元格的隐藏。

取消隐藏单元格的具体操作步骤如下。

步骤1 在"审阅"选项卡中单击"撤销工作表保护"按钮。

步骤2 选中要取消隐藏的单元格区域,单击鼠标右键,在弹出的快捷菜单中选择"设置单元格格式"命令。

步骤3 打开"设置单元格格式"对话框,单击"保护"选项卡,在该选项卡中取消"隐藏"复选框的勾选。

步骤4 单击"确定"按钮。

4 隐藏与取消隐藏行(列)

(1)隐藏行(列)。

隐藏行(列)的具体操作步骤如下。

步骤1 选中需要隐藏的行(列)。

步骤2 单击"开始"选项卡中的"行和列"下拉按钮,在弹出的下拉列表框中选择"隐藏与取消隐藏"→"隐藏行"或"隐藏列"选项,如图4-123所示。这里的隐藏实质上是将行高(列宽)设置为0。

图4-123 隐藏行(列)操作

(2)取消行(列)的隐藏。

取消隐藏行(列)的具体操作步骤如下。

步骤1 选中已隐藏行(列)的上下(左右)相邻行(列)。

步骤2 单击"开始"选项卡中的"行和列"下拉按钮,在弹出的下拉列表框中选择"隐藏与取消隐藏"→

"取消隐藏行"或"取消隐藏列"选项。

4.7 打印工作表

4.7.1 页面设置

单击"页面布局"选项卡中的"页面设置"对话框启动器按钮,弹出"页面设置"对话框,如图4-124所示,其中包括"页面""页边距""页眉/页脚""工作表"选项卡。

图 4-124 "页面设置"对话框

① 设置页面

在"页面"选项卡中可以设置页面的"方向""缩放""纸张大小""打印质量"等。

② 设置页边距

在"页边距"选项卡中可以设置正文与页面边缘的距离,在"上""下""左""右"微调框中分别输入页边距数值即可。

③ 设置页眉/页脚

页眉是在页面顶部显示的内容,页脚是在页面底部显示的内容。通常页眉是工作簿名称,页脚是页码,也可以自定义页眉和页脚。单击"页面设置"对话框中的"页眉/页脚"选项卡,在"页眉"和"页脚"下拉列表框中分别选择页眉和页脚格式。

如果要自定义页眉或页脚,可以在"页眉/页脚"选项卡中单击"自定义页眉"或"自定义页脚"按钮,在打开的对话框中完成设置。

如果要删除页眉或页脚,可以先选中工作表,然后在"页面设置"对话框的"页眉/页脚"选项卡中的"页眉"或"页脚"下拉列表框中选择"无"选项。

④ 设置工作表的打印方式

单击"工作表"选项卡,在其中进行如下设置:在"打印区域"文本框中设置打印区域;在"打印标题"组中设置行标题或列标题的区域,为每页设置打印时的行或列标题;在"打印"组中设置网格线、单色打印、批注等；在"打印顺序"组中设置打印顺序为"先列后行"或"先行后列"。

4.7.2 打印预览

正式打印前最好利用打印预览功能检查打印效果。

单击"文件"→"打印"→"打印预览"命令，或者单击快速访问工具栏中的"打印预览"按钮，均可打开"打印预览"界面，如图 4-125 所示。

图 4-125　打印预览界面

4.7.3 打印设置

单击"文件"→"打印"命令，弹出"打印"对话框，如图 4-126 所示。

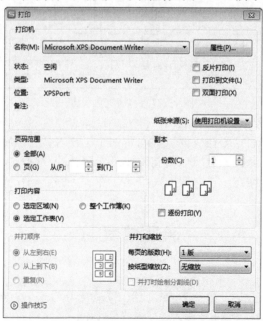

图 4-126　"打印"对话框

在"打印"对话框和"页面布局"选项卡中可以完成如下打印设置。

1 设置打印内容

在"打印"对话框的"打印内容"组中可以设置打印内容。

● 选定工作表:选择该单选按钮,可打印选中的工作表。如果在工作表中选中了打印区域,则只打印该区域。

● 选定区域:选择该单选按钮,可打印工作表中选中的单元格区域。

● 整个工作簿:选择该单选按钮,可打印当前工作簿中所有含有数据的工作表。如果工作表中有选中或定义好的打印区域,则只打印该区域。

2 设置打印份数

在"打印"对话框的"副本"组中可进行如下设置。

● 份数:指定要打印的份数。

● 逐份打印:选择该复选框,将打印范围从头到尾打印一遍,再打印下一份。

3 设置工作表缩放

单击"页面布局"选项卡中的"打印缩放"下拉按钮,在打开的下拉列表框中可以设置工作表打印出来的效果,如图4-127所示。

图4-127 打印缩放设置

● 选择"无缩放"选项,可按工作表的实际大小打印。

● 选择"将整个工作表打印在一页"选项,将缩小工作表,使其在一页中打印出来。

● 选择"将所有列打印在一页"选项,将缩小工作表,使其只有一个页面宽度。

● 选择"将所有行打印在一页"选项,将缩小工作表,使其只有一个页面高度。

课后总复习

1. 打开素材文件夹下的素材文件"book.xlsx",按下列要求完成操作,并同名保存操作结果。

(1)将A1单元格中的标题文字"初二年级第一学期期末成绩单"在A1:L1单元格区域内合并居中,为合并后的单元格填充"深蓝",并将其文字格式设置为"黑体、橙色、16号字"。在A列和B列之间插入一列,在B3单元格中输入列标题"序号",自单元格B4向下填充1、2、3、……,直至单元格B21。

(2)将数据区域A3:M21的外框线及内框线均设为单细线,设置第A:M列的列宽为9字符,第3:21行的行高为

20磅。将数据区域E4:M21的数字格式设置为数值、保留两位小数;将B列中的序号的数字格式设置为文本。

(3)运用公式或函数计算出每个人的总分和平均分,并填入"总分"和"平均分"列中。将计算完成的工作表"成绩单"复制一份,并将复制得到的工作表名称更改为"分类汇总"。

(4)在新工作表"分类汇总"中,先按照以"班级"为主要关键字升序、"总分"为次要关键字降序的方式对数据区域内的记录进行排序,然后通过分类汇总功能求出每个班各科的平均分,其中分类字段为"班级",汇总方式为"平均值",汇总项分别为7个科目,并将汇总结果显示在数据下方。

2. 打开素材文件夹下的素材文件"ET.xlsx"(.xlsx为文件扩展名),后续操作均基于此文件,否则不得分。
小丽是公司HR,近期需要整理公司的员工信息,为了保证员工信息的准确性,请协助小丽完成整理。

(1)"sheet1"工作表中的员工信息比较杂乱,请根据下述要求进行数据整理。

①将"sheet1"工作表重命名为"员工信息表"。

②在"员工信息表"工作表中,选择A1:K1单元格区域,设置文本内容的对齐方式为"居中对齐",字体样式为"加粗",将单元格的背景颜色设置为主题颜色"黑色,文本1"、字体颜色设置为主题颜色"白色、背景1",行高设置为25磅。

③"员工信息表"工作表中存在10个重复项,请将重复的员工信息删除,并将剩余员工信息按照"部门名称"进行"升序"排列。

(2)在"员工信息表"工作表中,利用条件格式将"工资"所在列中高于平均值的单元格样式设置为"浅红填充色深红色文本",将低于平均值的单元格样式设置为"绿填充色深绿色文本";利用条件格式将"当前状态"所在列中内容为"离职"的单元格样式设置为"黄填充色深黄色文本"。

(3)在"员工信息表"工作表中汇总信息时,需要计算几个关键数据,计算结果记录在以下关键数据的右侧空白单元格中:

①员工总数:使用COUNT函数计算公司员工总数。

②工资总额:使用SUM函数计算所有员工的工资总额。

③平均薪资:计算所有员工的平均薪资。

(4)小丽希望了解各部门人员的离职情况,请根据下述要求完成操作。

①为A1:K21单元格区域创建数据透视表,并将其放置在"统计表"工作表中。

②利用数据透视表统计各部门员工当前状态的人数分布情况,要求"值"区域按"当前状态"计数,结果参考下图。

部门名称	离职	在职	总计
××1部	××	××	××
××2部	××	××	××
××3部	××	××	××
××4部	××	××	××
总计	××	××	××

③将数据透视表中的"部门名称"列降序排序,排序依据为"计数项:当前状态"。

(5)对"员工信息表"工作表进行打印页面设置。

①将"员工信息表"工作表设置为"横向",缩放比例设置为"120%",打印在"A5纸"上。

②将A1:K21单元格区域设置为打印区域。

(6)为了美化"员工信息表"工作表,选中A1:K21单元格区域并插入表格,将表格样式修改为"中等-表样式中等深浅4"。

(7)为了确保员工信息的安全性,请根据下述要求完成操作。

①在"员工信息表"工作表中,隐藏"联系电话"所在列,并将当前工作表设置成默认禁止编辑状态。(注:这是考试环节,请不要输入密码,"密码"文本框为空)

②隐藏"统计表"工作表。

学习效果自评

本章中有很多操作性较强的内容,建议考生根据具体的操作流程来学习。本章与考试相关的内容多以操作题的形式出现。下表是对本章比较重要的知识点进行的小结,考生可以用它来检查自己对这些知识点的掌握情况。

掌握内容	重要程度	掌握要求	自评结果
WPS表格的基础操作	★	工作簿、工作表、单元格等概念	□不懂 □一般 □没问题
	★★★	重命名工作表、更改标签颜色和移动、复制工作表	□不懂 □一般 □没问题
	★★	插入单元格和设置行高、列宽等操作	□不懂 □一般 □没问题
	★	特殊数据(时间等)的输入和智能填充功能	□不懂 □一般 □没问题
WPS表格的格式设置	★★	设置数字格式	□不懂 □一般 □没问题
	★★★	设置单元格格式,设置底纹、边框等	□不懂 □一般 □没问题
	★★★★	设置条件格式和套用表格样式	□不懂 □一般 □没问题
WPS表格的图表设置	★★★★	图表的创建和图表格式的设置	□不懂 □一般 □没问题
WPS表格的公式和函数	★★	公式、函数的概念及使用方法	□不懂 □一般 □没问题
	★★★	常用函数的功能	□不懂 □一般 □没问题
WPS表格的数据分析及处理	★★★★	排序	□不懂 □一般 □没问题
	★★★	数据筛选	□不懂 □一般 □没问题
	★★★	分类汇总	□不懂 □一般 □没问题
	★★★	数据透视表	□不懂 □一般 □没问题

第5章
WPS演示的使用

章前导读

通过本章,你可以学习到:

◎幻灯片的基本操作

◎演示文稿的母版、背景设置

◎幻灯片中对象的设置

◎幻灯片的动画效果和切换效果设置

◎幻灯片的放映、打包和打印设置

本章评估	
重要度	★★★
知识类型	应用
考核类型	操作题
所占分值	15分
学习时间	3课时

学习点拨

　　本章介绍的WPS演示是要学习的第3款WPS Office组件。学习时应联系前面介绍的WPS文字和WPS表格的使用方法,注意它们之间相似的操作方法以及它们各自的特点。
　　本章的重点有两个:一是幻灯片版式、背景、母版的设置方法,二是幻灯片的动画设置、切换效果的设置和放映方法。考生在学习本章内容时,应加强上机练习,熟练掌握相关操作。

本章学习流程图

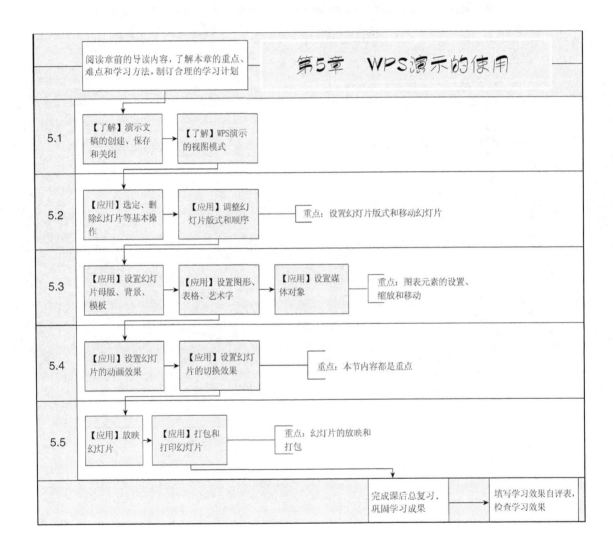

5.1 WPS 演示的基本操作

使用 WPS 演示制作幻灯片，就像在制作一个小型的动画片。当通过各类放映设备播放时，其效果是 WPS 文字与 WPS 表格文件无法比拟的。WPS 演示在界面风格和使用习惯上，都与 PowerPoint 兼容，并且可以实现文件读写的双向兼容。

5.1.1 演示文稿的创建、保存和关闭

1 创建演示文稿

（1）创建空白演示文稿。

WPS 演示提供了多种新建空白演示文稿的方法。

方法 1：单击"开始"按钮 ，选择"所有程序"→"WPS Office"命令，启动 WPS Office，单击首页的"新建"→"演示"→"新建空白文档"按钮，如图 5-1 所示，即可创建一个空白演示文稿。

图 5-1　新建空白演示文稿

方法 2：双击桌面上的 WPS Office 快捷方式，启动 WPS Office，再单击界面左侧的"新建"→"演示"→"新建空白文档"按钮。

方法 3：启动 WPS Office 后，按组合键"Ctrl"+"N"，单击"演示"→"新建空白文档"按钮。

方法 4：在桌面上单击鼠标右键，在弹出的快捷菜单中选择"新建"→"PPTX 演示文稿"命令，创建一个新的 WPS 演示文稿文件，双击该文件即可打开一个空白的演示文稿。

（2）创建应用了模板的演示文稿。

在打开的演示文稿中单击"文件"菜单，选择"新建"→"本机上的模板"命令，弹出"模板"对话框，单击其中的"常规"或"通用"选项卡，选择一种模板，在预览区域可查看该模板的效果，确定后直接单击"确定"按钮，完成创建演示文稿的操作。

如果希望在之后创建的演示文稿中继续使用此模板,可勾选下方的"设为默认模板"复选框,如图5-2所示。

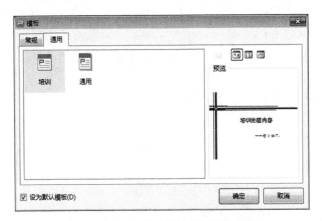

图 5-2　勾选"设为默认模板"复选框

2　保存及关闭演示文稿

（1）保存演示文稿。

方法1：直接单击快速访问工具栏中的"保存"按钮。如果是第一次保存,则会弹出"另存文件"对话框,选择保存路径并输入文件名,再单击"确定"按钮,完成保存。

方法2：按"Ctrl"+"S"组合键。

方法3：单击"文件"→"保存"命令。

（2）关闭演示文稿。

常用的关闭演示文稿的方法有以下4种。

- 单击WPS演示窗口右上角的"关闭"按钮。
- 使用右键单击文档标签,在弹出的快捷菜单中选择"关闭"命令。
- 单击"文件"→"退出"命令。
- 按"Alt"+"F4"组合键。

5.1.2　WPS演示的窗口组成

启动WPS Office后,会打开"首页"界面,单击"新建"→"演示"→"新建空白文档"按钮,打开WPS演示窗口。与WPS文字、WPS表格类似,WPS演示窗口由文档标签栏、"文件"菜单、功能区、选项卡、快速访问工具栏、状态栏等组成,如图5-3所示。

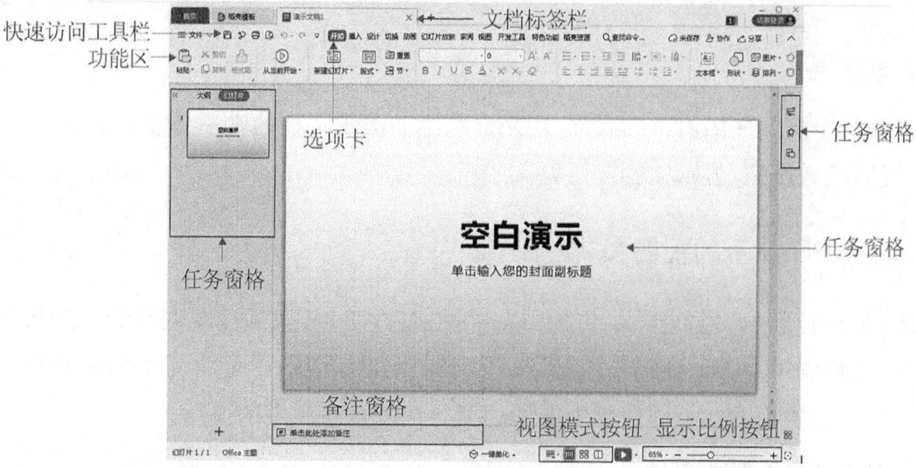

第5章 WPS演示的使用

图 5-3　WPS 演示窗口

1 文档标签栏

文档标签栏位于 WPS 演示窗口的最上方,用于显示当前打开的文件的名称。其左侧有 WPS"首页"按钮,其右侧依次为"最小化""最大化(还原)""关闭"按钮。

2 "文件"菜单

"文件"菜单中主要包括新建、打开、保存、另存为、输出为 PDF、输出为图片、文件打包、打印、分享文档、文档加密、备份与恢复等多个命令。单击"文件"下拉按钮,在弹出的下拉列表框中会显示文件、编辑、视图、插入、格式、工具、幻灯片放映等多个选项,方便用户使用。

3 快速访问工具栏

快速访问工具栏位于 WPS 演示窗口的上方。为了方便用户使用,快速访问工具栏中放置了用户常用的功能按钮,如保存、输出为 PDF、打印、打印预览、撤销、恢复、自定义快速访问工具栏等按钮,如图 5-4 所示。

图 5-4　快速访问工具栏

用户也可以根据自身的需求添加或删除快速访问工具栏中的功能按钮,操作方法为,单击自定义快速访问工具栏按钮,在弹出的下拉列表框中选择某一个选项,此时该选项前会出现对号标记,随即该选项对应的按钮会显示在快速访问工具栏中;如果需要取消快速访问工具栏中的某个功能按钮,只需在下拉列表框中取消对应选项前的对号标记即可。

4 功能区和选项卡

WPS 演示的功能区和选项卡代替了传统的菜单和工具栏。功能区中一般默认包含"开始""插入""切换""动画""幻灯片放映""审阅""视图"等标准选项卡。每个选项卡都为一类特定的功能服务,其中包含了实现该类功能的命令按钮,如图 5-5 所示。

图 5-5　功能区和选项卡

5 状态栏

状态栏位于演示文稿窗口的底部,用来显示当前演示文稿的常用功能和工作状态,包括添加备注、视图模式按钮、显示比例按钮等。

5.1.3 WPS演示的视图模式

WPS演示提供了普通视图、幻灯片浏览视图、备注页视图、阅读视图和幻灯片母版视图等多种视图,可帮助用户方便地编辑、修改演示文稿。WPS演示中最常使用的两种视图是普通视图和幻灯片浏览视图。下面介绍视图的切换方法及这些视图的作用。

1 视图的切换方法

普通视图、幻灯片浏览视图和阅读视图都可以通过单击WPS演示窗口下方的视图模式按钮进行切换,如图5-6所示。

图5-6 视图模式按钮

"视图"选项卡中有7个视图按钮:普通、幻灯片浏览、备注页、阅读视图、幻灯片母版、讲义母版和备注母版,如图5-7所示。单击这7个按钮也可以切换到相应的视图。

图5-7 视图按钮

2 各种视图的作用

(1)普通视图。

普通视图是系统默认的,也是最常用的视图。启动WPS演示后,最先看到的就是这个视图。普通视图界面由幻灯片浏览窗格、幻灯片窗格和备注窗格3部分组成。下面介绍操作方法时,如无特别说明,指的就是在普通视图下的操作。

(2)幻灯片浏览视图。

在幻灯片浏览视图中,幻灯片以缩略图的形式显示,如图5-8所示。在该视图下,我们可以很容易地复制、添加、删除和移动幻灯片,但不能对单张幻灯片的内容进行编辑、修改。

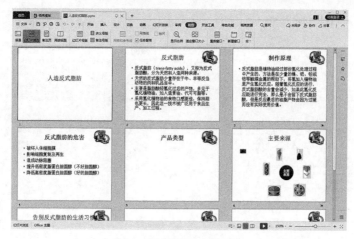

图 5-8　幻灯片浏览视图

双击某一张幻灯片的缩略图,就可以切换到此幻灯片的普通视图。

(3)备注页视图。

备注页视图是供讲演者使用的,每一张幻灯片都可以有相应的备注。备注页视图界面的上方是幻灯片缩略图,下方是讲演时需要的一些提示(如帮助记忆的关键点)或为观众创建的备注。打开备注页视图的方法为单击"视图"选项卡中的"备注页"按钮。

(4)阅读视图。

阅读视图会在计算机屏幕上像幻灯机那样动态地播放演示文稿中的幻灯片,是实际播放演示文稿时的视图。

(5)幻灯片母版视图。

幻灯片母版是存储有关应用的设计模板信息的幻灯片,包括字体格式、占位符大小或位置、背景设计及配色方案等。

在幻灯片母版视图中可以进行复制、剪切、粘贴、新建、删除、重命名等操作,还可进行母版版式、主题、背景等设计。

5.2　幻灯片的基本操作

5.2.1　选择幻灯片

在对幻灯片进行操作之前要选中需要进行操作的幻灯片,选中幻灯片的操作方法如下。

1 选中单张幻灯片

(1)在普通视图下,单击导航窗格中的"幻灯片"选项卡,在"幻灯片"窗格中单击任意一张幻灯片,即可选中该幻灯片。

(2)在幻灯片浏览视图下,单击所要选中的幻灯片,其会被粗线框包围,表示此幻灯片被选中,成为当前幻灯片,如图5-9所示。

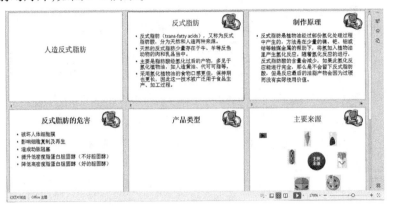

图5-9 在幻灯片浏览视图下选中幻灯片

② 选中多张幻灯片

(1)选中不连续的几张幻灯片。在普通视图、幻灯片浏览视图下,先单击第一张幻灯片,然后按住"Ctrl"键,依次单击其余要选中的幻灯片,即可将它们依次选中。

(2)选中连续的多张幻灯片。在普通视图、幻灯片浏览视图下,先单击第一张幻灯片,然后按住"Shift"键,单击最后一张幻灯片,即可选中两张幻灯片之间的所有幻灯片。

③ 全选幻灯片

在普通视图的"大纲"窗格中或幻灯片浏览视图下按"Ctrl"+"A"组合键,即可全选幻灯片。

5.2.2 幻灯片的插入、删除和保存

① 插入一张空白幻灯片

将新幻灯片插入已有的演示文稿的具体操作步骤如下。

【应用】插入新的幻灯片。

步骤1 将光标定位到插入位置的前一张幻灯片上,使其成为当前幻灯片。

步骤2 单击"插入"选项卡中的"新建幻灯片"下拉按钮,在弹出的下拉列表框中选择需要的版式;或者按"Ctrl"+"M"组合键,此时会直接插入一张幻灯片,然后通过"开始"选项卡中的"版式"命令为新幻灯片设置需要的版式。

② 删除幻灯片

使用鼠标右键单击要删除的幻灯片,在弹出的快捷菜单中选择"删除幻灯片"命令。

③ 保存幻灯片

单击"文件"→"保存"或"另存为"命令,打开"另存文件"对话框,在"位置"下拉列表框中选择合适的保存位置,在"文件名"文本框中输入文件名,在"文件类型"下拉列表框中选择文件的保存类型,最后单击"保存"按钮。

5.2.3 调整幻灯片版式

版式由占位符组成。占位符可放置文字和图片等内容。WPS 演示提供的每套新建模板在默认情况下都包含 11 种版式,每种版式都有自己的名称,每个版式中都显示了可以在其中添加的文本、图形、图表等对象的占位符,以及占位符的具体位置。

【应用】调整幻灯片版式。

在某些情况下,我们需要改变幻灯片的版式来改变幻灯片内容的布局。当需要改变幻灯片的版式时,可以进行如下操作。

步骤1 在打开的演示文稿中选中要改变版式的幻灯片,使其成为当前幻灯片。

步骤2 单击"开始"选项卡中的"版式"下拉按钮,弹出下拉列表框,如图5-10所示。

图 5-10 "版式"下拉列表框

步骤3 选择需要应用的幻灯片版式。

5.2.4 调整幻灯片的顺序和复制幻灯片

【应用】调整幻灯片的排列顺序。

1 调整幻灯片的顺序

调整幻灯片的顺序实质上就是移动幻灯片,一般在幻灯片浏览视图中进行操作,也可以在普通视图中进行操作。

在幻灯片浏览视图中,选中要移动的幻灯片,按住鼠标左键将幻灯片拖动到目标位置后,松开鼠标左键,所选幻灯片就会移动到该位置。

2 复制幻灯片

可以将一张幻灯片复制、粘贴到演示文稿中的其他位置。复制幻灯片的操作一般在普通视图和幻灯片浏览视图中进行,具体操作步骤如下。

步骤1 在左侧的"大纲"或"幻灯片"窗格中单击需要复制的幻灯片。

步骤2 单击鼠标右键,在弹出的快捷菜单中选择"复制"命令。

步骤3 在需要插入幻灯片的位置单击鼠标右键,在弹出的快捷菜单中选择"粘贴"命令,即可将幻灯片粘贴到指定位置。

请注意 可以使用组合键"Ctrl"+"C"和"Ctrl"+"V"来代替"复制"和"粘贴"命令。

5.3 演示文稿的外观修饰

现在,我们已经学会了如何制作一个演示文稿。但问题又来了:我们制作的演示文稿不是很美观。下面就介绍使演示文稿变得更加美观的方法。

5.3.1 使用母版统一设置幻灯片

WPS 演示中有一类特殊的幻灯片,称为母版。母版包括幻灯片母版、讲义母版和备注母版 3 种。其中幻灯片母版包括版式母版和幻灯片母版。版式母版用于控制版式相同的幻灯片的属性,而幻灯片母版用于控制幻灯片中其他类别对象的共同特征,如文本格式、图片格式、幻灯片背景及某些特殊效果。

学习提示

【应用】设置幻灯片母版。

如果需要统一修改全部幻灯片的外观,如希望每张幻灯片中都显示演示文稿的制作日期,只需在幻灯片母版中输入日期,WPS 演示将自动更新已有或新建的幻灯片,使所有幻灯片的相同位置均显示在母版内输入的日期。

1 统一设置日期

步骤1 单击"插入"选项卡中的"日期和时间"按钮,弹出"页眉和页脚"对话框。

步骤2 在"幻灯片"选项卡中,可以统一设置日期和时间、幻灯片编号、页脚等是否在幻灯片中显示,如图 5-11 所示。

图 5-11 统一设置幻灯片中显示的内容

请注意　勾选"标题幻灯片不显示"复选框,则标题幻灯片中不显示设置的内容。

2 为每张幻灯片增加相同的对象

下面以插入图片为例说明如何在幻灯片母版上增加对象,以便在每张幻灯片的相同位置均显示该对象,具体的操作步骤如下。

步骤1 单击"视图"选项卡中的"幻灯片母版"按钮,进入幻灯片母版视图,如图5-12所示。

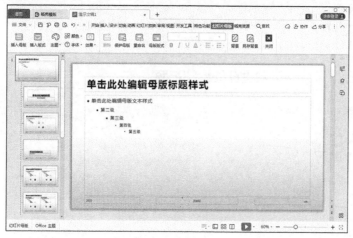

图5-12　幻灯片母版视图

步骤2 选中幻灯片母版中的第一张幻灯片,单击"插入"选项卡中的"图片"按钮,在弹出的对话框中浏览并选中需要插入的图片对象,再单击"打开"按钮,即可将该图片插入幻灯片母版。

步骤3 单击"幻灯片母版"选项卡中的"关闭"按钮,退出幻灯片母版视图后,就可以看到所有幻灯片的相同位置均出现了刚插入的图片,如图5-13所示。

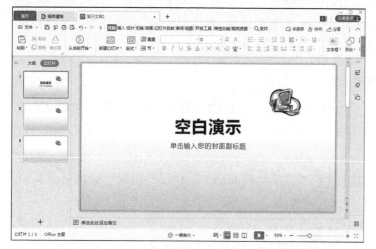

图5-13　通过幻灯片母版为所有幻灯片添加图片

3 建立与母版不同的幻灯片

如果要使个别幻灯片与母版不一致,可以进行以下操作。

步骤1 选中需要不同于母版的目标幻灯片。

步骤2 单击"幻灯片母版"选项卡中的"背景"按钮,在右侧打开"对象属性"窗格。

步骤3 在"填充"选项卡的"填充"组中勾选"隐藏背景图形"复选框,将当前幻灯片上的母版图形对象隐藏,如图 5-14 所示。

图 5-14 隐藏背景图形

5.3.2 应用设计模板

WPS 演示中的设计模板是包含演示文稿样式的文件,主要包含项目符号和字体格式、占位符大小和位置、背景设计和填充效果、配色方案以及幻灯片母版和可选的版式母版等。应用设计模板可以使制作出来的演示文稿更专业,版式更合理,主题更鲜明,界面更美观,字体更规范,配色更标准,提升演示文稿的质量,增强其观赏性。

【应用】应用设计模板。

1 设计模板的概念

WPS 演示的设计模板包含非常丰富的内容,便于用户快速建立具有统一风格的演示文稿,同时也便于用户对演示文稿进行再次编辑。用户可以根据自己的需要,选择不同风格的设计模板。

设计模板是演示文稿的重要组成部分。现代设计模板一般包括片头动画、封面、目录、过渡页、内页、封底、片尾动画等。

2 如何获取设计模板

可以通过以下方式获取设计模板。

(1)使用系统自带的设计模板。

(2)从网络上下载设计模板。

（3）自制设计模板。

（4）将已有的演示文稿另存为设计模板。

3 如何应用设计模板

（1）套用其他幻灯片母版/版式。

具体的操作步骤如下。

步骤1 单击"设计"选项卡中的"导入模板"按钮。

步骤2 在弹出的"应用设计模板"对话框中选择需要导入的演示文稿模板，单击"打开"按钮。

该演示文稿的母版（版式）格式被套用到当前演示文稿，其幻灯片中的版式格式、文本样式、背景等都会发生相应的改变。

（2）套用在线设计模板。

计算机连接网络后，才可以在 WPS 演示中套用在线设计模板，具体的操作方法如下。

方法 1：单击"设计"选项卡中的"更多设计"按钮，在弹出的"在线设计方案"对话框中进行选择。

方法 2：单击"设计"选项卡中的"魔法"按钮，WPS 演示将对本演示文稿进行设计模板的随机套用。

方法 3：单击"大纲"或"幻灯片"窗格中的任意幻灯片，再单击该幻灯片右下方的"＋"按钮，在弹出的界面中选择所需的设计模板。

5.3.3 背景设置

幻灯片的背景是幻灯片的一个重要组成部分，改变幻灯片背景可以使幻灯片的整体风格发生变化，较大程度地改善放映效果。我们可以在 WPS 演示中轻松改变幻灯片背景的颜色，以及渐变、纹理、图案及背景图像等填充效果。

【应用】设置幻灯片的各种背景。

1 改变背景颜色

改变背景颜色的操作就是为幻灯片的背景均匀地"喷"上一种颜色，以快速地改变整个演示文稿的风格，具体的操作步骤如下。

步骤1 单击"设计"选项卡中的"背景"按钮，在右侧打开"对象属性"窗格。

步骤2 在"填充"组中选择"纯色填充"单选按钮，在"颜色"下拉列表框中选择需要使用的背景颜色或通过"取色器"直接吸取所需的颜色。左右拖动"颜色"下拉列表框下方的"透明度"滑块，可以调整颜色的透明度。

步骤3 单击"对象属性"窗格中的"全部应用"按钮或右上角的"关闭"按钮，完成背景颜色的设置。

 请注意　　注意"关闭"和"全部应用"按钮的功能区别：前者是将颜色的设置应用于当前幻灯片，后者是将颜色的设置应用于该演示文稿的所有幻灯片。

如果没有合适的颜色,可以单击"颜色"下拉列表框中的"更多颜色"按钮,在弹出的"颜色"对话框中选择颜色,如图 5-15 所示,选择好颜色后单击"确定"按钮。

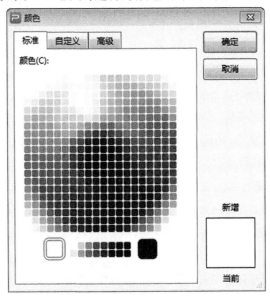

图 5-15 "颜色"对话框

"颜色"对话框中各选项卡的功能如下。

- "标准"选项卡:可以单击选取一种颜色。
- "自定义"选项卡:可以单击选取一种颜色,也可以利用 RGB 颜色模式或者 HSL 颜色模式,在微调框中输入数字或在"颜色"框中单击色块,选择一种颜色,如图 5-16 所示。
- "高级"选项卡:可以单击"颜色"框中的"三角形"颜色选取器,再单击环形颜色选取器选取一种颜色,也可以利用 RGB 颜色模式或者 HSL 颜色模式,在微调框中输入数字或单击色块,选择一种颜色,如图 5-17 所示。

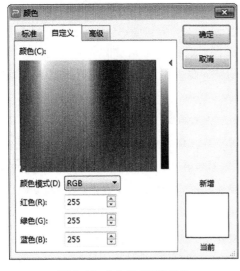

图 5-16 "自定义"选项卡

图 5-17 "高级"选项卡

2 改变背景的其他设置

设置背景颜色后,幻灯片的效果虽然比原来的好多了,但是因为颜色单一,整个幻灯片的外观仍然显得比较单调。可能有的读者会问:我们可以把背景设置得更加美观吗?答案是肯定的,WPS 演示提供了许多个性化的设计,足以满足我们在制作演示文稿时的各种需求。

单击"设计"选项卡中的"背景"按钮,在右侧打开"对象属性"窗格,在"填充"组中有 4 个单选按钮:纯色填充、渐变填充、图片或纹理填充、图案填充。

- 纯色填充:幻灯片的背景色为一种颜色。WPS 演示提供了单色及自定义颜色来作为幻灯片的背景色。

- 渐变填充:幻灯片的背景有多种颜色。渐变填充的属性包括渐变样式、角度、色标、位置、透明度、亮度等。

- 图片或纹理填充:幻灯片的背景为图片或纹理,其中包括对图片填充、纹理填充、透明度、放置方式等的设置。"纹理"下拉列表框中有一些质感较强的预设图片,如图 5-18 所示,应用后会使幻灯片具有一些特殊材料的质感。

- 图案填充:幻灯片的背景为图案。图案是一系列网格状的底纹图形,由背景和前景构成,其中的形状多是线条形和点状形的,如图 5-19 所示。一般很少使用此填充效果。

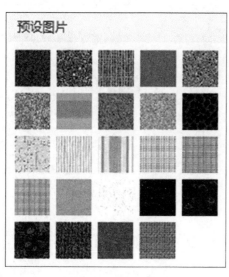

图 5-18 预设图片　　　　图 5-19 图案

在 WPS 演示中,纯色填充、渐变填充、纹理填充、图案填充、图片填充只能使用一种,也就是说,如果先设置了纹理填充,而后又设置了图片填充,则幻灯片只会应用图片填充效果。

如果需要取消本次填充效果设置,可以单击"对象属性"窗格下方的"重置背景"按钮。

5.3.4 图形、表格、艺术字设置

演示文稿中不仅可以包含文本,还可以包含各类图形、表格、艺术字等。

1 绘制基本图形

在幻灯片中绘制基本图形的具体操作步骤如下。

步骤1 选中需要添加图形的幻灯片。

步骤2 单击"插入"选项卡中的"形状"下拉按钮,在弹出的下拉列表框中选择一种形状绘制工具,如图5-20所示。

步骤3 此时鼠标指针在编辑区中变为了黑色十字形状,按住鼠标左键并拖动鼠标指针到合适的位置,松开鼠标左键后就绘制出了相应的形状,如图5-21所示。

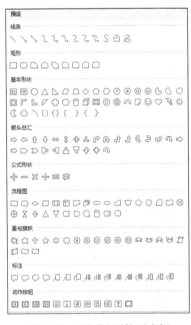

图5-20 "形状"下拉列表框

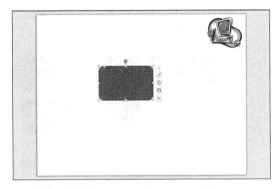

图5-21 绘制出的圆角矩形

请注意 如果在绘制图形的过程中按住Shift键,则绘制出的为圆形、正N边形或直线。

2 绘制线段

在幻灯片中绘制线段的具体操作步骤如下。

步骤1 选中需要添加线段的幻灯片。

步骤2 单击"插入"选项卡中的"形状"下拉按钮,在弹出的下拉列表框中选择"直线"绘制工具。

步骤3 鼠标指针在编辑区中变为了黑色十字形状,按住Shift键并拖动鼠标指针到合适的位置,松开Shift键和鼠标左键,就可以绘制出一条线段,如图5-22所示。

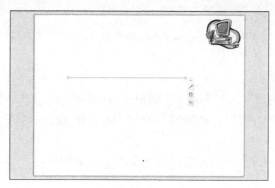

图 5-22　绘制一条线段

3　绘制曲线

在幻灯片中绘制曲线的具体操作步骤如下。

步骤1 选中需要添加曲线的幻灯片。

步骤2 单击"插入"选项卡中的"形状"下拉按钮,在弹出的下拉列表框中选择"曲线"绘制工具。

步骤3 鼠标指针在编辑区中变为了黑色十字形状,拖动鼠标指针到合适的位置,完成一段曲线的绘制。

步骤4 继续拖动鼠标指针,单击即可确定一个拐点。

步骤5 重复以上拖动和单击操作,直至拖动到合适的位置(即曲线的终点),双击完成曲线的绘制,如图 5-23 所示。

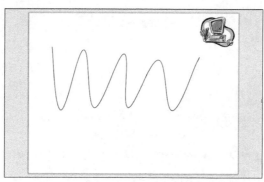

图 5-23　绘制一条曲线

4　添加表格

为使数据展现得更简洁、直观,可以在演示文稿中使用表格。下面介绍如何在幻灯片中创建表格和设置表格的属性。

(1)如何在幻灯片中插入表格对象。

步骤1 选中要插入表格的幻灯片。

步骤2 单击"插入"选项卡→"表格"下拉按钮→"插入表格"选项,弹出"插入表格"对话框,在该对话框中输入表格的行数和列数,如图 5-24 所示。

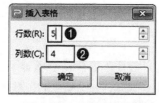

图 5-24　通过"插入表格"对话框插入表格

步骤3 单击"确定"按钮,出现一个表格,拖动表格的控制点,可以改变表格的大小;拖动表格的外边框,可以移动表格。

(2)表格对象的设置。

选中表格对象,会出现"表格样式"和"表格工具"选项卡。

- "表格工具"选项卡:可以对表格的行和列、单元格、段落、对齐方式以及位置关系等进行设置。
- "表格样式"选项卡:可以为表格应用系统内置的某种样式。

5 添加艺术字

用户还可以对文本进行艺术化处理,使其具有特殊的艺术效果。插入艺术字便能实现这一目的。

(1)插入艺术字。

方法1:单击"插入"选项卡→"艺术字"下拉按钮,从弹出的下拉列表框中选择所需的艺术字效果,输入所需的文字,如图5-25所示。

图5-25　插入艺术字

方法2:选中需要设置艺术字的文本框,单击"文本工具"选项卡→"艺术字样式"下拉按钮,从弹出的下拉列表框中选择所需的艺术字效果,文本框中的文字即变为艺术字。

(2)艺术字的设置。

- 修改艺术字的字体格式及段落格式。

步骤1 选中艺术字对象。

步骤2 在"文本工具"选项卡中,设置艺术字的字体、字号、字间距、颜色和对齐方式等。

- 修改艺术字效果。

步骤1 选中艺术字对象。

步骤2 在"文本工具"选项卡中,通过"艺术字样式"下拉列表框快速为其应用预设样式,或者填充文本颜色、设置文本轮廓与文本效果等。

6 图片的设置

(1)插入图片。

用户也可以在幻灯片中插入图片,具体的操作步骤如下。

步骤1 单击"插入"选项卡中的"图片"按钮,弹出"插入图片"对话框。

步骤2 在"插入图片"对话框中浏览并选择目标图片,然后单击"打开"按钮,将该图片插入幻灯片。

(2)调整图片的大小和位置。

● 手动调整。

手动调整图片的大小和位置的具体操作如下。

步骤1 单击需要改变大小和位置的图片,图片四周会出现8个控制点,同时打开"图片工具"选项卡。

步骤2 将鼠标指针移动到图片中的任意位置,按住鼠标左键并拖动,可以移动图片到新的位置。

步骤3 将鼠标指针移动到图片的控制点上,当鼠标指针变成水平、垂直或斜对角的双向箭头形状时,沿箭头方向拖动鼠标指针可以改变图片在水平、垂直或斜对角方向上的大小。

● 精确调整。

精确调整图片的大小和位置的具体操作如下。

步骤1 单击需要改变大小和位置的图片,单击鼠标右键,在弹出的快捷菜单中选择"设置对象格式"命令。

步骤2 在窗口右侧将打开"对象属性"窗格,单击"大小与属性"选项卡,打开"大小"组,在其中可以精确设置图片的大小,如图5-26(a)所示。

步骤3 打开"位置"组,可以精确设置图片的位置,如图5-26(b)所示。

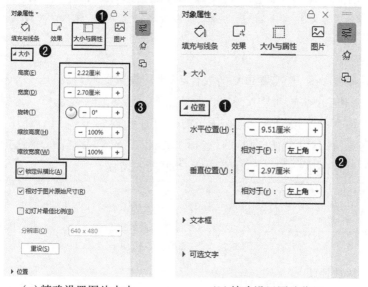

(a)精确设置图片大小　　　　(b)精确设置图片位置

图5-26　精确设置图片大小和位置

请注意　　如果在"对象属性"窗格中勾选了"锁定纵横比"复选框,对高度或宽度任意设置一个值后,另外一个值也会发生变化。如果图片的高度和宽度都需要发生变化,在调整图片高度和宽度之前,需要先取消勾选"锁定纵横比"复选框。

5.3.5 音频和视频设置

一个演示文稿只包含文字和图片的话,会显得比较单调,添加适当的音频和视频会使演示文稿有声有色,且更具吸引力。下面就介绍如何在演示文稿中添加音频和视频对象。

1 插入与播放音频

(1)插入音频。

用户可以插入自己准备的各种音频文件。向幻灯片中插入音频文件的具体操作步骤如下。

步骤1 选中要插入音频的幻灯片,单击"插入"选项卡中的"音频"下拉按钮,在弹出的下拉列表框中有4个选项,即"嵌入音频""链接到音频""嵌入背景音乐""链接背景音乐"选项。

4个选项的功能说明如下。

- "嵌入音频"选项:将音频文件嵌入当前演示文稿文件中。
- "链接到音频"选项:仅创建跳转到音频文件的链接。
- "嵌入背景音乐"选项:将音频文件作为背景音乐嵌入当前演示文稿中。一般情况下,背景音乐放置在幻灯片首页。
- "链接背景音乐"选项:仅创建跳转到音频文件的链接,并将其链接的音频设置为当前演示文稿的背景音乐。

步骤2 这里以"嵌入音频"为例。选择"嵌入音频"选项,打开"嵌入音频"对话框,选择包含声音文件的文件夹,再选择所需的声音文件,单击"打开"按钮。在激活的"音频工具"选项卡中,按照实际需求设置音频的播放方式。

(2)播放音频。

音频一般只播放一遍,若需要重复播放音频,则需设置循环播放。

在激活的"音频工具"选项卡中,勾选"循环播放,直到停止"复选框。这样,放映幻灯片时就可以重复播放该音频。按"Esc"键或从当前幻灯片切换到另一张幻灯片可以停止播放音频。如果音频需要跨幻灯片播放,则可以选择下方的"跨幻灯片播放"单选按钮,并设置音频播放到第几张幻灯片停止。"音频工具"选项卡如图5-27所示。

图5-27 "音频工具"选项卡

2 插入与播放视频

(1)插入视频。

向幻灯片插入已存在的视频文件的方法与插入音频文件的方法类似,具体的操作步骤如下。

步骤1 选中要插入视频的幻灯片,单击"插入"选项卡中的"视频"下拉按钮,在弹出的下拉列表框中有4个选项,即"嵌入本地视频""链接到本地视频""网络视频""Flash"选项,如图5-28所示。

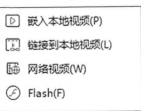

图5-28 "视频"下拉列表框

4个选项的功能说明如下。
- "嵌入本地视频"选项:将视频文件嵌入当前演示文稿文件。
- "链接到本地视频"选项:仅创建跳转到本地视频文件的链接。
- "网络视频"选项:插入网络中的视频文件。
- "Flash"选项:插入 Flash 视频文件。

步骤2 这里以"嵌入本地视频"为例。选择"嵌入本地视频"选项,弹出"插入视频"对话框,在该对话框中选择存放视频文件的文件夹,再选择视频文件,单击"打开"按钮,在激活的"视频工具"选项卡中,按照实际需求设置视频的播放方式。

(2)播放视频。

视频一般只播放一遍,若需要重复播放视频,则需设置循环播放。

在激活的"视频工具"选项卡中,勾选"循环播放,直到停止"复选框。这样,放映幻灯片时就可以重复播放该视频。按"Esc"键或从当前幻灯片切换到另一张幻灯片可以停止播放视频。如果视频需要全屏播放,则可以勾选下方的"全屏播放"复选框。"视频工具"选项卡如图 5-29 所示。

图 5-29 "视频工具"选项卡

5.4 幻灯片的交互操作

幻灯片现在的播放效果与展示一张张纸稿没什么两样,十分生硬。下面介绍如何使幻灯片更具动感。

5.4.1 设置动画效果

幻灯片是由文本、图片、表格等要素组成的,设置动画效果实际上就是为这些要素分别设置动画。组合使用合适的动画效果会让幻灯片更加生动。下面重点介绍使用"自定义动画"窗格为幻灯片中的对象设置动画效果的方法。

【应用】设置幻灯片的动画效果。

1 使用"自定义动画"窗格添加动画效果

(1)调出"自定义动画"窗格的方法如下。

方法1:单击"动画"选项卡中的"自定义动画"按钮。

方法2:选中幻灯片中需要设置动画效果的对象,单击鼠标右键,在弹出的快捷菜单中选择"自定义动画"命令。

"自定义动画"窗格如图 5-30 所示。

图 5-30 "自定义动画"窗格

(2)利用"自定义动画"窗格添加动画效果。

步骤1 在幻灯片中选中需要添加动画效果的对象,在右侧的"自定义动画"窗格中单击"添加效果"下拉按钮,在弹出的下拉列表框中选择"进入"→"飞入"动画,如图 5-31 所示。

步骤2 继续选中幻灯片中需要添加动画效果的对象,在"自定义动画"窗格中,单击"添加效果"→"强调"→"放大/缩小"动画,为选中的对象添加强调动画效果;单击"添加效果"→"退出"→"飞出"动画,为选中的对象添加退出动画效果,如图 5-32 所示。

图 5-31 选择"飞入"动画

图 5-32 添加动画效果

步骤3 单击"自定义动画"窗格下方的"播放"按钮,即可预览动画效果。

请注意：在普通视图中，选中一张幻灯片，再选中幻灯片中的某一对象。单击"动画"选项卡下"动画"列表框右下角的下拉按钮，弹出"动画"下拉列表框，选择一种动画效果，可快速为选中的对象应用动画。

2 动画效果的设置

添加动画效果后，还可以进一步设置动画效果。在"自定义动画"窗格中，双击其中一个动画系列，可以打开动画属性对话框，此处以"飞入"对话框为例。

- 在"效果"选项卡中，可以进行如下设置，如图5-33所示。

在"设置"组中可以设置动画出现的方向，共有8种方向可以选择。还可勾选"平稳开始"和"平稳结束"复选框。

在"增强"组中可以设置声音。在"声音"下拉列表框中可选择系统自带的音效，也可以添加自定义的音效。单击声音图标可以设置声音的音量或者选择静音模式。还可以设置"动画播放后"效果和动画文本的进入方式。当将动画文本设置为"按字母"进入时，还可以设置各字母进入的延迟时间。

- 在"计时"选项卡中，可以进行如下设置，如图5-34所示。

图5-33 "飞入"对话框中的"效果"选项卡

图5-34 "飞入"对话框中的"计时"选项卡

在"开始"下拉列表框中有3种开始方式可以选择，分别为"之前""之后""单击时"。"单击时"是指在单击幻灯片时启动动画，"之前"是指在启动列表中的前一动画的同时启动该动画，"之后"是指在播放完列表中的前一动画之后立即启动该动画。

在"延迟"微调框中可以设置某一动画启动前等待的时间，以秒为单位。可以选择系统预设的时间值，也可以自行输入具体的时间值。

"速度"下拉列表框中有5个选项，分别为"非常慢（5秒）""慢速（3秒）""中速（2秒）""快速（1秒）""非常快（0.5秒）"。也可以自行输入具体的数值。

在"重复"下拉列表框中可以设置动画播放的次数。

单击"触发器"按钮,有两种选项可选,一是"部分单击序列动画",等同于单击即启动此动画;二是"单击下列对象时启动效果",单击其右侧的下拉按钮,在弹出的下拉列表中选择单击时要触发的对象。

3 删除自定义动画效果

在"自定义动画"窗格的自定义动画列表中,选中需要删除的动画效果,单击上方的"删除"按钮,即可将该自定义动画效果删除。

4 调整动画顺序

动画效果设置完成后,还可以任意调整动画序列的播放顺序,方法有以下两种。

方法1:在"自定义动画"窗格中单击所需的动画效果,按住鼠标左键并拖动该动画效果到动画序列中的合适的位置,松开鼠标左键,该动画效果就被调整到此位置了。

方法2:在"自定义动画"窗格中单击所需的动画效果,单击下方的"重新排序"按钮,即可上下调整其位置。

5 插入动作

在幻灯片中插入动作的具体操作步骤如下。

步骤1 单击需要设置动作的幻灯片。

步骤2 单击"插入"→"形状"下拉按钮,在弹出的下拉列表框中选择需要的动作按钮形状,在幻灯片中绘制一个动作按钮形状后,单击"插入"选项卡中的"动作"按钮,弹出"动作设置"对话框,如图5-35所示。

图5-35 "动作设置"对话框

步骤3 在"鼠标单击"选项卡中设置单击时的动作,或者在"鼠标移过"选项卡中设置鼠标指针移过时的动作。

步骤4 设置完成后,单击"确定"按钮。

6 插入超链接

在WPS演示中,超链接是从一张幻灯片跳转到其他幻灯片、网页或文件等对象的链接,是实现幻灯片交互的重要工具。插入超链接的具体操作步骤如下。

步骤1 选中需要添加超链接的幻灯片对象。

步骤2 单击"插入"选项卡中的"超链接"按钮,弹出"插入超链接"对话框,如图5-36所示。

图5-36 "插入超链接"对话框

在此对话框中可以进行如下设置。

● 选择"原有文件或网页"选项后,选中需要链接的文件或网页,也可以输入要链接的文件或网页的地址。

● 选择"本文档中的位置"选项后,从列表框中选择需要链接的幻灯片或者选择预设的"自定义放映"。选择"自定义放映"时,可以勾选"幻灯片预览"组下方的"显示并返回"复选框。

● 选择"电子邮件地址"选项后,在"电子邮件地址"文本框中输入所需的电子邮件地址。

步骤3 单击上方的"屏幕提示"按钮,会弹出"设置超链接屏幕提示"对话框,可以在其文本框中输入提示文本,再单击"确定"按钮,返回"插入超链接"对话框,单击"确定"按钮,完成超链接的插入。

请注意　选中设置了超链接的对象,单击鼠标右键,在弹出的快捷菜单中选择"超链接"→"取消超链接"命令,即可删除超链接。

5.4.2 设置切换效果

幻灯片和普通的文本不同:文本是用来阅读的,用页码标记清楚其顺序即可;而幻灯片是用来放映的,一张幻灯片放映完毕,另一张幻灯片便会"登场"。如果幻灯片之间没有过渡,则放映效果会非常生硬,所以,一般要为幻灯片添加过渡效果。幻灯片之间的过渡效果在 WPS 演示中被称为切换效果。

【应用】设置幻灯片的切换效果。

设置切换效果的具体操作步骤如下。

步骤1 选中需要设置切换效果的幻灯片。

步骤2 在"切换"选项卡中单击"切换"列表框右下角的下拉按钮,弹出"切换效果"下拉列表框,如图5-37所示。

图5-37 "切换效果"下拉列表框

▎步骤3 选择需要的切换效果。如果单击"切换"选项卡中的"应用到全部"按钮,则每张幻灯片都会应用这种切换效果。

下面介绍"切换"选项卡中各相关按钮和选项的功能。

(1)"预览效果"按钮:如果需要查看设置的切换效果,可以单击"预览效果"按钮。

(2)"切换"列表框:用于设置不同的切换效果。在"效果选项"下拉列表框中可以设置切换方向。

(3)"速度"微调框:用于设置幻灯片的切换速度。

(4)"声音"下拉列表框:从中选择一种声音,在切换幻灯片时就会发出相应的声音。

(5)如果勾选"单击鼠标时换片"复选框,幻灯片放映时,单击一次就会切换到下一张幻灯片;如果勾选"自动换片"复选框,幻灯片放映时,系统会根据用户自行设置的换片时间,每隔一段时间就自动换页。

(6)"应用到全部"按钮:用于将切换效果应用于全部幻灯片。

> 请注意 如何取消幻灯片的切换效果呢?选中要取消切换效果的幻灯片,在"切换"选项卡的"切换"列表框中选择"无切换"选项即可。

5.5 输出演示文稿

前面的内容都是围绕如何制作和修饰演示文稿进行的,本节将介绍如何输出演示文稿。输出演示文稿时,可以选择放映方式,也可以选择打包、打印方式,它们都可以把我们辛勤工作的成果展示出来。

5.5.1 放映设置

演示文稿制作和修饰完毕之后,就可以在屏幕上放映了。使用计算机屏幕(或者连接到投影仪及其他输出设备)放映是输出演示文稿时最常用的方式。

1 开始放映

单击"幻灯片放映"选项卡中的"从头开始"按钮,或者按"F5"键,演示文稿的第一张幻灯片会以全屏的形式出现在屏幕上,单击或按"Enter"键可切换到下一张幻灯片。按"Esc"键可以中断放映并返回 WPS 演示界面。

2 设置自动放映模式

由于演示文稿的作用不同,要选择的放映方式也不尽相同。演示文稿的放映方式有两种:演讲者放映(全屏幕)和展台自动循环放映(全屏幕)。设置放映方式的操作步骤如下。

▎步骤1 单击"幻灯片放映"选项卡中的"设置放映方式"按钮,弹出"设置放映方式"对话框,如图5-38所示。

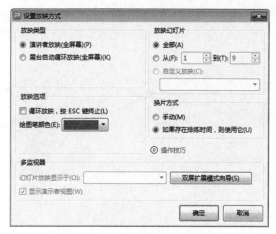

图 5-38 "设置放映方式"对话框

步骤2 在"放映类型"组中选择需要的放映类型。如果选择"演讲者放映(全屏幕)"单选按钮,演示文稿的放映过程完全由演讲者控制;如果选择"展台自动循环放映(全屏幕)"单选按钮,演示文稿将自动循环放映,不支持鼠标操作,要停止播放,只能按"Esc"键。

步骤3 在"放映幻灯片"组中,选择"全部"或"从…到…"单选按钮,确定幻灯片的放映范围。选择"自定义放映"单选按钮,可自定义放映范围。

步骤4 在"放映选项"组中,勾选"循环放映,按 ESC 键终止"复选框,将循环放映演示文稿。在"演讲者放映(全屏幕)"方式下绘图笔的颜色可选,在"展台自动循环放映(全屏幕)"方式下绘图笔的颜色不可选。

步骤5 在"换片方式"组中,选择"手动"或"如果存在排列时间,则使用它"单选按钮。

步骤6 设置完成后单击"确定"按钮。

3 控制幻灯片放映

在默认情况下,幻灯片是按制作时的顺序放映的,即第一张幻灯片放映完成后,继续第二张幻灯片的放映。如果在放映幻灯片时,某张幻灯片未看清楚,或者要在放映的过程中直接切换到某张幻灯片,可以控制幻灯片的放映顺序。一般来说,控制幻灯片放映顺序的方法有以下几种。

(1)返回上一张幻灯片。

如果要在放映幻灯片时返回上一张幻灯片,可在放映幻灯片时单击鼠标右键,在弹出的快捷菜单中选择"上一页"命令。

(2)切换到下一张幻灯片。

如果要在放映幻灯片时切换到下一张幻灯片,可在放映幻灯片时单击鼠标右键,在弹出的快捷菜单中选择"下一页"命令。

(3)切换到演示文稿中的任意一张幻灯片。

放映幻灯片时,切换到演示文稿中的任意一张幻灯片的操作方法有以下两种。

● 在当前幻灯片上单击鼠标右键,在弹出的快捷菜单中选择"定位"→"幻灯片漫游"或"按标题"命令均可以定位到任意一张幻灯片,如图5-39所示。使用这种方法时,可以看到在当前幻灯片标题的前面有一个对号标记。

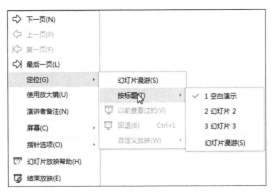

图 5-39 幻灯片定位

- 在幻灯片放映时,直接输入幻灯片编号,输入完成后按"Enter"键,可直接切换到该幻灯片。

4 设置与播放自定义放映

(1)设置自定义放映。

设置自定义放映的具体操作步骤如下。

步骤1 单击"幻灯片放映"选项卡中的"自定义放映"按钮,打开"自定义放映"对话框,单击"新建"按钮,弹出"定义自定义放映"对话框,如图 5-40 所示。

步骤2 在"幻灯片放映名称"文本框中输入放映名称。

步骤3 在左侧的"在演示文稿中的幻灯片"列表框中选中需要放映的幻灯片,单击中间的"添加"按钮,可将需要放映的幻灯片依次添加到右侧的"在自定义放映中的幻灯片"列表框中。如果需要删除添加的幻灯片,则选中需要删除的幻灯片,单击中间的"删除"按钮,如图 5-41 所示。

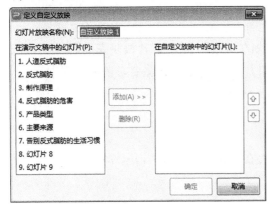

图 5-40 "定义自定义方式"对话框

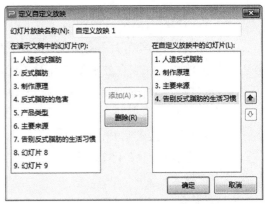

图 5-41 设置自定义放映

步骤4 如果需要调整幻灯片的放映顺序,可以选中要调整的幻灯片后单击对话框右侧的箭头按钮。

步骤5 设置完成后,如果单击"确定"按钮,则返回到"自定义放映"对话框中;单击"放映"按钮,将播放选中的自定义放映内容;如果单击"关闭"按钮,将退出"自定义放映"对话框。

(2)播放自定义放映。

播放自定义放映的方法有以下两种,此处以播放"自定义放映 1"为例。

方法 1:单击"幻灯片放映"选项卡中的"设置放映方式"按钮,弹出"设置放映方式"对话框,选择"自定义放映"单选按钮后,在下方的下拉列表框中选择"自定义放映 1"选项,单击

"确定"按钮。按"F5"键播放幻灯片,按"Esc"键停止播放幻灯片。

方法2:在幻灯片播放过程中,单击鼠标右键,在弹出的快捷菜单中选择"定位"→"自定义放映"→"自定义放映1"命令。

5.5.2 打包演示文稿

有时,我们需要将创建的演示文稿在其他计算机上放映。WPS演示提供了"打包"功能,可以帮助我们解决这个问题。

WPS演示的"文件打包"功能可以把制作好的演示文稿打包成文件夹或压缩文件,下面介绍具体的操作方法。

1 将演示文稿打包成文件夹

步骤1 单击"文件"→"文件打包"→"将演示文档打包成文件夹"命令。

步骤2 弹出"演示文件打包"对话框,在"文件夹名称"文本框中输入文件夹名称,单击"浏览"按钮,在弹出的"选择位置"对话框中浏览并找到合适的位置来保存打包文件夹,可以勾选"同时打包成一个压缩文件"复选框,将其同时打包成一个压缩文件,单击"确定"按钮。

步骤3 弹出"已完成打包"对话框,提示"文件打包已完成,您可以进行其他操作"。

2 将演示文稿打包成压缩文件

将演示文稿打包成压缩文件的操作方法与上述的"将演示文稿打包成文件夹"基本相同,唯一的区别就是"将演示文稿打包成文件夹"操作是将演示文稿和插入的音频、视频文件打包成一个文件夹,而"将演示文稿打包成压缩文件"是将演示文稿和插入的音频、视频文件打包成一个压缩文件。

> **请注意** 打包的好处就是可以避免因为插入的音频、视频文件位置发生改变,而使演示文稿无法播放的情况出现。

5.5.3 打印演示文稿

演示文稿制作完毕后,除了可以放映演示文稿之外,还可以将演示文稿打印出来。虽然这样无法展示我们为演示文稿精心设计的背景、效果和动画,但有时为配合演讲,需要将演示文稿打印出来作为演讲提要发给观众。

1 打印预览

单击"文件"菜单,选择"打印"→"打印预览"命令,会打开"打印预览"选项卡,如图5-42所示。

图5-42 "打印预览"选项卡

"打印内容"按钮:单击该按钮,在弹出的列表框中可以选择打印整张幻灯片、讲义、备注页和大纲等。

"缩放比例"下拉列表框:从中可以选择系统预设的缩放比例,也可以自行输入具体数值。

"横向"/"纵向"按钮:用于设置页面方向(横向或纵向)。

"页眉和页脚"按钮:用于设置打印时的页眉和页脚信息。

"颜色"按钮:用于设置打印时的颜色模式。

"关闭"按钮:关闭"打印预览"界面,返回普通视图模式。

2 打印

单击"文件"菜单,选择"打印"命令,弹出"打印"对话框,如图 5-43 所示。

图 5-43 "打印"对话框

"打印"对话框中几个常用选项的功能如下。

"打印机"组:用于选择打印机和纸张来源,设置"反片打印""打印到文件""双面打印"等打印方式。

"打印范围"组:用于设置打印的页面范围。可以选择打印全部幻灯片、当前幻灯片、选中幻灯片以及自定义放映中设置的幻灯片,也可以输入打印幻灯片的范围。

"打印内容"下拉列表框:可以选择"幻灯片""讲义""备注页""大纲视图"等选项。选择"讲义"选项后,还可以设置每页幻灯片数和打印的顺序。

"颜色"下拉列表框:可以选择"颜色"和"纯黑白"选项。

"预览"按钮:单击该按钮,可以查看打印效果。

"确定"按钮:单击该按钮即可开始打印。

课后总复习

1. 打开素材文件夹下的演示文稿"ys.pptx",按照下列要求完成对此演示文稿的修饰,最后保存演示文稿。

(1)设置幻灯片大小为"35 毫米幻灯片",并确保适合;为整个演示文稿应用一种适当的设计模板。

(2)在第一张幻灯片前插入一张版式为"标题幻灯片"的新幻灯片,主标题为"神奇的章鱼保罗",并将文字格式设置为黑体、48磅、蓝色(标准色);副标题为"8次预测全部正确",并将文字格式设置为宋体、32磅、红色(标准色)。

(3)将第二张幻灯片的版式调整为"图片与标题",标题为"西班牙队夺冠";将素材文件夹中的图片文件"图片1.png"插入左侧的内容区,将图片大小设置为高8厘米、宽10厘米,图片水平位置设置为"3厘米"(相对于左上角);将图片进入动画设置为"盒状",文本进入动画设置为"阶梯状"。

(4)对第三张幻灯片进行以下操作。

①将幻灯片版式调整为"两栏内容",将文本区的第二段文字移至标题区并居中对齐。

②将素材文件夹下的图片文件"图片2.png"插入幻灯片右侧的内容区,将图片大小设置为高7.2厘米,勾选"锁定纵横比"复选框。

③将幻灯片中的文本进入动画设置为"劈裂",图片进入动画设置为"飞入"、方向设置为"自右侧"。

(5)将第四张幻灯片的版式设置为"空白",为幻灯片中的表格套用一种合适的样式,并设置所有单元格的对齐方式为"居中对齐"。

(6)将全部幻灯片的切换效果设置为从左下方"抽出"。

2.打开素材文件夹下的素材文件"WPP.pptx"(.pptx为文件扩展名),后续操作均基于此文件,否则不得分。请制作一份有关"不忘初心、牢记使命"主题教育活动的演示文稿,该演示文稿共包含14页,制作过程中请不要新增、删减幻灯片,也不要更改幻灯片的顺序。

(1)请按照如下要求,对演示文稿的幻灯片母版进行设计。

①将幻灯片母版的名称修改为"不忘初心、牢记使命",并对幻灯片母版进行"保护母版"设置。

②设置"标题幻灯片"版式的标题占位符的字号为24,字体颜色为"珊瑚红-着色5";设置副标题占位符的字号为36,文本艺术效果为"渐变填充-番茄红"。

③使用素材文件夹下的"目录.png"图片作为"仅标题"版式的背景图片,并将标题占位符的字体颜色设置"标准色-深红"。

(2)为演示文稿的所有幻灯片添加幻灯片编号(右下角),并给第4页幻灯片设置固定日期2021-6-10。

(3)对第6页幻灯片进行版面设计。

①更改幻灯片版式为"两栏内容"。

②选中标题占位符,设置文字方向为"横排"。

③在左侧内容占位符中插入一个3行1列的表格,并把3个文本框中的文本分别移动到表格的每一行中,确保不要有空行,设置表格样式为"中度样式2-强调6",并设置所有单元格中的文本对齐方式为"居中"。

④将素材文件夹下的"宣传片.mp4"视频插入右侧的内容占位符中。

(4)为第8页幻灯片中的内容设置自定义动画。

①为文本占位符设置"飞入"进入-基本型动画,为右侧图片设置"跷跷板"强调-温和型动画。

②设置放映时动画的播放顺序为:播放完文本占位符动画后自动播放图片动画。

(5)为演示文稿的任意幻灯片设置切换效果"形状",速度为"1s",并将其应用到全部幻灯片。

(6)对演示文稿进行以下输出设置。

①新建"自定义放映1",包含第3~8页幻灯片。

②在"设置放映方式"对话框中,在"放映幻灯片"组中选择"自定义放映1"。

③确认上述操作均已保存后,将演示文稿打包成压缩文件"WPP.zip",并将其输出到素材文件夹。

学习效果自评

本章中有很多操作性较强的内容，建议考生根据具体的操作流程来学习。本章与考试相关的内容多以操作题的形式出现。下表是对本章比较重要的知识点进行的小结，考生可以用它来检查自己对这些知识点的掌握情况。

掌握内容	重要程度	掌握要求	自评结果
WPS演示的基本操作	★	熟悉WPS演示的窗口组成和视图模式	□不懂 □一般 □没问题
幻灯片的基本操作	★★	选中、插入、删除和保存幻灯片等操作	□不懂 □一般 □没问题
幻灯片的基本操作	★★	调整幻灯片的版式和顺序	□不懂 □一般 □没问题
演示文稿的外观修饰	★★★★	统一设置母版	□不懂 □一般 □没问题
演示文稿的外观修饰	★★★★	应用设计模板和设置背景	□不懂 □一般 □没问题
演示文稿的外观修饰	★★★★	设置图形、表格、艺术字	□不懂 □一般 □没问题
演示文稿的外观修饰	★★	设置音频、视频	□不懂 □一般 □没问题
幻灯片的交互操作	★★★★	设置动画效果	□不懂 □一般 □没问题
幻灯片的交互操作	★★★★	设置幻灯片切换效果	□不懂 □一般 □没问题
演示文稿的放映输出	★★	演示文稿放映和输出（打包、打印）的方法	□不懂 □一般 □没问题

第6章

因特网基础与简单应用

章前导读

通过本章，你可以学习到：

- 计算机网络的基础知识
- 因特网的基础知识
- 使用浏览器（IE）漫游因特网的方法
- 使用Outlook收发电子邮件的方法
- 流媒体的基础知识

本章评估	
重要度	★★
知识类型	理论+应用
考核类型	选择题+操作题
所占分值	选择题:约1分　操作题:10分
学习时间	2课时

学习点拨

本章的内容较为独立，与前几章并无太大联系。本章的主要内容分为两大类：一类是理论知识，包括计算机网络及因特网的基础知识，此部分内容在考试中所占分值较少，且知识点多而散，不容易掌握；另一类是具体应用部分，如使用IE浏览网页、使用Outlook收发电子邮件等，这是需关注的重点内容。

本章学习流程图

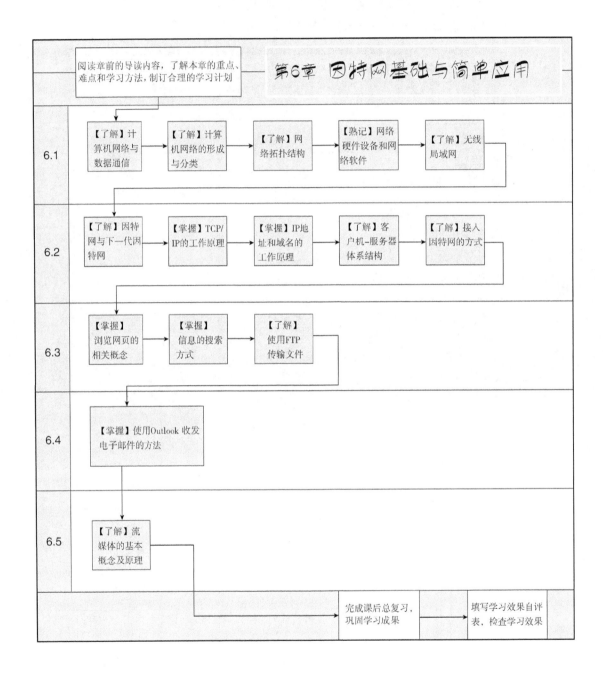

6.1 计算机网络的基础知识

计算机网络无处不在,它不仅是一种计算机技术的应用,而且渐渐融入大多数人的生活中。本章将介绍计算机网络的基础知识,如计算机网络的概念、分类等。

6.1.1 计算机网络简介

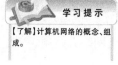

【了解】计算机网络的概念、组成。

1 什么是计算机网络

计算机网络是指在不同地理位置、多个具有独立功能的计算机及其外部设备通过通信设备和线路相互连接,在功能完备的网络软件支持下实现资源共享和数据传输的系统。

2 计算机网络的组成

从系统功能的角度来看,计算机网络主要由资源子网与通信子网两部分组成。

资源子网的主要任务是收集、存储和处理信息,为用户提供资源共享和各种网络服务等。资源子网主要包括联网的计算机、终端、外部设备、网络协议、网络软件等。

通信子网的主要任务是连接网上的各种计算机,完成数据的传输与交换。通信子网主要包括通信线路、网络连接设备、网络协议、通信控制软件等。

6.1.2 计算机网络中的数据通信

【了解】调制与解调、误码率的概念。

1 信号

信号是指数据的电子或电磁编码形式。数据在传输介质或通信路径上以信号的形式传输。信号可分为模拟信号和数字信号。

模拟信号是一种以电或磁的形式模仿其他物理方式(如振动、声音、图像)而产生的信号,它的基本特征是具有连续性。例如,电话信号就是一种模拟信号。

数字信号是在一段固定时间内保持电压(位)值的、离散的电脉冲序列,通常一个脉冲表示一位二进制数。例如,现在计算机内部处理的信号都是数字信号。

2 信道

信道是指数据通信过程中发送端和接收端之间的通路。信道可分为物理信道和逻辑信道。

物理信道是指传输信号的物理通路,由传输介质和相关的通信设备组成。根据传输介质的不同,物理信道可分为有线信道(如双绞线、同轴电缆、光缆等)、无线信道和卫星信道;根据信道中传输的信号不同,物理信道又可分为模拟信道和数字信道。

逻辑信道也是一种网络通路,是在物理信道的基础上建立的两个节点之间的通信链路。

3 调制与解调

模拟信道不可以直接传输数字信号。例如,普通电话线是针对互通声音这一功能设计的模拟信道,只适用于模拟信号的传输,不可以直接传输数字信号。要在模拟信道上传输数字信号,就要在信道两端安装调制解调器(Modem),其具有两种相反的功能——调制和解调。

调制	在发送端,将数字信号转换为模拟信号
解调	在接收端,将模拟信号还原为数字信号

4 数据传输速率、带宽与误码率

数据传输速率(比特率)表示每秒传输二进制数的位数,简写为 bit/s(位/秒)。在数字信道中,通常用数据传输速率表示信道的传输能力,常用单位有 bit/s、kbit/s、Mbit/s、Gbit/s、Tbit/s。其中,$1\text{kbit/s} = 1 \times 10^3 \text{bit/s}$,$1\text{Mbit/s} = 1 \times 10^6 \text{bit/s}$,$1\text{Gbit/s} = 1 \times 10^9 \text{bit/s}$,$1\text{Tbit/s} = 1 \times 10^{12} \text{bit/s}$。

带宽(Band Width)用传输信号的高频率与低频率之差来表示。在模拟信道中,一般采用带宽表示信道的传输能力,常用单位有 Hz、kHz、MHz、GHz。

误码率是指通信系统在信息传输过程中的出错率,用来衡量通信系统的可靠性。在计算机网络系统中,一般要求误码率低于 10^{-6}。

6.1.3 计算机网络的形成与分类

1 计算机网络的形成

计算机网络自诞生之日起,就因惊人的发展速度和广泛的应用领域而受到关注。计算机网络的形成与发展历程大致可以分为 4 个阶段。

(1)第一阶段从 20 世纪 60 年代,面向终端的具有通信功能的单机系统形成开始。人们用通信线路将多个终端连接到一台中心计算机上,由该中心计算机集中处理不同地理位置的用户的数据。

(2)第二阶段从美国的 ARPANet 与分组交换技术的诞生开始。ARPANet 的诞生是计算机网络技术发展过程中的里程碑,它使网络中的用户能够通过本地终端使用网络中其他计算机的软件、硬件与数据资源,达到资源共享的目的。

(3)第三阶段从 20 世纪 70 年代开始。各种广域网、局域网与公用分组交换网的发展十分迅速,各个计算机厂商和研究机构纷纷开发自己的计算机网络系统,随之而来的就是网络体系结构与网络协议的标准化。国际标准化组织(International Organization for Standardization,ISO)提出了 ISO/OSI 参考模型,这对网络体系的形成与网络技术的发展起到了重要的作用。

(4)第四阶段从 20 世纪 90 年代开始,这个阶段是信息时代全面到来的阶段。因特网作为国际性的网际网与大型信息系统,在当今经济、文化、科学研究、教育与社会生活等方面发挥着越来越重要的作用。宽带网络技术的发展为社会信息化提供了技术基础,网络安全技术为网络应用提供了重要安全保障。

2 计算机网络的分类

计算机网络有多种分类方法,不同的分类方法可以定义不同类型的计算机网络。

【了解】局域网、城域网和广域网的各自的特点。

(1)局域网(Local Area Network,LAN)。

局域网又称局部地区网,通信距离通常为几百米到几千米,是目前大多数计算机组网的主要形式。机关网、企业网、校园网均属于局域网。

(2)广域网(Wide Area Network,WAN)。

广域网又称远程网,通信距离为几十千米到几千千米,可跨越城市和地区,覆盖全国甚至全世界。广域网常常借用现有的公共传输信道进行计算机信息的传递,如电话线、微波、卫星或者它们的组合信道。因特网就是一种广域网。

(3)城域网(Metropolitan Area Network,MAN)。

城域网是一种介于局域网与广域网之间的高速网络,通信距离一般为几千米到几十千米,传输速率一般在 50Mbit/s 左右,使用者多为需要在城市内进行高速通信的规模较大的单位与公司等。

6.1.4 网络拓扑结构

学习提示

【了解】计算机网络拓扑结构的种类。

网络拓扑结构是指将构成网络的节点(如工作站)和连接各节点的链路(如传输线路)抽象成点和线,用组成的图形表示网络构成,进而反映网络中实体之间的关系。网络拓扑结构主要有以下几种,如图6-1所示。

1. **星形拓扑结构**

星形拓扑结构是最早的通用网络拓扑结构,如图6-1(a)所示。在星形拓扑结构中,节点通过点到点的通信链路与中心节点连接。中心节点控制全网的通信,任何两节点之间的通信都要经过中心节点。星形拓扑结构简单,易于实现,便于管理。但需要注意的是,网络的中心节点是全网可靠运行的关键,一旦发生故障就有可能造成全网瘫痪。

2. **环形拓扑结构**

在环形拓扑结构中,节点通过点到点的通信线路首尾连接成一个闭合环路,如图6-1(b)所示。环中数据将沿一个方向逐点传送。环形拓扑结构简单,传输延时确定,但环中点到点的通信线路会成为保证网络可靠性的"瓶颈",任何一个节点出现故障都可能造成网络瘫痪。

3. **总线拓扑结构**

总线拓扑结构采用单根传输线作为传输介质,所有的站点都通过相应的硬件接口直接连到传输介质——总线上,如图6-1(c)所示。任何一个站点发送的信号都可以沿着传输介质传播,并且能被所有其他站点接收。总线拓扑结构简单,易于实现和扩展,且可靠性较好。

4. **树状拓扑结构**

树状拓扑结构的节点按层次进行连接,像树一样,有分支、根节点、叶子节点等,如图6-1(d)所示,树状拓扑结构的信息交换主要在上、下节点之间进行,该结构适用于汇集信息。

5. **网状拓扑结构**

网状拓扑结构没有上述4种拓扑结构那么明显的规则,节点的连接是任意的、没有规律的,如图6-1(e)所示。网状拓扑结构的可靠性高,但结构复杂。广域网中广泛采用网状拓扑结构。

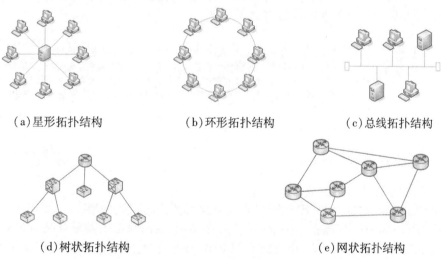

(a)星形拓扑结构　　(b)环形拓扑结构　　(c)总线拓扑结构

(d)树状拓扑结构　　(e)网状拓扑结构

图6-1　网络拓扑结构

6.1.5 网络硬件设备

要把若干台计算机组成局域网且与其他网络连接,需要一些特殊的网络硬件设备。

学习提示
【熟记】组网和联网的硬件设备。

1 局域网的组网设备

● 传输介质(Transmission Medium):常用的传输介质有双绞线、同轴电缆、光缆、无线电波等。

● 网络接口卡(Network Interface Card,NIC):也叫网络适配器(简称网卡),通常安装在计算机的扩展槽上,用于实现计算机和通信电缆的连接,使计算机之间能进行高速的数据传输。

● 集线器(Hub):是局域网的基本连接设备。目前市场上的集线器主要有独立式、堆叠式、智能型等类型。

● 交换机(Switch):交换概念的提出是对共享工作模式的改进,共享式局域网在每个时间段只允许一个节点占用公用的通信信道,而交换机支持端口节点之间的多个并发连接,从而增大网络带宽,改善局域网的性能和服务质量。

● 无线 AP(Access Point):无线 AP 也称无线接入点或无线桥接器,任何一台装有无线网卡的主机都可以通过无线 AP 连接到有线局域网络。无线 AP 不仅是单纯的无线接入点,也是无线路由器等设备的统称,兼具路由、网管等功能。单纯的无线 AP 就是一个无线交换机,其工作原理是将网络信号通过双绞线传送过来,再将其转换为无线电信号发送出去,实现无线网的覆盖。不同型号的无线 AP 具有不同的功率,可以实现不同程度、不同范围的网络覆盖。无线 AP 的覆盖距离可达 300m。

2 网络互联设备

● 路由器(Router):负责不同广域网中各局域网之间的地址查找(建立路由)、信息包翻译和交换工作,实现计算机网络设备与通信设备的连接和信息传递,是实现局域网与广域网互联的主要设备。

● 网桥(Bridge):网桥用于实现相同类型局域网之间的互联,达到扩大局域网覆盖范围和保证各局域子网安全的目的。

● 调制解调器(Modem):是计算机通过电话线接入因特网的必备设备,具有调制和解调两种功能。调制解调器分为外置式与内置式两种。

请注意
①由于 Modem 的发音类似汉语的"猫",因此调制解调器常被称为"猫"。
②内置式调制解调器称为调制解调器卡,其价格低,使用起来十分方便,不需另外的电源,但是它需要插到计算机主板的扩展槽中,且抗干扰性差。外置式调制解调器是一个独立的盒子,需要接到计算机的串口上,使用起来灵活方便,质量较好,抗干扰性强,但价格比内置式调制解调器高。

6.1.6 网络软件

学习提示
【熟记】TCP/IP 参考模型的分层结构。

通信协议就是通信双方都必须遵守的通信规则,是一种约定。计算机网络中的协议是非常复杂的,因此网络协议通常都按照结构化的层次方式进行组织。TCP/IP(传输控制协议/互联网协议)是当前流行的商业化协议,被公认为当前的工业标准或事实标准。1974 年出现了 TCP/IP 参考模型,图 6-2 所示为 TCP/IP 参考模型的分层结构,它将计算机网络划分为 4 个层次。

- 应用层(Application Layer)。
- 传输层(Transport Layer)。
- 互联层(Internet Layer)。
- 主机至网络层(Host – to – Network Layer)。

| 应用层 |
| 传输层 |
| 互联层 |
| 主机至网络层 |

图 6-2 TCP/IP 参考模型的分层结构

6.1.7 无线局域网

有线网络维护困难且不便于携带,因此产生了无线网络。早期的无线网络从红外线技术发展到蓝牙(Bluetooth)技术,可以无线传输数据,多用于系统互联,但不能用于组建局域网。相比之下,新一代的无线网络不仅能将计算机连接起来,还可以建立无须布线且使用起来非常方便的无线局域网——WLAN(Wireless LAN)。WLAN 中有许多台计算机,每台计算机都有一个无线电调制器和一个天线,通过该天线,计算机可与其他系统通信。另外,在室内的墙壁或天花板上也有一个天线,所有计算机都通过它进行通信,如图 6-3 所示。

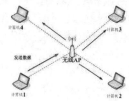

图 6-3 无线局域网

无线局域网中的 Wi – Fi(Wireless Fidelity)具有传输速度快、覆盖范围广等优点。电气和电子工程师协会(Institute of Electrical and Electronics Engineers,IEEE)制定了一系列无线局域网标准,即 IEEE 802.11 系列,包括 IEEE 802.11a、IEEE 802.11b、IEEE 802.11g 等。IEEE 802.11 现在已经非常普及了。

6.2 因特网的基础知识

6.2.1 因特网简介

1 因特网

因特网(Internet)是一个全球性的计算机网络系统,它连接了成千上万、各种各样的计算机系统和网络,包括个人计算机、局域网和广域网以及大型系统工作站。这些计算机系统和网络可以位于世界上的任何角落,不管是在家里、学校还是在公司,也不管是在我国、美国还是在加拿大,只要连入因特网,用户就可以享用网上的所有信息资源和网络服务(如网络电话、网上聊天、网上购物等),也可以将自己的信息资源放在因特网上,与其他人共享和交流。

2 下一代因特网

因特网影响着人类生产、生活的方方面面,在其高速发展的过程中,涌现出了无数的优秀技术。但是,因特网还存在着很多问题未能解决,如安全性差、带宽低、地址短缺、无法适应新应用的要求等,于是,人们不得不考虑改进现有网络,采用新的地址方案、新的技术,以尽早过渡到下一代因特网(Next-Generation Internet,NGI)。

什么是 NGI? 简单地说,就是地址空间更大、更安全、更快、更方便的因特网。NGI 涉及多项技术,其中最核心的就是IPv6(IP version 6)协议,它在扩展网络的地址容量,提升网络的安全性、移动性、服务质量(QoS)以及对流的支持方面都具有明显的优势。

目前,各国网络都在积极地向IPv6网络发展。专门负责制定网络标准及政策的Internet Society在2012年6月6日宣布,全球主要互联网服务提供商、网络设备厂商以及大型网站公司,于当日正式启用IPv6服务及产品。这意味着在全球正式开展IPv6的部署,这促使广大因特网用户逐渐适应新的变化。

6.2.2 因特网的基本概念

学习提示
【掌握】TCP/IP的工作原理。
【掌握】IP地址、域名、DNS原理。

1 TCP/IP

因特网中不同类型的物理网是通过路由器互联在一起的,各网络之间的数据传输由TCP/IP控制。TCP/IP是一个由众多协议按层次组成的协议族,它们规范了网络上的所有通信设备,尤其是一个主机与另一个主机之间的数据往来格式及传输方式。可以说,TCP/IP是因特网赖以工作的基础。

IP(Internet Protocol)是TCP/IP体系中的网络层协议,其主要功能是将不同类型的物理网络互联在一起。也就是说,它需要将不同格式的物理地址转换为统一的IP地址,将不同格式的帧(即物理网络传输的数据单元)转换为"IP数据报",从而屏蔽与下层物理网络的差异,向上层传输层提供IP数据报,实现无连接数据报传送服务。另外,IP还能从网上选择两节点之间的传输路径,将数据从一个节点按路径传输到另一个节点。

TCP(Transmission Control Protocol)即传输控制协议,位于传输层。TCP向应用层提供面向连接的服务,确保网上所发送的数据报可以完整地被接收,一旦某个数据报丢失或损坏,TCP发送端可以通过协议机制重新发送这个数据报,以确保发送端到接收端的可靠传输。

2 IP地址和域名

如同不管我们住在哪里都会有一个地址,方便别人找到一样,为了使信息能准确地传输到网络中的指定地点,每一台与因特网相连的计算机都有一个永久的或临时分配的地址。因特网上计算机的地址有两种类型:一种是以阿拉伯数字表示的,称为IP地址;另一种是以英文单词和数字表示的,称为域名。

(1)IP地址。

IP地址是Internet协议规定的一种数字型标志,它是由0、1组成的二进制数字串,一共有32bit。

一个IP地址包含了两部分信息,即网络号和主机号。其中,网络号长度将决定整个因特网中能包含多少个网络,主机号长度则决定每个网络能容纳多少台主机。

为了便于管理、方便书写和记忆,每个IP地址分为4段,段与段之间用小数点隔开,每段再用一个十进制整数表示,每个十进制整数的取值范围均是0~255。例如,202.112.128.50和202.204.86.1都是合法的IP地址。

按第1段的取值范围,IP地址可分为A、B、C、D、E等5类。

- A类IP地址:IP地址第1段为0~127。
- B类IP地址:IP地址第1段为128~191。
- C类IP地址:IP地址第1段为192~223。
- D类和E类IP地址留作特殊用途。

请思考 107.0.0.1,208.233.1.5与189.2.0.256都是合法的IP地址吗?若是合法的IP地址,它们又分别属于哪一类IP地址?

(2) 域名。

使用数字表示的 IP 地址很难让人记住,而且从 IP 地址本身也得不到更多信息。于是人们用域名——一组有特殊含义的英文简写名来代替 IP 地址。

每个域名对应一个 IP 地址,且这个地址在全球是唯一的。为了避免重名,主机的域名采用层次结构来表示,各层次之间用"."隔开,从右向左分别为第一级域名(最高级域名)、第二级域名……直至主机名(最低级域名),其结构如下。

主机名.…….第二级域名.第一级域名

←————————————————从右向左级别递减

在国际上,第一级域名采用通用的标准代码,分为组织机构和地址模式两类。除美国以外的其他国家和地区都用主机所在的国家或地区名称的简写作为第一级域名,例如,cn(中国)、jp(日本)、kr(韩国)、uk(英国)。

我国的第一级域名是 cn,第二级域名也分为地区域名和类别域名。其中,地区域名如 bj(北京)、sh(上海)等。常用的类别域名如表 6-1 所示。

表 6-1　　　　　　　　　　　　　　常用的类别域名

域名代码	说明	域名代码	说明
com	商业机构	edu	教育机构
net	网络机构	gov	政府机构
org	非营利性机构	mil	国防机构

下面通过一个例子说明域名的组成结构。人民邮电出版社有限公司的域名是 ptpress.com.cn,其组成结构如下。

- cn:第一级域名,表示主机在我国。
- com:第二级域名,采用的是类别域名,代表商业机构。
- ptpress:主机名,采用的是人民邮电出版社有限公司的英文缩写。

关于域名,还需要注意以下几点。

- 因特网的域名不区分大小写。
- 整个域名的长度不可超过 255 个字符。
- 一台计算机一般只能拥有一个 IP 地址,但可以拥有多个域名。
- IP 地址与域名间的转换由域名服务器 DNS 完成。

3　DNS 原理

域名和 IP 地址都表示主机的地址,它们实际上是一件事物的不同表示形式。当用域名访问网络上的某个资源地址时,必须获得与这个域名相匹配的真正的 IP 地址,域名服务器(Domain Name Server,DNS)可以实现 IP 地址与域名的相互转换。用户可以将希望转换的域名放在一个 DNS 请求信息中,并将这个请求信息发送给 DNS,DNS 从请求信息中取出域名,将它转换为对应的 IP 地址,然后在应答中将结果地址返回给用户。

4　因特网中的客户机-服务器体系结构

计算机网络中的每台计算机既要为本地用户提供服务,也要为网络中的其他用户提供服务,因此每台联网计算机的本地资源都可以作为共享资源提供给联网的其他主机的用户使用。

在因特网的 TCP/IP 环境中,联网计算机之间相互通信的模式为客户机-服务器(Client/Server)模式,简称 C/S 结构,如图 6-4 所示。其中,客户机向服务器发出服务请求,服务器响应客户机的请求,提供客户机所要求的网络服务。提出请求、发起本次通信的计算机进程叫作客户机进程,响应、处理请求和提供服务的计算机进程叫作服务器进程。

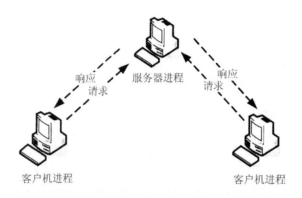

图 6-4 C/S 结构的进程通信

因特网中常见的 C/S 结构应用有 Telnet 远程登录、FTP 文件传送服务、HTTP 超文本传送服务、DNS 域名服务等。

6.2.3 接入因特网

因特网的接入方式有专线连接、局域网连接、无线连接和电话拨号 4 种。对众多个人用户和小单位来说,使用 ADSL 技术进行拨号连接是最经济、简单的连接方式,它也是采用人数最多的一种接入方式。而无线连接也成为当前流行的一种接入方式,给网络用户提供了极大便利。

> 【学习提示】
> 【了解】接入因特网的 3 种技术:ADSL、ISP、无线连接。

下面介绍接入因特网的 3 种技术。

(1) ADSL。

ADSL(非对称数字用户线)是目前用电话线接入因特网的主流技术,这种接入技术的非对称性体现为上、下行速率不同,高速下行速率一般为 1.5~8 Mbit/s,低速上行速率一般为 16~640 kbit/s。

采用 ADSL 技术接入因特网,除了需要一台带有网卡的计算机和一条直拨电话线外,还需向电信部门申请 ADSL 业务,由相关服务部门负责安装话音分离器、ADSL 调制解调器和拨号软件。

(2) ISP。

要接入因特网,需要寻找一个合适的因特网服务提供方(Internet Service Provider,ISP)。ISP 一般提供 IP 地址、网关、DNS、联网软件、各种因特网服务、接入服务等。

(3) 无线连接。

架设无线网需要一台无线 AP。通过无线 AP,装有无线网卡的计算机或无线设备可以快速、方便地接入因特网。普通的小型办公室、家庭,有一个无线 AP 就已经足够,几个邻居之间也可以共享一个无线 AP。

几乎所有的无线网络都在某一个点上连接到有线网络中,以便访问因特网。无线 AP 就像一个简单的有线交换机一样,将计算机和 ADSL 或有线局域网连接起来,达到接入因特网的目的。例如,无线 ADSL 调制解调器兼具无线局域网和 ADSL 的功能,只要将电话线接入无线 ADSL 调制解调器,即可享受无线网络和因特网的各种服务。

6.3 Internet Explorer 的应用

6.3.1 浏览网页的相关概念

【应用】识别合法的 URL。

通过对 6.2 节的学习,我们已经能连接上因特网了。下面介绍如何使用浏览器来漫游因特网。

1 万维网

万维网(World Wide Web,WWW)能把各种各样的信息(图像、文本、声音和影像)有机地结合起来,方便用户阅读和查找。

例如,我们在网上浏览一部电影的介绍时,首先看到的是有关这部电影内容的文字介绍(称为文本格式)。如果想进一步了解其他内容,如演员的信息及照片,可以试一下能否单击这个演员的名字。如果可以单击(通常鼠标指针会变为 形状),就说明这里有一个有关这个演员的"链接",单击后便可以浏览该演员的一些信息。我们称这个链接为"超链接"(Hyperlink)。

不仅如此,我们还可以收听这部电影的主题音乐并观看部分片段,这样就可以全方位、多角度地浏览包括文本格式在内的各种信息。这种不仅包含文本格式的信息,而且包含声音、图像、视频等多媒体信息及超链接的文件称为超文本(Hypertext),它的浏览过程如图 6-5 所示。图中的黑点表示超链接的源文件,箭头指向超链接的目标文件。单击源文件,即可载入超链接的目标文件。

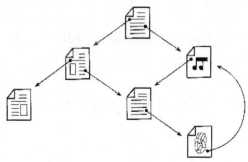

图 6-5 超文本文件的浏览过程

简单地说,浏览 WWW 就是浏览存放在 WWW 服务器上的超文本文件——网页(Web 页)。它们一般由超文本标记语言(HTML)编写而成,并在超文本传送协议(HTTP)的支持下运行。一个网站通常包含许多网页,其中网站的第一个网页称为首页(或称为主页),它主要用来展现该网站的特点和服务项目,能起到目录的作用。WWW 中的每一个网页都对应着唯一的地址,这个地址由 URL 来表示。

请注意

超链接是指向其他网页的链接,它将原本不连续的两段文字或两个文件(或主页)联系起来。HTML 是用来创建超文本文件的简单标记语言。由 HTML 创建的文件是简单的 ASCII 文本文件,其中嵌入的代码(由标记表示)表示格式和超文本链接,这些文件可以从一个操作平台移植到另一个操作平台。

HTTP 的主要功能是在网络上传输各种各样的超文本文件。

2 统一资源定位器

统一资源定位器(Uniform Resource Locater,URL)是用来把因特网中的每个资源文件统一命名的机制,又称为网页地址(或网址),描述了网页的地址和访问它时所用的协议。URL 包括需要使用的传输协议、服务器名称和完整的文件路径名。例如,我们在浏览器中输入以下 URL。

https://www.ptpress.com.cn/p/z/1523255307009.html

浏览器就会明白需要使用 HTTP,从域名为 ptpress.com.cn(人民邮电出版社有限公司)的 WWW 服务器中寻找"p/z"子目录下的"1523255307009.html"超文本文件。这个网址的 URL 结构如下。

https: // www.ptpress.com.cn / p/z / 1523255307009.html
协议名　　　IP 地址或域名　　　文件路径　　　文件名

3 浏览器

浏览器是用于实现包括 WWW 浏览功能在内的多种网络功能的应用软件,是用来浏览 WWW 上丰富信息资源的工具。它能够把超文本标记语言描述的信息转换为便于理解的形式,还可以把用户查找信息的请求转换为网络计算机能够识别的命令。

要浏览网页,就必须在计算机上安装一个浏览器。浏览器有许多种,常见的有 Microsoft 公司的 Internet Explorer(IE)、Netscape 公司的 Navigator 和 360 浏览器等。

4 文件传送协议(FTP)

FTP 是因特网提供的基本服务。FTP 在 TCP/IP 体系结构中位于应用层。FTP 使用 C/S 结构工作,一般在本地计算机上运行的 FTP 客户机软件,由这个客户机软件实现与因特网上的 FTP 服务器的通信。用户想要进入 FTP 站点并下载文件,必须使用 FTP 账号和密码进行登录。一般专有的 FTP 站点只允许用户使用特许的账号和密码登录。

6.3.2 初识 IE

Internet Explorer 一般缩写为 IE,是最常用的网页浏览器之一,下面以 IE 9.0 为例介绍 IE 的基本操作。

1 IE 的启动和关闭

(1)IE 的启动。

方法 1:单击"开始"按钮 ,选择"所有程序"→"Internet Explorer"命令。

方法 2:单击任务栏中的"Internet Explorer"按钮 。

方法 3:双击桌面上的 IE 快捷方式图标 。

(2)IE 的关闭。

方法 1:单击窗口右上角的"关闭"按钮 。

方法 2:在窗口左上角单击鼠标右键,在弹出的快捷菜单中选择"关闭"命令。

方法 3:按"Alt"+"F4"组合键。

方法 4:单击"文件"→"退出"命令。

方法 5:使用鼠标右键单击任务栏中的 IE 图标 ,在弹出的快捷菜单中选择"关闭窗口"命令。

2 熟悉 IE 的界面

IE 界面的组成与 Windows 应用程序的界面组成类似。下面以百度主页为例，介绍 IE 9.0 的界面组成，如图 6-6 所示。

图 6-6　IE 9.0 的界面

（1）控制按钮。

在界面的右上角，有 3 个控制按钮，分别为"最小化"按钮、"最大化"按钮（或"还原"按钮）和"关闭"按钮。

（2）地址栏与搜索栏。

在地址栏中输入信息是用户与 IE 进行交流的直接途径。用户可以在地址栏中输入网址（URL）、文档路径来访问网页，也可以在地址栏中输入关键字进行搜索。

（3）选项卡。

IE 9.0 是一个选项卡式的浏览器，可以在一个窗口中同时打开多个网页。如果有多个选项卡，关闭窗口时会显示提示信息"关闭所有选项卡"或"关闭当前的选项卡"，如图 6-7 所示。

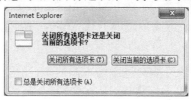

图 6-7　IE 9.0 的关闭提示

（4）页面浏览界面。

页面浏览界面是浏览器的核心部分，用来显示网页内容。启动 IE 后，系统会在这里自动打开一个页面，该页面就是我们所说的主页。

与旧版本 IE 6、IE 7 不同的是，IE 9.0 界面中不显示菜单栏、收藏夹栏、命令栏、状态栏等，若要显示这些工具栏，用户可以在界面上方的空白处单击鼠标右键或在界面左上角单击，弹出图 6-8 所示的快捷菜单，在其中选择需要显示的工具栏。

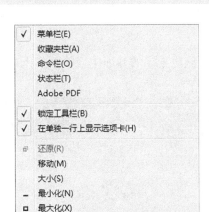

图 6-8　IE 9.0 的快捷菜单

请注意　主页可以通过"Internet 选项"对话框进行更改。

6.3.3　浏览页面

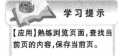

学习提示

【应用】熟练浏览页面,查找当前页的内容,保存当前页。

在浏览器上的操作主要是浏览页面。浏览页面是没有固定顺序的。浏览网页的基本操作如下。

1　输入网页地址

将光标定位到地址栏内,输入网页地址。IE 为地址输入提供了许多方便,具体如下。
- 不必输入像"http://""ftp://"这样的开始部分,IE 会自动将它们补上。
- 只要输入一次网址,IE 就会记住它,再次输入时,只需输入前几个字符,IE 会自动搜索保存过的地址,并把前几个字符与输入字符吻合的地址罗列出来,用户只需从中选择网址即可,不必输入完整的网址。
- 单击地址栏右侧的下拉按钮 ,弹出曾经浏览过的网页地址表。选择所需的地址相当于输入了地址。

输入网页地址后,按"Enter"键或单击地址栏右侧的 按钮,就可转到相应的网站页面。

2　浏览页面

网页中有链接的文字或图片可能会显示为不同的颜色,也可能有下划线,把鼠标指针放在其上,鼠标指针会变成形状。单击该链接,IE 就会转到链接的内容中。

IE 工具栏为用户快速浏览网页和执行相关操作提供了诸多便利,熟悉工具栏中的按钮能方便我们浏览网页。工具栏中的按钮及其功能如表 6-2 所示。

表 6-2　　　　　　　　　　　　工具栏按钮及其功能

工具栏按钮	名称	功能
←	后退	返回上次访问过的网页
→	前进	返回单击"后退"按钮前访问过的网页
×	停止	停止当前网页的加载,一般用于取消查看某一网页

(续表)

工具栏按钮	名称	功能
○	刷新	用于更新当前网页的内容,相当于重新输入一次该网页的地址
⌂	主页	返回主页(每次启动 IE 时显示的默认网页)
○	搜索	打开搜索栏,在搜索栏内输入关键字进行搜索
★	收藏中心	显示收藏夹、源和历史记录,收藏夹中列出了用户收藏的网页链接
⚙	工具	对打开的网页进行打印、缩放、查找等操作

3 查找页面内容

网页的内容非常丰富,但当内容(尤其是文本内容)过多(如一般网站的首页)时,要寻找某一特定内容就成为一个大难题。这时就要用到 IE 提供的在当前页查找功能。

单击"编辑"→"在此页上查找"命令,或者按"Ctrl"+"F"组合键,打开查找栏,如图 6-9 所示。在"查找"文本框中输入要查找的关键字(如"故宫"),单击"下一个"按钮。IE 界面会自动滚动到与关键字匹配的部分,并高亮显示关键字。若此部分内容不是想浏览的内容,可再次单击"下一个"按钮。

图 6-9 查找栏

请注意

如果没有菜单栏,可以使用鼠标右键单击界面上方的空白处或在界面左上角单击,在弹出的快捷菜单中选择"菜单栏"命令。

4 网页的保存和阅读

浏览过程中可以将一些精彩或有价值的页面保存下来,以便慢慢阅读或将其复制到其他地方。

(1)保存网页。

保存网页的操作步骤如下。

步骤1 打开要保存的网页。

步骤2 单击"文件"→"另存为"命令,打开"保存网页"对话框。

步骤3 选择网页的保存路径。

步骤4 在"文件名"文本框内输入文件名。

步骤5 根据实际需要从"网页,全部""Web 档案,单个文件""网页,仅 HTML""文本文件"4 个保存类型中选择一个。

步骤6 单击"保存"按钮。

(2)打开已保存的网页。

可以直接在本机上浏览已经保存的网页,操作步骤如下。

步骤1 单击"文件"→"打开"命令,打开"打开"对话框。

步骤2 在"打开"对话框的"打开"文本框中输入已保存的网页的保存路径,也可以单击"浏览"按钮,直接从文件夹目录中选择要打开的网页文件。

步骤3 选择要打开的网页文件后,单击"确定"按钮,打开指定的网页。

(3)保存部分网页内容。

如果要保存网页上的部分内容,可以使用"Ctrl"+"C"(复制)和"Ctrl"+"V"(粘贴)组合键,具体的操作步骤如下。

步骤1 选中想要保存的页面内容。

步骤2 按"Ctrl"+"C"组合键,将选中的内容复制到剪贴板。
步骤3 打开一个空白的Word文档,按"Ctrl"+"V"组合键,将剪贴板中的内容粘贴到文档中。
步骤4 保存文档。

> **请注意** 不使用记事本,是因为记事本不能保存网页上的字体、样式和超链接。

(4)保存图片、音频等文件。
WWW网页内容非常丰富,用户还可以从中保存一些图片,具体的操作步骤如下。
步骤1 在图片上单击鼠标右键。
步骤2 在弹出的快捷菜单中选择"图片另存为"命令,打开"保存图片"对话框。
步骤3 选择图片的保存路径,并输入图片的名称。
步骤4 单击"保存"按钮。

因特网上的超链接都指向一个资源,这个资源可以是一个网页,也可以是声音文件、视频文件、压缩文件等。下载并保存这些资源的具体操作步骤如下。
步骤1 在超链接上单击鼠标右键。
步骤2 在弹出的快捷菜单中选择"目标另存为"命令,打开"另存为"对话框。
步骤3 选择文件的保存路径,输入文件名称。
步骤4 单击"保存"按钮。

此时,IE窗口底部会出现一个下载状态栏,其中包括下载进度百分比、估计剩余时间等信息,如图6-10(a)所示。若同时下载了多个文件,可以单击"查看下载"按钮查看所有下载文件的状态,如图6-10(b)所示。

(a)下载状态

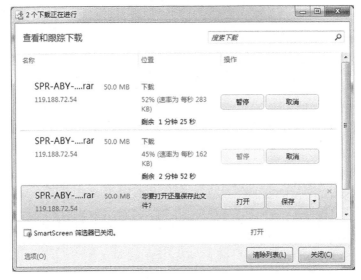

(b)多个文件的下载状态

图6-10 IE 9.0的文件下载

5 更改主页

主页是指每次启动 IE 后最先显示的页面。更改主页的操作步骤如下。

步骤1 启动 IE。

步骤2 单击"工具"→"Internet 选项"命令,打开"Internet 选项"对话框。系统默认打开了"常规"选项卡,如图6-11所示。

步骤3 在"主页"组中单击"使用当前页"按钮,上方的文本框中就会显示当前浏览的网页的地址。还可以在文本框中输入想设置为主页的页面地址。

步骤4 设置好主页地址后,单击"确定"或"应用"按钮。单击"确定"按钮会关闭"Internet 选项"对话框,而单击"应用"按钮会使之前所做的更改生效,但是不会关闭"Internet 选项"对话框,以便用户继续更改其他选项。

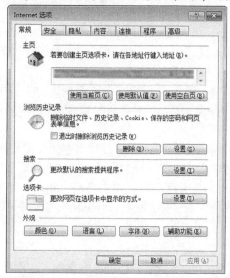

图 6-11 "Internet 选项"对话框的"常规"选项卡

6 收藏夹的使用

(1)将网页添加到收藏夹。

将网页添加到收藏夹的操作步骤如下。

步骤1 打开网页,单击 IE 中的"查看收藏夹、源和历史记录"按钮 ,如图 6-12 所示。

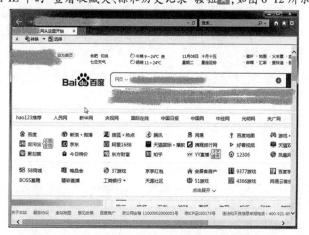

图 6-12 单击"查看收藏夹、源和历史记录"按钮

步骤2 在弹出的下拉列表框中单击"添加到收藏夹"按钮,如图 6-13 所示。

步骤3 弹出"添加收藏"对话框,单击"添加"按钮,即可将网页添加到收藏夹,如图6-14所示。

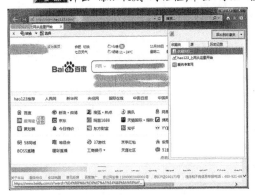

图6-13 单击"添加到收藏夹"按钮

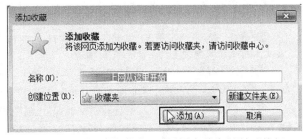

图6-14 在"添加收藏"对话框中单击"添加"按钮

(2)使用收藏夹。

收藏网页是为了方便使用。单击IE中的"查看收藏夹、源和历史记录"按钮 ★,在打开的下拉列表框中单击"收藏夹"选项卡,单击需要的网页,即可转到对应的网页,如图6-15所示。

(3)整理收藏夹。

当收藏夹中的网页越来越多时,为了便于查找和使用,需要对它们进行整理。在"收藏夹"选项卡中,使用鼠标右键单击文件夹或网页,在弹出的快捷菜单中可以进行相应操作(如选择"删除"命令),使收藏夹中的网页排列得更有条理,如图6-16所示。

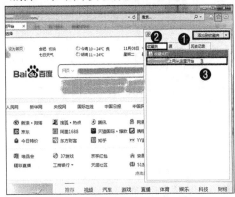

图6-15 单击需要的网页

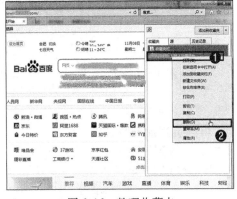

图6-16 整理收藏夹

7 "历史记录"的使用

IE会自动将浏览过的网页地址按日期先后保留在历史记录中,以备查用。用户可以设置历史记录的保留期限(天数),也可以随时删除历史记录。

(1)历史记录的浏览。

步骤1 在IE中单击"查看收藏夹、源和历史记录"按钮 ★,打开下拉列表框。

步骤2 在下拉列表框中单击"历史记录"选项卡。历史记录的查看方式包括"按日期查看"、"按站点查看"、"按访问次数查看"、"按今天的访问顺序查看"以及"搜索历史记录"这几种。

步骤3 在默认的"按日期查看"方式下,单击指定日期,进入下一级文件夹。

步骤4 单击希望选择的网页文件夹。

步骤5 单击访问过的网页,就可以打开此网页。

(2)历史记录的设置和删除。

步骤1 在IE中单击"工具"→"Internet 选项"命令,打开"Internet 选项"对话框。

步骤2 在"常规"选项卡中单击"浏览历史记录"组中的"设置"按钮,打开"Internet 临时文件和历史记录设置"对话框,在下方输入天数,系统默认为 20 天,单击"确定"按钮,如图 6-17 所示。

步骤3 如果要删除所有的历史记录,可单击"浏览历史记录"组中的"删除"按钮,打开"删除浏览的历史记录"对话框,如图6-18所示,从中选择要删除的内容。如果勾选"历史记录"复选框,再单击"删除"按钮,就可以删除所有的历史记录(注意:这个删除操作会立刻生效)。

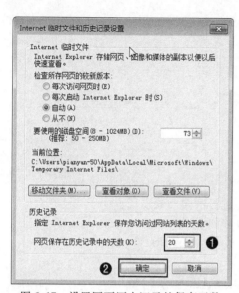

图 6-17　设置网页历史记录的保存天数　　　图 6-18　删除所有历史记录

步骤4 单击"确定"按钮,关闭"Internet 选项"对话框。

6.3.4　信息的搜索

【掌握】信息的搜索方式。

因特网发展到今天,不但改变了人类的通信方式,而且形成了一个无所不包的信息资源库。

本小节简单介绍因特网上的一位好向导——搜索引擎(Search Engine),我们只要给出查询条件,它就能把符合查询条件的资源从数据库中搜索出来,并列出这些资源的网页地址表。只要链接到这些地址,就可以找到所需的信息。

1　IE 中的搜索引擎

IE 界面的上方为搜索引擎,如图 6-19 所示,在文本框中输入要搜索的文本,单击"网页搜索"按钮开始搜索。搜索完成后,界面中就会显示搜索结果。

图 6-19　IE 搜索引擎

2　常用的搜索引擎

因特网上有许多搜索引擎,如众所周知的谷歌、雅虎等。同样,因特网在我国发展到今天,也产生了许多有影响力的中文搜索引擎,如百度、360 搜索等。它们的搜索方法与 IE 的搜索方法类似,且这些搜索引擎还有高级搜索功能,可缩小检索范围。图 6-20 和图 6-21 所示分别为百度和 360 搜索的网站首页。

图 6-20　百度网站首页　　　　　图 6-21　360 搜索网站首页

6.3.5　使用 FTP 传输文件

【了解】使用 FTP 传输文件。

IE 除了可以用于浏览网页之外，还可以用于以 Web 方式访问 FTP 站点。如果访问的是匿名 FTP 站点，则可以自动进行匿名登录。

使用 IE 访问 FTP 站点并下载文件的操作步骤如下。

步骤1 打开 IE，在地址栏中输入要访问的 FTP 站点的地址，按"Enter"键。

请注意　因为要浏览的是 FTP 站点，所以地址的协议部分应该输入 ftp。

步骤2 如果该站点不是匿名站点，则 IE 会提示输入用户名和密码，然后登录；如果是匿名站点，IE 会自动进行匿名登录，登录成功后的界面如图 6-22 所示。

另外，也可以在 Windows 资源管理器中访问 FTP 站点，操作步骤如下。

步骤1 在"开始"按钮上单击鼠标右键，在弹出的快捷菜单中选择"打开 Windows 资源管理器"命令，或在桌面上找到"计算机"快捷方式并双击。

步骤2 在地址栏中输入 FTP 站点的地址，按"Enter"键，结果如图 6-23 所示。

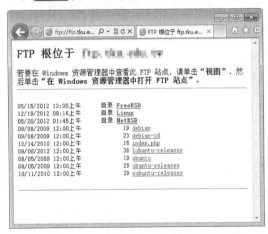
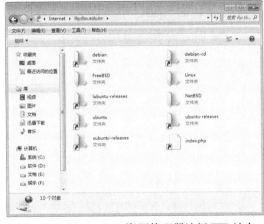

图 6-22　成功登录 FTP 站点后的界面　　　　图 6-23　用 Windows 资源管理器访问 FTP 站点

步骤3 当有文件或文件夹需要下载时，可以在该文件或文件夹的图标上单击鼠标右键，在弹出的快捷菜单中选择"复制到文件夹"命令，如图 6-24 所示。

步骤4 弹出"浏览文件夹"对话框,在该对话框中选择要复制到的目的文件夹(如"公用"文件夹),然后单击"确定"按钮,关闭对话框,如图 6-25 所示。

图 6-24 选择"复制到文件夹"命令

图 6-25 选择目的文件夹

步骤5 弹出"正在处理"对话框,如图 6-26 所示。在这个对话框中,可以看到文件复制前的文件夹名称、复制到的文件夹名称,以及下载进度条和估计的剩余时间。

图 6-26 "正在处理"对话框

步骤6 复制完成后,"正在处理"对话框会自动关闭,然后打开目的文件夹,可以看到文件已经被复制到目的文件夹中了,如图 6-27 所示。

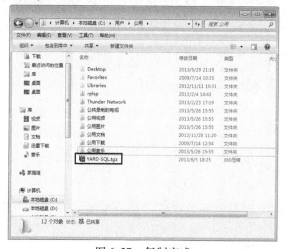

图 6-27 复制完成

6.4 电子邮件

电子邮件(E-mail)是一种用电子手段进行信息交换的通信方式,是因特网中应用最广的服务之一,本节将对其进行简单介绍。

> **学习提示**
> 【熟记】创建 Outlook 账户以及发送、接收、阅读和转发电子邮件。

6.4.1 电子邮件简介

在因特网上,电子邮件是一种通过计算机网络与其他用户进行联系的电子式邮政服务,也是当今使用最广泛而且最受欢迎的网络通信方式之一。通过因特网的电子邮件系统,我们可以向身处世界上任何一个角落的朋友写信,不仅可以发送文字信息,还可以发送各种声音、图像、影像等多媒体信息。许多人对网络的认识都是从发送和接收电子邮件开始的。

1. 电子邮件地址

电子邮件要在浩瀚无边的因特网上传递,并能准确无误地到达收件人手中,要求收件人必须有唯一的地址,这个地址就是电子邮件地址,电子邮箱就是由该地址标识的。因特网的电子邮件地址是由一串英文字母和特殊符号组成的,中间不能有空格和逗号。它的一般形式如下。

Username@ hostname

其中,"Username"是用户申请的账号,即用户名,通常用用户的姓名或其他具有用户特征的标识命名。符号"@"读作"at",翻译成中文是"在"的意思。"hostname"是邮件服务器的域名,即主机名,用来标识服务器在因特网中的位置,简单地说就是用户在邮件服务器上的邮箱位置。因此,用公式表示电子邮件地址的格式如下。

电子邮件地址 = 用户名 + @ + 邮件服务器名.域名

> **请思考** "em.hxing.com@wang""wang At em.hxing.com""wang@em.hxing.com"都是合法的电子邮件地址吗?

2. 电子邮件的格式

电子邮件一般由两个部分组成:信头和信体。

(1)信头。

信头相当于信封,通常包括以下几项内容。

● 发送人:发送人的电子邮件地址,这个地址是唯一的。

● 收件人:收件人的电子邮件地址。用户可以一次给多人发信,所以收件人可以有多个,多个收件人地址用分号(;)或逗号(,)隔开。

● 抄送:表示在将电子邮件发送给收件人的同时也可以将其发送到其他人的电子邮件地址,可以是多个地址。

● 主题:电子邮件的标题。

作为可以被发送的电子邮件,其必须包括"发送人""收件人""主题"3个部分。

(2)信体。

信体相当于电子邮件的内容,可以是单纯的文字,也可以是超文本,还可以包含附件。

3 电子邮箱

电子邮箱是我们在网络上保存邮件的存储空间,一个电子邮箱对应一个电子邮件地址,有了电子邮箱才能收发电子邮件。现在许多网站都提供电子邮箱服务,有的需要付费,有的是免费的,我们可以通过申请获得个人免费邮箱。

6.4.2 Outlook 2016 的基本设置

1 启动 Outlook 2016

用户可以通过两种方法启动 Outlook 2016,下面将介绍这两种方法。

(1)利用"开始"菜单启动 Outlook 2016。

单击"开始"→"所有程序"→"Outlook"命令,即可启动 Outlook 2016。

(2)利用快捷方式启动 Outlook 2016。

单击"开始"→"所有程序",使用鼠标右键单击"Outlook"图标,在弹出的快捷菜单中选择"发送到"→"桌面快捷方式"命令。然后双击桌面上的快捷方式,即可启动 Outlook 2016。

2 创建 Outlook 账户

初次使用 Outlook 2016 时,用户需要创建账户,下面介绍如何创建 Outlook 账户(这里以添加 QQ 邮箱账户为例)。

步骤1 启动 Outlook 2016,单击"文件"菜单,在打开的界面中选择"信息"选项,再单击"账户信息"界面中的"添加账户"按钮,如图 6-28 所示。

步骤2 在弹出的对话框中输入要添加的电子邮件地址,单击"高级选项",勾选"让我手动设置我的账户"复选框,单击"连接"按钮,如图 6-29 所示。

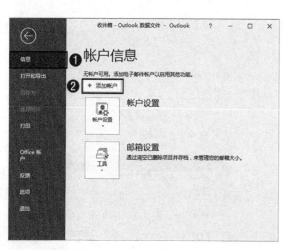

图 6-28 创建 Outlook 账户步骤 1

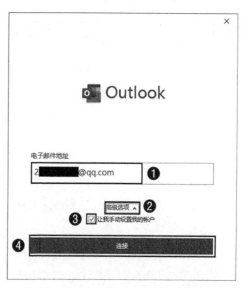

图 6-29 创建 Outlook 账户步骤 2

步骤3 在弹出的对话框中单击"POP"按钮,如图 6-30 所示。

步骤4 在弹出的对话框中分别输入"接收邮件"和"待发邮件"服务器的地址及端口,并勾选"接收邮件"组中的"此服务器要求加密连接(SSL/TLS)"复选框,设置"待发邮件"组中的"加密方法"为"SSL/TLS",单击"下一步"按钮,如图 6-31 所示。

图 6-30　创建 Outlook 账户步骤 3

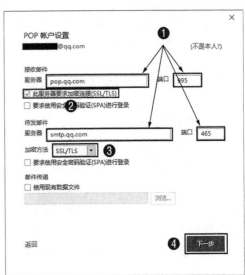
图 6-31　创建 Outlook 账户步骤 4

步骤5 在弹出的对话框中输入邮箱的密码,单击"连接"按钮,如图 6-32 所示。Outlook 2016 会使用创建的账户向用户发送一封测试邮件。

步骤6 在弹出的对话框中单击"已完成"按钮,如图 6-33 所示。

图 6-32　创建 Outlook 账户步骤 5

图 6-33　创建 Outlook 账户步骤 6

在 Outlook 2016 中添加 QQ 邮箱账户前,需要开启"POP3/SMTP 服务",操作步骤:登录网页版 QQ 邮箱,单击"设置"按钮,打开"邮箱设置"界面,切换到"账户"选项卡,找到"POP3/

SMTP 服务",单击右侧的"开启"按钮,按照弹出的提示发送信息。开启后的效果如图 6-34 所示。

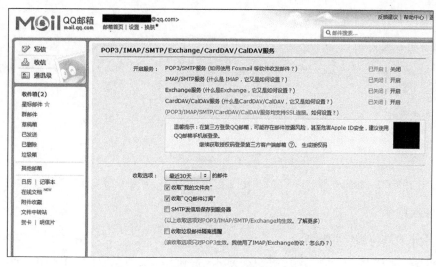

图 6-34　开启"POP3/SMTP 服务"后的效果

3　发送邮件

在发送邮件之前,必须先创建邮件,编辑好要发送的邮件之后,就可以发送邮件了,具体的操作步骤如下。

步骤1 启动 Outlook 2016,在"开始"选项卡的"新建"组中单击"新建电子邮件"按钮,如图 6-35 所示。

步骤2 执行该操作后,会弹出邮件编辑界面,如图 6-36 所示。

图 6-35　单击"新建电子邮件"按钮

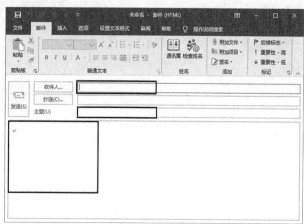

图 6-36　邮件编辑界面

步骤3 在邮件编辑界面中的"收件人"文本框中输入收件人的电子邮件地址,在"主题"文本框中输入邮件的标题,在邮件正文区中输入邮件内容,效果如图 6-37 所示。

步骤4 编辑好邮件后,在邮件编辑界面中单击"发送"按钮,如图 6-38 所示。

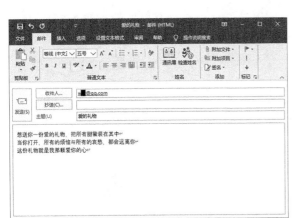
图 6-37　编辑邮件

图 6-38　单击"发送"按钮

4　接收邮件

接收邮件的具体操作步骤如下。

在 Outlook 2016 中切换到"发送/接收"选项卡,在"发送和接收"组中单击"发送/接收所有文件夹"按钮,如图 6-39 所示。

如果用户有多个账号,则在单击"发送/接收所有文件夹"按钮后,Outlook 2016 会依次接收各个账号下的邮件。如果只想接收某一个账号下的邮件,可切换到"发送/接收"选项卡,在"发送和接收"组中单击"发送/接收组"下拉按钮,在弹出的下拉列表框中选择相应的账号(也可以选择"定义发送/接收组"选项),如图 6-40 所示。

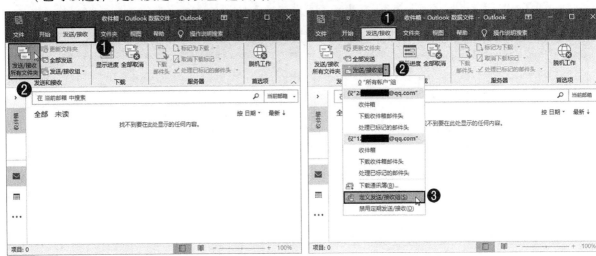

图 6-39　单击"发送/接收所有文件夹"按钮　　　　图 6-40　设置发送/接收邮件的账号

5　阅读邮件

在 Outlook 2016 中单击"收件箱"按钮,打开"收件箱"界面,如图 6-41 所示,其中显示了邮件的发送人、发送时间和邮件主题,单击某一邮件后,在界面右侧会显示邮件的内容。如果用户觉得显示的内容不够直观,可以双击邮件主题,打开"邮件"界面,在该界面中查看邮件,如图6-42 所示。

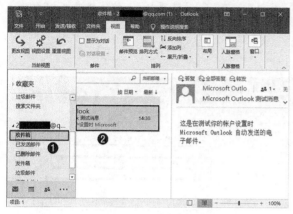
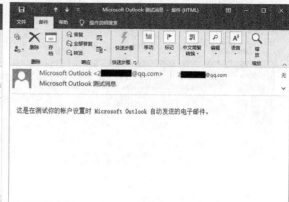

图 6-41 "收件箱"界面　　　　　　　图 6-42 查看邮件

6 答复邮件

用户阅读完邮件后如果需要答复邮件,可以在"邮件"界面中切换到"邮件"选项卡,在"响应"组中单击"答复"按钮,如图 6-43 所示。在"答复邮件"界面的"收件人"文本框中会显示收件人的地址,在"主题"文本框中输入答复的主题,然后输入答复的内容,如图 6-44 所示。

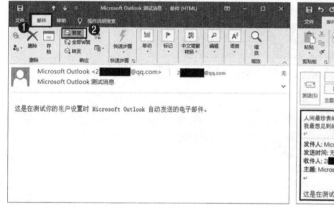
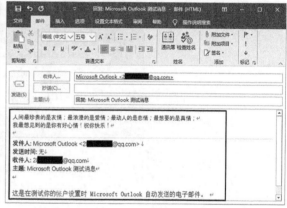

图 6-43 单击"答复"按钮　　　　　　　图 6-44 "答复邮件"界面

请注意　　　如果要答复全部邮件,可以在"邮件"选项卡中单击"响应"组中的"全部答复"按钮。

7 转发邮件

用户可将收到的邮件转发给其他人,具体的操作步骤如下。

步骤1 在收件箱中选择要转发的邮件。

步骤2 在"开始"选项卡的"响应"组中单击"转发"按钮,此时会在右侧的邮件编辑界面中打开该邮件。

步骤3 在"收件人"文本框中输入要转发到的地址,然后单击"发送"按钮即可转发该邮件。

8 添加联系人

为了使用户可以轻松地找到特定的联系人,Outlook 2016 支持用户添加经常联系的电子邮件地址为联系人,下面将介绍如何添加联系人,具体的操作步骤如下。

步骤1 启动 Outlook 2016，在导航窗格中单击"人员"按钮，在"开始"选项卡的"新建"组中单击"新建联系人"按钮，如图 6-45 所示。

步骤2 在弹出的界面中输入联系人的相关信息，输入后的效果如图 6-46 所示。

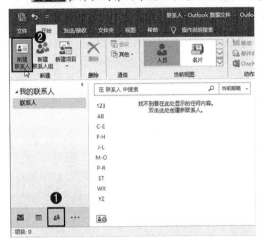 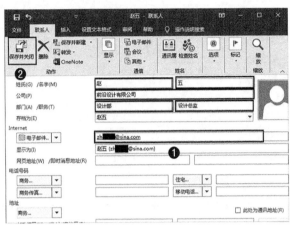

图 6-45　单击"新建联系人"按钮　　　　图 6-46　输入联系人的相关信息

步骤3 输入完成后，在"联系人"选项卡中的"动作"组中单击"保存并关闭"按钮，即可保存联系人的信息，效果如图 6-47 所示。用户可以使用同样的方法添加其他联系人。

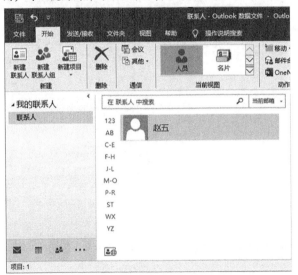

图 6-47　添加联系人后的效果

9　查看联系人的信息

在 Outlook 2016 中，用户可以查看联系人的信息，具体的操作步骤如下。

步骤1 启动 Outlook 2016，在导航窗格中单击"人员"按钮，如图 6-48 所示。

步骤2 单击该按钮后，会切换到"联系人"界面，其默认以"人员"布局显示出所有联系人的信息，如图 6-49 所示。

因特网基础与简单应用　第6章

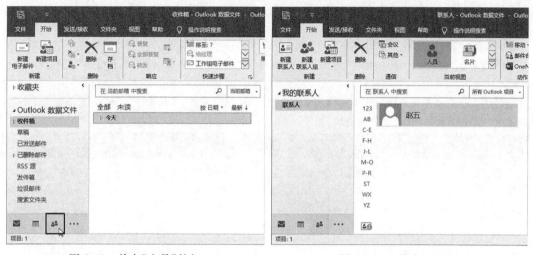

图 6-48　单击"人员"按钮　　　　　　　图 6-49　"联系人"界面

步骤3 如果要修改联系人的显示方式,可切换到"开始"选项卡,在"当前视图"组中单击"其他"下拉按钮,在弹出的下拉列表框中选择一种显示方式,如选择"列表"选项,如图 6-50 所示,效果如图 6-51 所示。

步骤4 如果需要查看联系人的信息,可在联系人所在的位置双击,结果如图 6-52 所示。

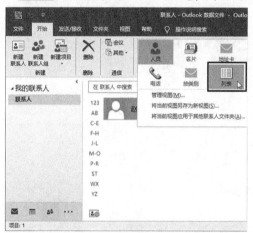

图 6-50　选择联系人的显示方式　　　　图 6-51　以列表的方式显示联系人

图 6-52　查看联系人的信息

249

10 插入附件

下面将介绍如何插入附件。

步骤1 启动 Outlook 2016，切换到"开始"选项卡，在"新建"组中单击"新建电子邮件"按钮，如图 6-53 所示。

步骤2 在弹出的界面中切换到"邮件"选项卡，在"添加"组中单击"附加文件"下拉按钮，如图 6-54 所示，在弹出的下拉列表框中选择"浏览此电脑"选项。

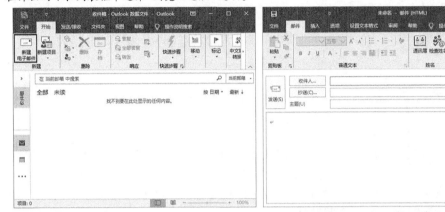

图 6-53　单击"新建电子邮件"按钮　　　　图 6-54　单击"附加文件"下拉按钮

步骤3 在弹出的"插入文件"对话框中选择要插入的文件，再单击"打开"按钮，如图 6-55 所示。

图 6-55　选择要插入的文件

步骤4 在返回的界面中设置"收件人"和"主题"，单击"发送"按钮。

11 抄送与密件抄送

抄送是指用户在把邮件发送给收件人的同时，再向另一人（或几个人）发送该邮件，收件人能从邮件中知道用户把邮件抄送给了谁。

密件抄送与抄送的过程基本相同，但是，邮件会遵守密件抄送的原则，将发送给收件人的邮件中的"抄送"信息隐藏。收件人无法知道用户把邮件抄送给了谁，收件人只知道用户将邮件发给了他自己。

用户在写好邮件后，单击"抄送"按钮，在弹出的对话框中选择联系人，然后单击"抄送"或"密件抄送"按钮，如图 6-56 所示，添加完成后，单击"确定"按钮即可。

图 6-56　选择抄送或密件抄送的联系人

12　保存附件

在 Outlook 2016 中,用户可以根据需要将接收的邮件中的附件保存下来,如打开带有附件的邮件,在附件上单击鼠标右键,在弹出的快捷菜单中选择"另存为"命令,如图 6-57 所示,在弹出的对话框中选择保存路径,在"文件名"文本框中输入文件名,最后单击"保存"按钮,如图 6-58 所示。

图 6-57　选择"另存为"命令

图 6-58　保存附件设置

除此之外,用户还可以在要保存的附件上单击鼠标右键,在弹出的快捷菜单中选择"保存所有附件"命令,如图 6-59 所示,然后在弹出的对话框中选择要保存的多个附件,如图 6-60 所示,单击"确定"按钮;在弹出的对话框中指定保存路径等,最后单击"确定"按钮。

图 6-59　选择"保存所有附件"命令

图 6-60　选择要保存的多个附件

6.5　流媒体

流媒体又称流式媒体,是指采用流式传输方式在因特网中播放的一种媒体格式,本节将对其进行简单介绍。

学习提示
【了解】流媒体的基本概念以及原理。

1　流媒体

在因特网上浏览、传输音频与视频文件可以采用前面介绍的 FTP 下载方式,先把文件下载到本地磁盘里,然后播放。但是一般的音/视频文件都比较大,需要本地硬盘有一定的存储空间;而且由于网络带宽的限制,下载时间也比较长。用 ADSL 技术上网,即使下载速率达到 120KB/s,下载完一个 500MB 的视频也需要一个多小时。所以这种方式不适用于对实时性要求较高的服务。如果在因特网上看一场球赛的现场直播,等全部下载完成后再观看就失去了直播的实时性。

流媒体为人们提供了一种在网上浏览音、视频文件的方式。流式传输时,流媒体服务器会将音/视频文件向用户计算机连续、实时地传输。用户只需要经过很短的启动延时即可进行观看,即"边下载边播放"。当播放已下载的一部分内容时,后台也在不断下载文件的剩余部分。流式传输不仅使播放延时大大缩短,而且不需要本地磁盘留有太大的缓存容量,避免了必须等待整个文件从因特网上下载完成后才能播放的问题。

因特网的迅猛发展、多媒体的普及都为流媒体业务创造了广阔的市场。如今,流媒体技术已广泛应用于多媒体新闻发布、在线直播、网络广告、电子商务、视频点播、远程教育、远程医疗、网络电台、实时视频会议等方面。

2　流媒体原理

实现流媒体需要两个条件：合适的传输协议和缓存。使用缓存的目的是消除延时和抖动的影响，保证数据包的顺序正确，使流媒体数据按顺序输出。

流式传输的大致过程如下。

①用户选择一个流媒体服务器后，Web 浏览器之间交换控制信息，把需要传输的实时数据从原始信息中检索出来。

②Web 浏览器启动音/视频客户端程序，使用从 Web 服务器中检索到的相关参数对客户端程序进行初始化，这些相关参数包括目录信息、音/视频数据的编码类型和相关的服务器地址等。

③客户端程序和服务器之间运行实时流协议，交换音/视频传输所需的控制信息。实时流协议提供播放、快进、快倒、暂停等命令。

④流媒体服务器通过实时流协议及 TCP/UDP 将音/视频数据传输给客户端程序。一旦数据到达客户端，客户端程序就可以播放音/视频。

目前的流媒体格式有很多，如 ASF、RM、RA、MPG、FLV 等，不同格式的流媒体文件需要不同的播放软件。常见的流媒体播放软件有 RealNetworks 公司的 RealPlayer、Microsoft 公司的 Media Player、苹果公司的 QuickTime 和 Macromedia 的 Shockwave Flash。其中 Flash 流媒体技术使用了矢量图形技术，使文件的下载、播放速度明显提高。

3　在因特网上播放流媒体

越来越多的网站都提供了在线播放音/视频的服务，如新浪播客、优酷、56 视频、酷 6 网等。下面以优酷为例介绍在因特网上播放流媒体的操作步骤。

步骤1 打开 IE，在地址栏中输入优酷网址。

步骤2 按"Enter"键进入优酷主页，用户在主页中可以看到一些推荐视频，也可以在搜索栏中输入关键词，再单击"搜全网"按钮，搜索想观看的节目，如图 6-61 所示。

图 6-61　输入关键词

步骤3 进入搜索结果页面，可以看到一个节目列表，每个节目包括视频的截图、标题、时长等信息，单击即可进入视频播放页面。

步骤4 在视频播放页面，可以看到一个视频播放区，其中包括视频画面、进度条、控制按钮（播放/暂停、快进、快退）、时间、音量调节按钮等。视频从一开始就可以播放，后面一边下载，一边播放。

优酷等视频共享网站不仅提供了播放的功能，还提供了上传视频、收藏、评论、建立排行榜等多种互动功能。

课后总复习

一、选择题

1. 下列表示计算机局域网的是（　　）。
   A）LAN   B）MAN
   C）WWW   D）WAN

2. 计算机网络的拓扑结构主要有星形、环形和（　　）等。
   A）集中型   B）点状型
   C）分散型   D）总线

3. 因特网上一台主机的域名由（　　）部分组成。
   A）2   B）3   C）4   D）5

4. 以下符合 IP 地址命名规则的是（　　）。
   A）111.10.1   B）189.126.0.1
   C）201.266.151.221   D）126.46.26.71.125

5. 在域名中，edu 表示（　　）。
   A）商业机构   B）国防机构
   C）政府机构   D）教育机构

6. 156.0.123.11 是（　　）IP 地址。
   A）A 类   B）B 类   C）C 类   D）D 类

7. 因特网中不同类型的物理网是通过路由器互联在一起的，各网络之间的数据传输由（　　）控制。
   A）IP 地址   B）路由器
   C）调制解调器   D）TCP/IP

8. 使用人数最多的上网方式是（　　）。
   A）电话拨号   B）无线连接
   C）专线连接   D）局域网连接

9. 无线网络相对于有线网络的优点是（　　）。
   A）传输速度快   B）设备费用低廉
   C）网络安全性好，可靠性高   D）组网安装简单，维护方便

10. 关于流媒体技术，下列说法中错误的是（　　）。
    A）实现流媒体需要适当的存储空间
    B）媒体文件全部下载完成后才可以播放
    C）流媒体可用于远程教育、在线直播等方面
    D）流媒体格式包括 ASF、RM、RA 等

二、上网题

1. 某模拟网站的主页地址是 HTTP://LOCALHOST/index.html，打开此主页，浏览"杜甫"页面，进入"代表作"页面内容并将它以文本文件的格式保存到考生文件夹下，将文本文件命名为"DFDBZ.txt"。

2. 向 wanglie@mail.neea.edu.cn 发送邮件，并抄送给 jxms@mail.neea.edu.cn，邮件内容为"王老师：根据学校要求，请按照附件表格的要求统计学院教师任课信息，并于 3 日内返回，谢谢！"，同时将文件"统计.xlsx"作为附件一并发送。将收件人 wanglie@mail.neea.edu.cn 保存为联系人，将姓名设置为"王列"。

学习效果自评

本章内容在考试中,在选择题部分占的分值不大,但是涉及的考点多、范围广;操作题部分的考点集中在两方面:IE 的简单使用、电子邮件的收发操作。下表是对本章比较重要的知识点进行的小结,考生可以用它来检查自己对这些知识点的掌握情况。

掌握内容	重要程度	掌握要求	自评结果
计算机网络的基础知识	★	了解计算机网络的基础知识	□不懂 □一般 □没问题
因特网的基础知识	★★	熟记因特网的基础知识	□不懂 □一般 □没问题
使用IE	★★★	掌握IE的使用方法	□不懂 □一般 □没问题
电子邮件的收发	★★★	掌握使用Outlook收发电子邮件的方法	□不懂 □一般 □没问题
流媒体的基础知识	★★	了解流媒体的概念及原理	□不懂 □一般 □没问题

附 录

附录 A 无纸化上机指导

一、考试环境简介

1 硬件环境

考试系统所需的硬件环境如表 1 所示。

表 1　硬件环境

硬件	配置
CPU	主频 3GHz 或以上
内存	2GB 或以上
显卡	SVGA 彩显
硬盘空间	10GB 以上可供考试使用的空间

2 软件环境

考试系统所需的软件环境如表 2 所示。

表 2　软件环境

软件	配置
操作系统	中文版 Windows 7
WPS 文字系统	教育考试专用版 WPS Office
WPS 表格系统	教育考试专用版 WPS Office
WPS 演示系统	教育考试专用版 WPS Office
输入法系统	微软输入法、智能 ABC 输入法、五笔字型输入法等
互联网浏览器	Internet Explorer(IE)仿真
电子邮件管理	Outlook 仿真

3 软件适用环境

本书配套的软件在教育部考试中心规定的新硬件环境及软件环境下进行了严格的测试,适用于中文版 Windows 7、Windows 8、Windows 10 操作系统和教育考试专用版 WPS Office 软件环境。

4 题型及分值

全国计算机等级考试一级计算机基础及 WPS Office 应用考试满分为 100 分,共有 6 种考查题型,即选择题(20 小题,每小题 1 分,共 20 分)、基本操作题(5 小题,共 10 分)、上网题(共 10 分)、WPS 文字题(共 25 分)、WPS 表格题(共 20 分)和 WPS 演示题(共 15 分)。

5 考试时间

全国计算机等级考试一级计算机基础及 WPS Office 应用考试时间为 90 分钟,由考试系统自动计时,考试结束前 5 分钟系统会自动报警,以提醒考生及时存盘。考试时间结束后,考试系统自动将计算机锁定,考生不能继续进行考试。

二、考试流程演示

考试过程分为登录、答题、交卷等阶段。

1 登录

在实际答题之前,需要进行考试系统的登录。一方面,这是考生姓名的记录凭据,系统要验证考生的"合法"身份;另一方面,考试系统也需要为每一位考生随机抽题,生成一份独一无二的一级计算机基础及 WPS Office 应用考试的试卷。

(1)启动考试系统。双击桌面上的"NCRE 考试系统"快捷方式,或从"开始"菜单的"所有程序"中选择"第××(××为考次号)次 NCRE"命令,启动"NCRE 考试系统"。

(2)考号验证。在"考生登录"界面中输入准考证号,单击图1中的"下一步"按钮,可能会出现以下两种情况。

- 如果输入的准考证号存在,将弹出"考生信息确认"界面,要求考生对准考证号、姓名及证件号进行确认,如图2所示。如果准考证号错误,则单击"重输准考证"按钮重新输入;如果准考证号正确,则单击"确认"按钮继续操作。

图1 输入准考证号　　　　　图2 考生信息确认

- 如果输入的准考证号不存在,考试系统会显示图3所示的提示信息并要求考生重新输入准考证号。

(3)登录成功。当考试系统抽取试题成功后,屏幕上会显示一级计算机基础及 WPS Office 应用的考试须知,考生须勾选"已阅读"复选框,并单击"开始考试"按钮,如图4所示。

图3 准考证号无效　　　　　图4 考试须知

257

2 答题

(1) 试题内容查阅界面。登录成功后,考试系统将自动在屏幕中间打开试题内容查阅界面,如图5所示。单击其中的"选择题""基本操作""上网题""WPS文字题""WPS表格题""WPS演示题"等按钮,可以分别查看各题型的题目要求。

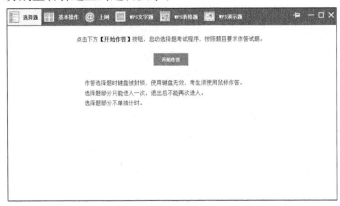

图5　试题内容查阅界面

当试题内容查阅界面中显示上下或左右滚动条时,表示该界面中的试题尚未完全显示,此时,考生可拖动滚动条显示余下的试题内容,防止因漏做试题而影响考试成绩。

(2) 考试状态信息条。屏幕中出现试题内容查阅界面的同时,屏幕顶部会显示考试状态信息条,其中包括:①考生的准考证号、姓名、考试剩余时间;②可以随时显示或隐藏试题内容查阅界面的按钮;③退出考试系统进行交卷的按钮等;④收起/固定顶部栏、查看作答进度、查看帮助文件的按钮,如图6所示。

图6　考试状态信息条

(3) 启动考试环境。在试题内容查阅界面中单击"选择题"按钮,再单击"开始作答"按钮,系统将自动进入作答选择题的界面,考生可根据要求进行答题。注意:选择题作答界面只能进入一次,退出后不能再次进入。对于基本操作题、WPS文字题、WPS表格题、WPS演示题,单击"考生文件夹"按钮后,在打开的文件夹中对相应文件进行操作;对于上网题,单击"工具箱"按钮,打开Outlook仿真器或IE仿真器按题目要求进行操作。

(4) 考生文件夹。考生文件夹是考生存放答题结果的唯一位置。考生在考试过程中所操作的文件和文件夹绝对不能脱离考生文件夹,同时绝对不能随意删除此文件夹中的任何与考试要求无关的文件及文件夹,否则会影响考试成绩。考生文件夹的命名方式是系统默认的,一般以考生准考证号命名。假设某考生登录的准考证号为"1528999999000001",则考生文件夹为"K:\考试机机号\1528999999000001"。

3 交卷

考试过程中,系统会为考生计算剩余考试时间。在剩余 5 分钟时,系统会显示一个提示信息,提示考生注意存盘并准备交卷。考试时间用完后,系统自动结束考试,强制收卷。

如果考生要提前结束考试并交卷,则在屏幕顶部的考试状态信息条中单击"交卷"按钮,考试系统将弹出图 7 所示的"作答进度"对话框,其中会显示已作答题量和未作答题量等信息。此时考生如果单击"确定"按钮,系统会再次显示确认对话框,如果仍单击"确定"按钮,则退出考试系统并进行交卷处理;考生如果单击"取消"按钮,则返回考试界面,继续进行考试。

图 7 "作答进度"对话框

如果确定进行交卷处理,系统会先锁定屏幕,并显示"正在结束考试"。当系统完成交卷处理后,屏幕上会显示"考试结束,请监考老师输入结束密码",这时只要监考人员输入正确的结束密码,就可结束考试(注意:只有监考人员才能输入结束密码)。

附录 B 全国计算机等级考试一级 WPS Office考试大纲解读

基本要求

1. 具有微型计算机的基础知识(包括计算机病毒的防治常识)。
2. 了解微型计算机系统的组成部分及它们的功能。
3. 了解操作系统的基本功能和作用,掌握 Windows 7 的基本操作和应用。
4. 了解 WPS 文字的基本知识,熟练掌握 WPS 文字处理软件的基本操作和应用,熟练掌握一种汉字(键盘)输入方法。
5. 了解 WPS 表格的基本知识,掌握 WPS 表格软件的基本操作和应用。
6. 了解 WPS 演示的基本知识,掌握 WPS 演示软件的基本操作和应用。
7. 了解计算机网络和因特网的基本概念,掌握 IE 浏览器和 Outlook Express 软件的基本操作和使用方法。

考试内容

1 计算机基础知识

大纲要求	专家解读
（1）计算机的发展、类型及其应用领域	**考查题型**：选择题 选择题主要考查考生对计算机基础知识的了解程度，此部分出题范围广，在选择题中所占的比重较大，需要考生全面复习常用的计算机知识
（2）计算机中数据的表示、存储与处理	
（3）多媒体技术的概念与应用	
（4）计算机病毒的概念、特征、分类与防治	
（5）计算机网络的概念、组成和分类；计算机与网络信息安全的概念和防控	
（6）因特网、网络服务的概念、原理和应用	

2 操作系统的功能和使用

大纲要求	专家解读
（1）计算机软、硬件系统的组成及主要技术指标	**考查题型**：选择题、基本操作题 选择题主要考查计算机软、硬件系统和操作系统的相关知识；基本操作题主要考查文件和文件夹的创建、移动、复制、删除、重命名、查找及属性的设置等操作
（2）操作系统的基本概念、功能、组成及分类	
（3）Windows 7 操作系统的基本概念和常用术语，如文件、文件夹、库等	
（4）Windows 7 操作系统的基本操作和应用 ·桌面外观的设置，基本的网络配置 ·熟练掌握资源管理器的操作与应用 ·掌握文件、磁盘、显示属性的查看、设置等操作 ·中文输入法的安装、删除和选用 ·掌握检索文件、查询程序的方法 ·了解软、硬件的基本系统工具	

3 WPS 文字处理软件的功能和使用

大纲要求	专家解读
（1）文字处理软件的基本概念，WPS 文字处理软件的基本功能、运行环境、启动和退出 （2）文档的创建、打开和基本编辑操作，文本的查找与替换，多窗口和多文档的编辑 （3）文档的保存、保护、复制、删除、插入 （4）字体格式、段落格式和页面格式设置等基本操作，页面设置和打印预览 （5）WPS 文字处理软件的图形功能，图形、图片对象的编辑及文本框的使用 （6）WPS 文字处理软件的表格制作功能，表格结构、表格创建、表格中数据的输入与编辑及表格样式的使用	**考查题型**：WPS 文字题 WPS 文字题主要考查文档格式及表格格式的设置。表格的设置包括表格的建立，行与列的添加、删除，单元格的拆分、合并，表格属性的设置。表格数据的处理包括输入数据、数据格式的设置、数据排序及计算

附 录

4 WPS 表格软件的功能和使用

大纲要求	专家解读
(1)电子表格的基本概念,WPS 表格软件的功能、运行环境、启动与退出 (2)工作簿和工作表的基本概念,工作表的创建、数据的输入、编辑和排版 (3)工作表的插入、复制、移动、更名、保存等基本操作 (4)工作表中公式的输入与常用函数的使用 (5)工作表数据的处理,数据的排序、筛选、查找和分类汇总,数据合并 (6)图表的创建和格式设置 (7)工作表的页面设置、打印预览和打印 (8)工作簿和工作表数据的保护及隐藏操作	考查题型:WPS 表格题 WPS 表格题主要考查工作表和单元格的插入、复制、移动、重命名、保存,单元格格式的设置,在工作表中插入公式,常用函数的使用,数据的排序、筛选、分类汇总,图表的创建和格式的设置

5 WPS 演示软件的功能和使用

大纲要求	专家解读
(1)演示文稿的基本概念,WPS 演示软件的功能、运行环境、启动与退出 (2)演示文稿的创建、打开和保存 (3)演示文稿视图的使用,幻灯片中的文字编排、图片和图表等对象的插入,演示页的插入、删除、复制以及演示页顺序的调整 (4)演示页版式的设置、模板与配色方案的套用、母版的使用 (5)演示页放映效果的设置、换页方式及动画效果的选用,演示文稿的播放与打印	考查题型:WPS 演示题 WPS 演示题主要考查幻灯片的创建、插入、移动和删除,幻灯片字符格式的设置,文字、图片、艺术字、表格及图表的插入,超链接的设置,幻灯片主题的选用及背景设置,幻灯片版式、设计模板的设置,幻灯片切换效果、动画效果及放映方式的设置

6 因特网(Internet)的初步知识和应用

大纲要求	专家解读
(1)了解计算机网络的基本概念和因特网的基础知识,主要包括网络硬件和软件,TCP/IP 的工作原理,以及网络应用中常见的概念,如域名、IP 地址、DNS 服务等 (2)能够熟练掌握浏览器、电子邮件的使用和操作	考查题型:选择题和上网题 选择题主要考查计算机网络的概念和分类,因特网的概念及接入方式、TCP/IP 的工作原理、域名、IP 地址、DNS 的概念等;上网题主要考查网页的浏览、保存,电子邮件的发送、接收、回复、转发,以及附件的收发和保存

考试方式

1. 采用无纸化考试,上机操作。考试时间为 90 分钟。

2. 软件环境:Windows 7 操作系统,教育考试专用版 WPS Office。

3. 在指定时间内,完成下列操作。

(1)选择题(计算机基础知识和网络的基本知识)。(20 分)

(2)Windows 7 操作系统的使用。(10 分)

(3)WPS 文字处理软件的操作。(25 分)

(4)WPS 表格软件的操作。(20 分)

(5)WPS 演示软件的操作。(15 分)

(6)浏览器(IE)的简单使用和电子邮件收发。(10 分)

附录 C 课后总复习参考答案

第 1 章
选择题

1	A	2	C	3	B	4	A	5	A
6	B	7	C	8	A	9	A	10	A

第 2 章
一、选择题

1	B	2	D	3	D	4	A	5	A
6	D	7	B						

二、基本操作题

操作提示：先设置文件夹选项，使系统显示隐藏的文件与文件夹，显示所有文件的扩展名，具体操作方法参照本章介绍的内容。

第 6 章
一、选择题

1	A	2	D	3	C	4	B	5	D
6	B	7	D	8	A	9	D	10	B

二、上网题（略）

注意：其他章的课后总复习参考答案详见本书的配书资源"课后总复习参考答案"文件夹。